LINGQIDIAN CHAOKUAIXUE DIANGONG JINENG

零起点超快学

电工技能

员莹 主编

化学工业出版社
·北京·

本书从零开始、循序渐进地介绍了电工技能的相关知识，共分为三篇：第一篇为入门篇，从安全用电开始，强调安全操作意识，从触电现场急救、电气安全用具的使用、电气火灾的预防与扑灭等方面，介绍了各种电气事故的预防措施和急救措施；第二篇为技能篇，主要介绍了常用电工工具的使用、常用电工仪表仪器的使用（电压表、电流表、万用表、兆欧表、钳形电流表、单相电能表、示波器等）、电工基本操作技能、室内照明线路的安装、常用低压电器、变压器等；第三篇为提高篇，主要介绍了三相笼式异步电动机典型控制线路、常用生产机械电气控制线路故障分析与维护等。

本书非常适合电工技术初学者、爱好者、初级从业人员学习使用，也可用作职业院校、培训学校等相关专业的教材和参考书。

图书在版编目（CIP）数据

零起点超快学电工技能/员莹主编. —北京：化学工业出版社，2016.5
ISBN 978-7-122-26204-2

Ⅰ.①零… Ⅱ.①员… Ⅲ.①电工技术-基本知识 Ⅳ.①TM

中国版本图书馆 CIP 数据核字（2016）第 020179 号

责任编辑：要利娜　　文字编辑：谢蓉蓉
责任校对：王素芹　　装帧设计：尹琳琳

出版发行：化学工业出版社（北京市东城区青年湖南街 13 号　邮政编码 100011）
印　　装：北京云浩印刷有限责任公司
787mm×1092mm　1/16　印张 14¼　字数 340 千字　2016 年 4 月北京第 1 版第 1 次印刷

购书咨询：010-64518888（传真：010-64519686）　售后服务：010-64518899
网　　址：http://www.cip.com.cn
凡购买本书，如有缺损质量问题，本社销售中心负责调换。

定　　价：48.00 元

前言

FOREWORD

《零起点超快学电工技能》的内容选取遵循以就业为导向、以工作任务为主线、以能力为本位、以证书标准为引领的原则，根据职业岗位能力需求分析确定内容。本书主要包括电工技能初学者安全用电，触电急救处理，电工基本操作，电工常用仪表、仪器使用，一般照明线路的安装与检修等内容，书中的电工技能操作规范都是依据国家人力资源和社会保障部颁发的《维修电工（中级）》职业资格证书的考核标准制订的。把证书标准的知识、能力要求融入书的内容中，读者可根据行业规范和国家标准规范来完成工作项目。

本书是根据电工技术以及编者多年的教学经验和工程实践，并在参阅同类书籍和相关文献的基础上编写而成的。考虑到从零学起读者的特点，全书融图、表、文于一体，内容通俗易懂，按照够用、实用的原则，以技能操作为主，通过实例讲解的形式，详细进行分步解析，手把手地教会读者学会电工技术的相关操作技能，深入浅出地解答电工技术中常见的疑难问题，具有很强的实用性和操作性，让读者真正从零开始学起，快速掌握电工基本操作技能、安全用电、照明线路的安装与施工等技能。

本书共分为三篇。第一篇为入门篇，从安全用电开始，强调安全操作意识，从触电现场急救、电气安全用具的使用，电气火灾的预防与扑灭，全面地介绍各种电气事故的预防措施和急救措施；第二篇为技能篇，主要介绍了常用电工工具的使用、常用电工仪表的使用（电压表、电流表、万用表、兆欧表、钳形电流表、单相电能表、示波器等）、电工基本操作技能、室内照明线路的安装、常用低压电器、变压器等；第三篇为提高篇，主要介绍了三相笼式异步电动机典型控制线路、常用生产机械电气控制线路故障分析与维护。

本书由员莹任主编。第 1 章、第 7 章由吴萍编写，第 2 章、第 3 章、第 4 章由员莹编写，第 5 章、第 6 章由刘志强编写，第 8 章、第 9 章由潘晓贝编写。

本书适合电气自动化、电气工程、机电一体化技术爱好者自学，也适合广大电工人员参考阅读，同时也可以作为高职院校的电气自动化、供用电技术、机电一体化专业的电工技术教材使用。

本书在编写过程中参考和引用了许多文献，在此对文献的作者表示感谢。由于编者水平有限，书中难免存在不妥之处，敬请广大读者批评指正。

编者

2016 年 2 月

目录
CONTENTS

第一篇　入门篇

第二篇　技能篇

第一篇

入门篇

第①章

安全用电

学习指导

电能是一种方便的能源，在现代社会和日常生活中发挥着巨大的作用。在实际应用中，电可以是老虎，当我们进行不安全操作时，它会张开可怕的大嘴吃人；电也可以是小绵羊，如果我们摸清了它的脾气，安全使用，它就会乖乖地为我们服务。

安全用电是指在保证人身及设备安全的前提下，正确使用电能以及为此而采取的科学措施和手段。

本章主要介绍常用电气安全用具、触电防护与急救、电气火灾扑灭与预防、雷电防护以及接地与接零的基本常识，使读者能清晰地了解安全用电的基本知识，掌握安全用电的相关技能。

1.1 电气安全用具

电气安全用具是用来防止电气工作人员在工作中发生触电、电弧灼伤、高空坠落等事故的重要工具。

电气安全用具分绝缘安全用具和一般防护安全用具两大类。

1.1.1 绝缘安全用具

绝缘安全用具又分为基本安全用具和辅助安全用具。常用基本安全用具有绝缘棒、绝缘夹钳、验电器等。常用辅助安全用具有绝缘手套、绝缘靴、绝缘垫、绝缘站台等。基本安全用具的绝缘强度能长期承受工作电压，并能在该电压等级内产生过电压时保证工作人员的人身安全。辅助安全用具的绝缘强度不能承受电气设备或线路上的工作电压，只能起加强基本安全用具的保护作用，主要用来防止接触电压、跨步电压对工作人员的危害，不能直接接触高压电气设备的带电部分。

下面介绍几种常用绝缘安全用具的结构及使用方法。

(1) 绝缘棒

绝缘棒（图 1-1）又称绝缘杆、操作棒，主要用来断开或闭合高压隔离开关、跌落式熔断器，安装和拆除携带型接地线，以及进行带电测量和试验等工作。其结构如图 1-2 所示。

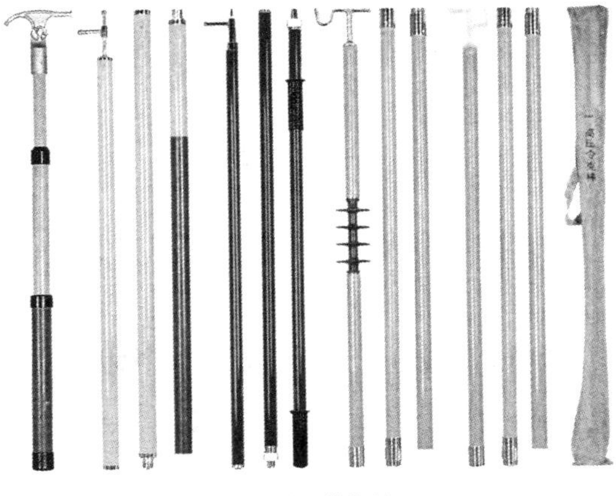

图 1-1 绝缘棒

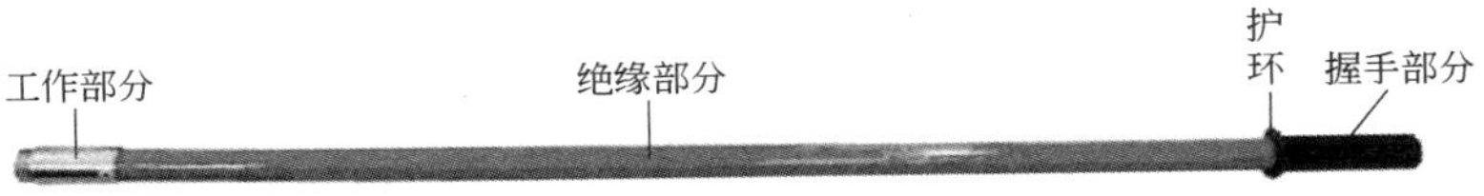

图 1-2 绝缘棒结构

绝缘棒由工作部分、绝缘部分以及握手部分组成。工作部分一般用金属制成，其长度一般较短，以免在操作中引起相间或接地短路，绝缘部分与握手部分之间用护环隔开。绝缘棒的材料一般采用浸过绝缘漆的木材、硬塑料、胶木等，其长度的最小尺寸按照电压等级和使用场所来确定，一般如表 1-1 所示。

表 1-1 绝缘棒的最小长度 单位：m

额定电压	户内使用		户外使用	
	绝缘部分长度	握手部分长度	绝缘部分长度	握手部分长度
10kV 及以下	0.7	0.35	1.1	0.4
35kV 及以下	1.1	0.4	1.4	0.6

注意事项

① 绝缘棒使用时，操作人员的手应放在握手部分，不能超过护环，同时要戴绝缘手套、穿绝缘靴（鞋）。雨天室外倒闸操作应按规定使用带有防雨罩的绝缘棒。

② 使用绝缘棒时，绝缘棒禁止装接地线。

③ 绝缘棒使用完后，应垂直悬挂在专用架上，以防弯曲。

④ 绝缘棒的定期试验周期为每年一次。

（2）绝缘夹钳

绝缘夹钳主要用于 35kV 及以下的电气设备上装拆熔断器等工作。其结构如图 1-3 所示。

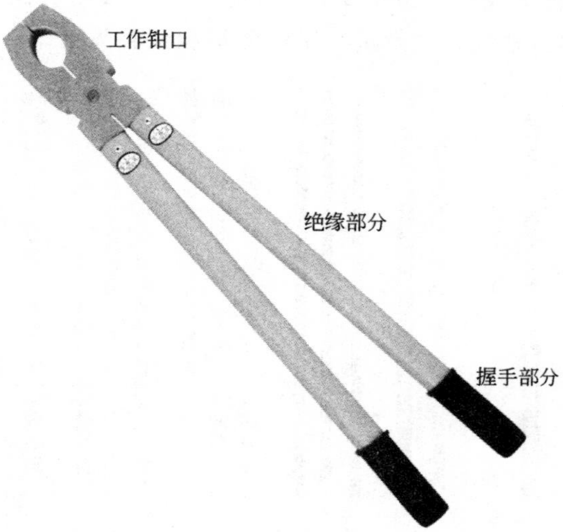

图 1-3 绝缘夹钳

绝缘夹钳由工作部分、绝缘部分以及握手部分组成。各部分所用材料与绝缘棒相同。绝缘夹钳的钳口必须要保证能夹紧熔断器。

注意事项

① 夹熔断器时，操作人员的头部不可超过握手部分，并应戴防护目镜、绝缘手套，穿绝缘

靴（鞋）或站在绝缘台（垫）上。

② 操作人员手握绝缘夹钳时，要保持平衡和精神集中。

③ 绝缘夹钳的定期试验周期为每年一次。

(3) 验电器

验电器分为高压和低压两种。

① 低压验电器　低压验电器又称验电笔，是电工常用的一种安全用具，主要用于检查500V以下导体或各种用电设备的外壳是否带电。

低压验电笔有普通式和数显式。普通式验电笔常见的有螺丝刀（螺钉旋具）式和钢笔式。普通螺丝刀式验电笔和数显式验电笔分别如图1-4和图1-5所示。

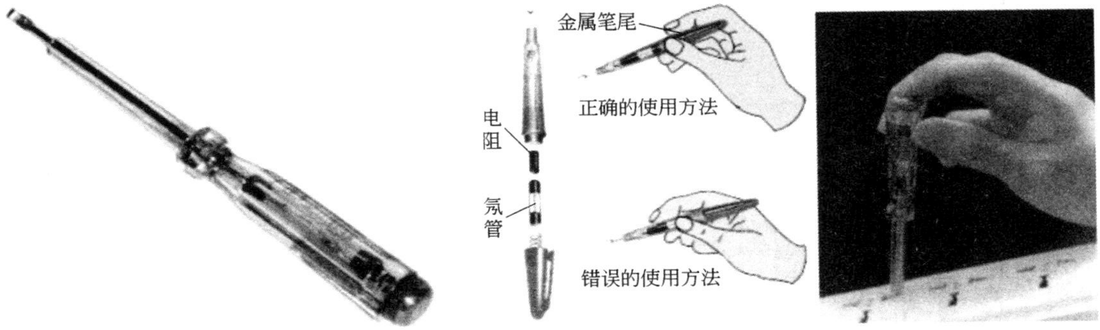

图1-4　普通螺丝刀式验电笔

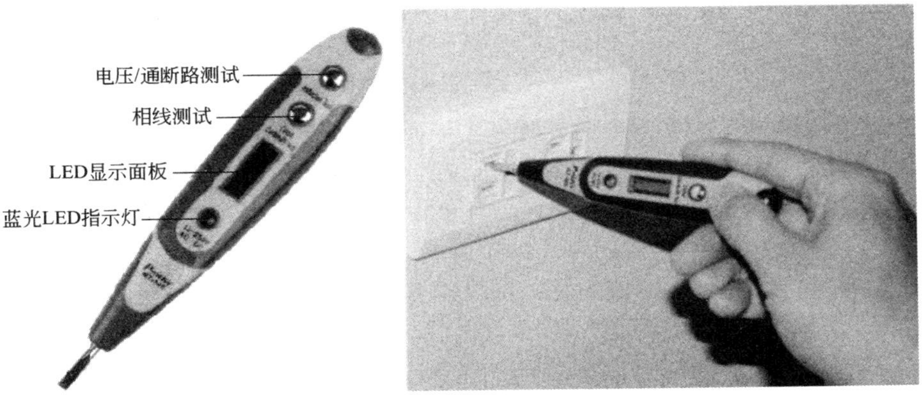

图1-5　数显式验电笔

使用验电笔之前，必须在已确认的带电体上验测；在未确认验电笔正常之前，不得使用。

小知识

验电笔的使用方法口诀

(1) 判断交流电与直流电

电笔判断交直流，交流明亮直流暗；交流氖管通身亮，直流氖管亮一端。

(2) 判断直流电正负极

电笔判断正负极，观察氖管要心细；前端明亮是负极，后端明亮为正极。

(3) 判断直流电源正负极接地

电笔前端闪亮光，正极接地有故障；亮光靠近手握端，接地故障在负极。

(4) 判断同相与异相

判断两线相同异，两手各持笔（电笔）一支，两脚与地相绝缘，两笔各触一根线，用眼观看一支笔，不亮同相亮为异。

---

② 高压验电器　高压验电器具有灵敏度高、选择性强、信号指示明确、操作方便等优点，不论在线路、杆塔上还是在变电所内部都能够正确、明显地指示电力设备有无电压。

a. 声光型高压验电器结构　声光高压验电器由声光显示器和全绝缘自由伸缩式操作杆两部分组成，如图 1-6 所示。

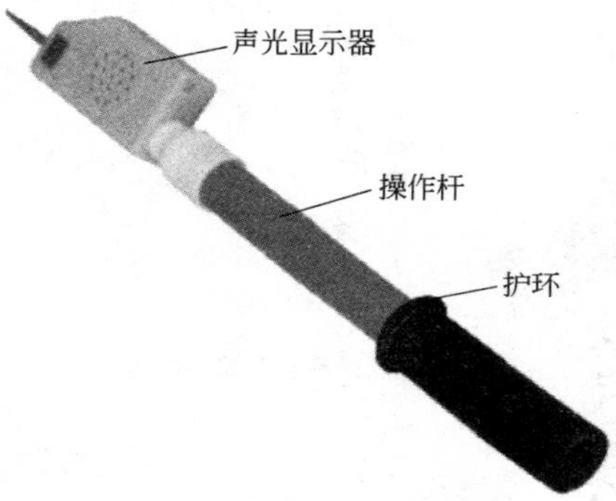

图 1-6　声光型高压验电器

声光显示器的电路采用集成电路屏蔽工艺，可保证在高电压强电场下安全可靠地工作。操作杆采用内管和外管组成的拉杆式结构，能方便地自由伸缩，采用耐潮、耐酸碱、耐日光照射、防霉、耐弧能力强和绝缘性能优良的环氧树脂或无碱玻璃纤维制作。

b. 回转式高压验电器结构　回转式高压验电器由回转指示器和全绝缘自由伸缩式操作杆两部分组成，如图 1-7 所示。使用时，将回转指示器触及线路或电气设备，若设备带电，指示叶片旋转，反之则不旋转。

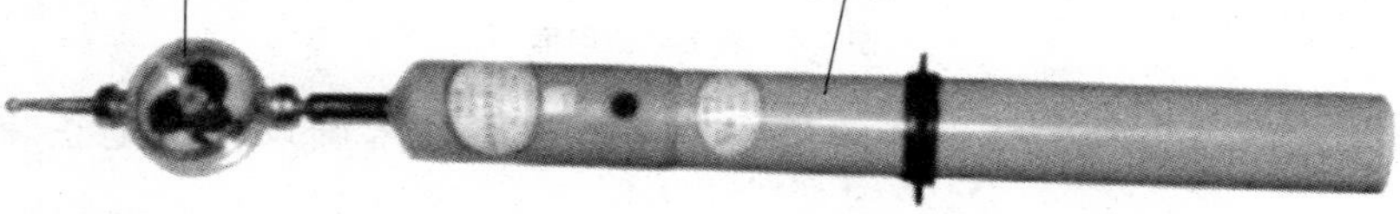

图 1-7　回转式高压验电器

c. 高压验电器的使用方法

(a) 使用高压验电器测试时，必须戴上符合要求的绝缘手套；必须有专人监护，不可一个人单独测试。

(b) 使用前，要按所测设备（线路）的电压等级将绝缘棒拉伸至规定长度，选用合适型号的指示器和绝缘棒，并对指示器进行检查，确保经电气试验合格且在试验有效期内。

(c) 对回转式高压验电器，使用前应把检验过的指示器旋接在绝缘棒上固定，并用绸布将其表面擦拭干净，然后转动至所需角度，以便使用时方便观察。

(d) 对电容式高压验电器，绝缘棒上标有红线，红线以上部分表示内有电容元件，且属带电部分，该部分要按《电力安全工作规程》的要求与临近导体或接地体保持必要的安全距离。

(e) 使用时，应特别注意手握部位不得超过护环。

(f) 使用声光型高压验电器测试时，将验电器的探头渐渐接近被测设备或线路，直至接触被测设备或线路的测试部分。如果测试部分带电，则验电器发出声光报警信号。用回转式高压验电器测试时，指示器的金属触头应逐渐靠近被测设备或导线，一旦指示器叶片开始正常回转，则说明该设备有电，应随即离开被测设备。叶片不能长期回转，以保证验电器的使用寿命。

(g) 对线路验电应逐相进行，对联络用的断路器或隔离开关或其他检修设备验电时，应在其进出线两侧各相分别验电。对同杆架设的多层电力线路验电时，先验低压、后验高压，先验下层、后验上层。

(h) 对电容器组验电，应待其放电完毕后再进行。当电缆或电容上存在残余电荷电压时，指示器叶片会短时缓慢转几圈，即自行停转，因此它可以准确鉴别设备停电与否。

(i) 验电完毕，将验电器操作杆和指示器擦拭干净，拆下指示器。缩回操作杆的内管，放回包装匣（袋）。

(j) 为保证使用安全，验电器应每半年进行一次预防性电气试验。

注意事项

① 为确保人身安全，验电器在使用中必须严格按照《电力安全工作规程》及有关操作规程规定进行。使用前先在同等电压带电设备上进行试验，确证验电器良好，才能使用。

② 验电器用于室外作业时，必须在良好的气候条件下进行。雨、雪、雾天及空气湿度较大时禁止使用。

③ 验电器应存放在阴凉、通风、干燥的地方，以免受潮。若长期不用，应将电池取出。

④ 验电器需经常保持清洁。使用前后均应用清洁干燥的软布将操作杆擦拭干净，以防使用中发生闪络、爬电等现象。不要用带腐蚀性的化学溶剂和洗涤剂等溶液擦拭。

⑤ 验电器的操作杆、指示器要妥善保管，严禁受碰撞、挤压、敲击及剧烈振动，严禁擅自调整拆卸，以免损坏。不能放在露天烈日下暴晒。

(4) 绝缘手套

绝缘手套（图1-8）是用特种橡胶制成的，具有较高的绝缘强度。它是辅助安全用具，不能直接接触高压电。

注意事项

① 绝缘手套使用前应确定是否在有效期内，检查有无漏气或裂口等缺陷。

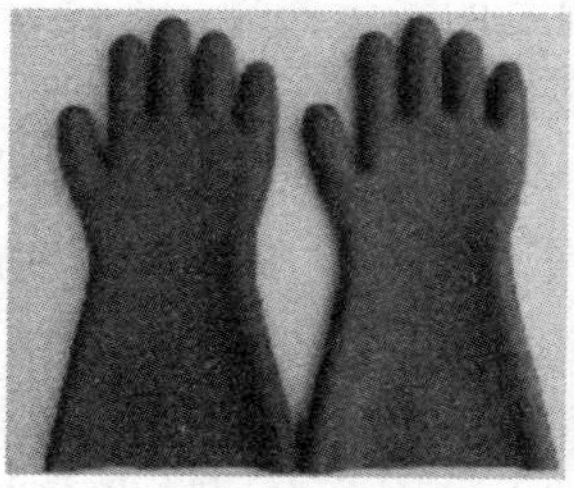
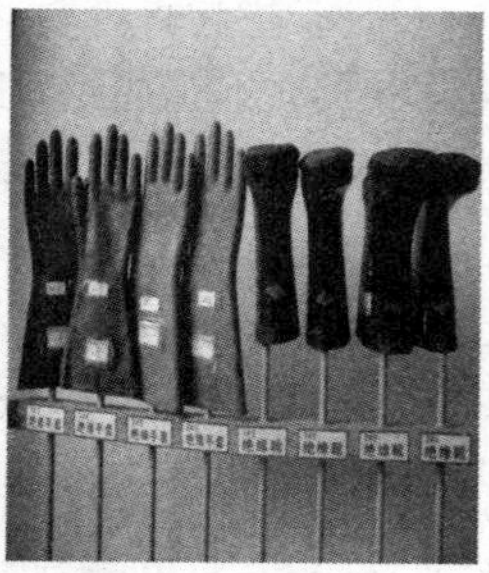

图 1-8 绝缘手套

② 戴绝缘手套时，应将外衣袖口放入手套的伸长部分。

③ 绝缘手套不得挪作他用；普通的医疗、化验用的手套不能代替绝缘手套。

④ 绝缘手套用后应擦净晾干，撒上一些滑石粉以免粘连，并应放在通风、阴凉的柜子里。

⑤ 绝缘手套的定期试验周期为半年。

(5) 绝缘靴（鞋）

绝缘靴（鞋）（图 1-9）是在任何电压等级的电气设备上工作时，用来保持与地绝缘的辅助安全用具，也是防止跨步电压危害的基本安全用具。它用特种橡胶制成。

图 1-9 绝缘靴与绝缘鞋

绝缘靴（鞋）要放在柜子内，并应与其他工具分开放置。绝缘靴（鞋）每半年定期试验一次，以保证其安全可靠。

(6) 绝缘站台、绝缘垫（毯）

绝缘站台（图 1-10）用干燥的木板或木条制成，站台四角用绝缘瓷瓶作台脚，是辅助安全用具。

绝缘垫（毯）（图 1-11）是用特种橡胶制成的，表面有防滑槽纹，其厚度不应小于 5mm。它一般铺设在高、低压开关柜前，作为固定的辅助安全用具。

为保证安全可靠，绝缘胶垫应每一年定期试验一次。

1.1.2 一般防护安全用具

一般防护安全用具有安全帽、安全带、携带型接地线、临时遮栏、标示牌、防护目镜等。这些安全用具用来防止工作人员触电、电弧灼伤及高空摔跌。

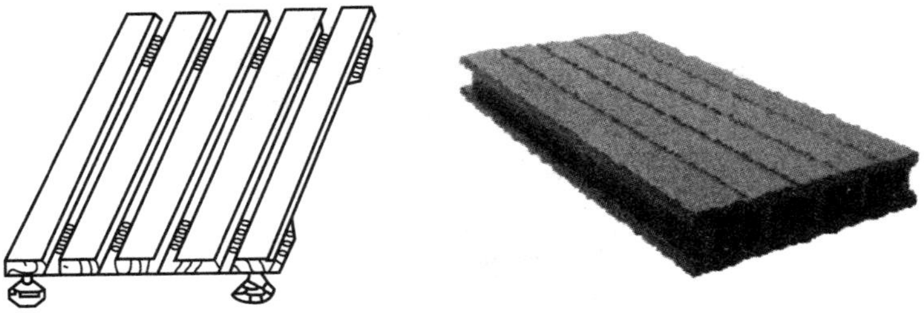

图 1-10 绝缘站台

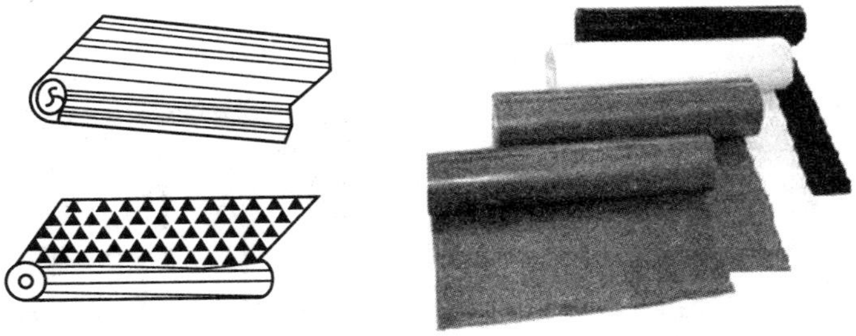

图 1-11 绝缘垫（毯）

(1) 安全帽

安全帽的作用在于当作业人员受到高处坠落物、硬质物体的冲击或挤压时，减少冲击力，消除或减轻其对人体头部的伤害。

合格的安全帽必须是由有生产许可证的专业生产厂家生产，安全帽上应有商标、型号、制造厂名称、生产日期和生产许可证编号。

根据安全规程有关要求，安全帽的佩戴方法为：首先，将内衬圆周大小调节到对头部稍有约束感、但不难受的程度，以不系下颌带低头时安全帽不会脱落为宜；其次，佩戴安全帽必须系好下颌带，下颌带应紧贴下颌，松紧以下颌有约束感、但不难受为宜。

(2) 安全带

安全带是电工作业时防止坠落的一般防护安全用具。安全带由带子、绳子和金属配件组成，总称安全带。电工登高作业无可靠防坠落措施时，必须系好安全带。

安全带应系在牢固的物体上，禁止系挂在移动或不牢固的物件上，不得系在棱角锋利处。安全带要高挂和平行拴挂，严禁低挂高用。

安全带使用期限一般为 3～5 年，发现异常应提前报废。

(3) 携带型接地线

携带型接地线（图 1-12）的作用为防止在停电检修设备或线路上工作时突然来电，造成人身触电事故；消除工作点邻近的感应电压和释放停电检修设备或线路上的剩余电荷。

装设携带型接地线前，应先验电，在验明设备上确无电压后进行。

装设接地线必须先接接地端，后接导体端，而且必须接触良好。拆除接地线的顺序与此相反。

(4) 安全标示牌和临时遮栏

安全标示牌（图 1-13）用于提醒工作人员对危险因素引起注意，防止事故发生。安全

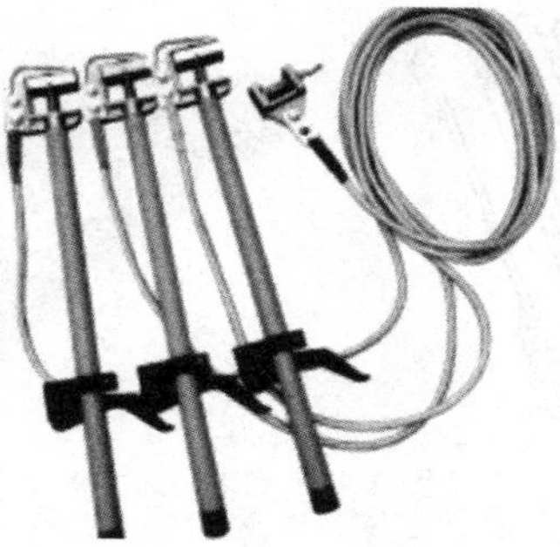

图 1-12　携带型接地线

图 1-13　安全标示牌

标示牌分警告类、提示类、允许类和禁止类。

警告类如“止步，高压危险!”；提示类如“从此上下”；允许类如“在此工作”；禁止类如“禁止合闸，有人工作!”。

部分停电的工作，为确保安全，应按规定装设临时遮栏。工作人员在工作中不应擅自移动或拆除遮栏、标示牌和接地线，以确保工作安全。

小知识

电气安全用具的使用要求

所有电气安全用具都要按规定进行定期试验和检查，对不符合要求的安全用具应及时停用并更换，以保证使用时安全可靠。

安全用具的技术性能必须符合规定，选用安全用具必须符合工作电压规定，必须符合电气安全工作制度、电力安全工作规程的规定。

电气安全用具要妥善保管，放置做到整齐清楚，拿用方便。电气安全用具不准作其他用具使用。

1.2 触电防护与急救

触电是指电流通过人体时，对人体产生的生理和病理伤害。触电是经常发生的一种电气事故，触电后，若不懂或不会正确救护，就可能导致人员伤亡。

1.2.1 防触电技术

(1) 影响触电伤害的因素

电流对人体的危害程度与通过人体的电流强度、通电持续时间、电流频率、电流通过人体的途径以及触电者的身体状况等多种因素有关。

① 电流强度。通过人体的电流越大，对人体的伤害就越严重。不同电流强度对人体的影响见表1-2。

表1-2 不同电流强度对人体的影响

电流强度/mA	对人体的影响	
	交流电	直流电
0.6～1.5	开始感觉、手指麻刺	无感觉
2～3	手指强烈麻刺、颤抖	无感觉
5～7	手部痉挛	热感
8～10	手部剧痛，勉强可以摆脱电源	热感增强
20～25	手迅速麻痹、不能自立、呼吸困难	手部轻微痉挛
50～80	呼吸麻痹，心室开始颤动	手部痉挛、呼吸困难
90～100	呼吸麻痹，心室经3s以上颤动即发生麻痹停止跳动	呼吸麻痹

感知电流：人体能感觉到的最小电流。

摆脱电流：触电者能自主摆脱电源的最大电流。

致命电流：在较短时间内危及人的生命的最小电流。

安全电流：一般为30mA・s。

② 电流通过人体的持续时间。电流通过人体的持续时间越长，对人体组织破坏越厉害，触电后果越严重。人体心脏每收缩和扩张一次，中间有一时间间隙，在间隙时间内触电，即使电流很小，也会引起心室颤动。

③ 电流频率。对人体的伤害最严重的交流电频率是50～60Hz，直流电对人体的伤害较轻。

④ 电流通过人体的途径。电流总是从电阻最小的途径通过，触电情况不同，电流通过人体的主要途径也不同。因此，从左手到脚是最危险的途径。电流途径与通过心脏电流的百分数见表1-3。

表 1-3 电流途径与通过心脏电流的百分数

电流途径	左手至双脚	右手至双脚	左手至右手	左脚至右脚
通过心脏电流的百分数/%	6.7	3.7	3.3	0.4

⑤ 人体状况。电流对人体的伤害作用与性别、年龄、身体及精神状态有很大的关系。一般地，女性比男性对电流敏感，小孩比大人敏感。人体电阻一般按 1000～2000Ω 考虑，但人体电阻只对低压触电有限流作用。

(2) 电流对人体的伤害类型

电流对人体的伤害分为电击和电伤两大类。

电击是指电流通过人体时对人体内部器官的伤害。绝大部分触电死亡事故都是电击造成的。

电伤是触电时电流的热效应、化学效应和机械效应对人体表面造成的局部伤害，常见的有电灼伤、电烙印和皮肤金属化等。

(3) 人体触电的方式

人体触电分为直接接触触电和间接接触触电两大类。间接接触触电包括跨步电压触电和接触电压触电两个类型。

① 直接接触触电。直接接触触电是指人体直接接触或过分靠近带电体而发生的触电现象。

a. 单相触电。单相触电指人体直接碰到一相带电导体，或者与高压系统中一相带电导体的距离小于安全距离而造成对人体放电的触电方式，如图 1-14 所示。

(a) 中性点接地系统单相触电　　(b) 中性点不接地系统单相触电

图 1-14 单相触电示意图

b. 两相触电。如果人体同时接触两相带电导体，或者在高压系统中，人体同时过分靠近两相带电导体而发生电弧放电，则电流将从一相导体通过人体流入另一相导体，这种触电方式称为两相触电，如图 1-15 所示。显然，两相触电时作用于人体的电压为线电压，其危

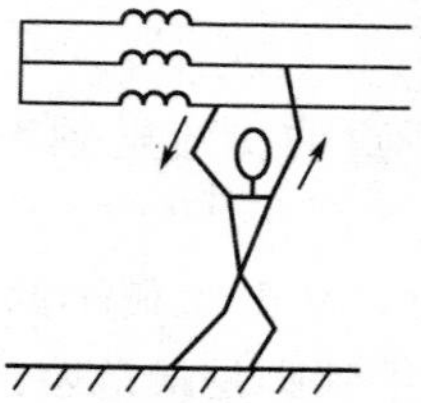

图 1-15 两相触电示意图

害比单相触电更严重。

② 间接接触触电

a. 跨步电压触电。当电气设备或线路发生接地故障时，接地电流从接地点向大地四周流散，形成分布电位。若人在接地点周围（20m 以内）行走，两脚之间就会有电位差，即跨步电压。由此引起的触电称跨步电压触电（图 1-16）。

图 1-16　跨步电压触电示意图

b. 接触电压触电。电气设备绝缘损坏或其他原因造成设备金属外壳带电，人若碰到带电外壳引起的触电事故，称为接触电压触电。

《电力安全工作规程》（GB 26860—2011）中规定：高压设备发生接地故障时，室内人员进入接地点 4m 以内，室外人员进入接地点 8m 以内，均应穿绝缘靴。接触设备的外壳和构架时，还应戴绝缘手套。雷雨天气巡视室外高压设备时，应穿绝缘靴，不应使用伞具，不应靠近避雷器和避雷针。这些规定都是为了防止跨步电压触电和接触电压触电，保护人身安全。

(4) 防止触电的技术措施

防止人身触电，首先要时刻具有“安全第一”的思想，在工作中一丝不苟；要努力学习专业业务，掌握电气专业技术和电气安全知识。另外，必须严格遵守规程规范和各种规章制度。除上述要求外，为确保安全，根据规定还要有绝缘、屏护、间距、安全标志以及防止人身触电的一些技术措施。

防止人身触电的技术措施有：保护接地与保护接零、采用安全电压、装设剩余电流保护器等。保护接地与保护接零是防止接触电压触电的有效措施，将在本章第 3 节详细介绍。

① 安全电压。安全电压是指不致使人直接致死或致残的电压。采用安全电压，是防止发生触电伤亡事故的根本性措施。

我国国家标准《特低电压（ELV）限值》（GB 3805—2008）规定的安全电压值为 42V、36V、24V、12V 和 6V 安全电压，应根据作业场所、操作员条件、使用方式、供电方式、线路状况等因素选用。例如特别危险环境中使用的手持电动工具应采用 42V 安全电压；有电击危险环境中使用的手持照明灯和局部照明灯应采用 36V 或 24V 安全电压；特别潮湿场所或工作地点狭窄、行动不方便场所（如金属容器内）应采用 12V 安全电压；水下作业等场所应采用 6V 安全电压。

② 装设剩余电流保护器。剩余电流动作保护装置是指电路中带电导体对地故障所产生的剩余电流超过规定值时，能够自动切断电源或报警的保护装置。它包括各类剩余电流动作

保护功能的断路器、移动式剩余电流动作保护装置和剩余电流动作电气火灾监控系统、剩余电流继电器及其组合电器等。

在低压电网中，广泛采用额定动作电流不超过30mA、无延时动作的剩余电流动作保护器，作为直接接触触电保护的补充防护措施。下面简要介绍保护器保护人身安全的工作原理。

保护器由电流互感器、脱扣机构及主开关等部件组成。电流互感器作为检测元件，可以安装在系统工作接地线上，构成全网保护方式；也可以安装在干线或分支上，构成干线或分支保护。

1.2.2 触电急救

当发现有人触电时，不要惊慌失措，要用最快的速度展开急救，只要按照迅速、就地、准确、坚持的原则展开触电急救，并及早与医疗部门联系，多数触电者是可以救活的。

触电急救的第一步是使触电者迅速脱离电源，第二步是现场救护。

(1) 脱离电源

使触电者迅速脱离电源的速度越快越好，因为电流作用的时间越长，伤害越重。在脱离电源中，救护人员既要救人，也要注意保护自己。

① 脱离低压电源的方法。脱离低压电源的常用方法有“拉、切、挑、拽、垫”。“拉”、“挑”使触电者脱离电源的方法如图1-17所示。

图1-17 “拉”、“挑”使触电者脱离电源

“拉”：指就近拉开电源开关，拔出插销或瓷插式熔断器。

“切”：指用带有绝缘柄的利器切断电源线。当电源开关、插座或瓷插式保险距离触电现场较远时，可用带有绝缘手柄的电工钳或有干燥木柄的斧头、铁锹等利器将电源线切断。切断时应防止带电导线断落触及周围人体。多芯绞合线应分相切断，以防短路伤人。

“挑”：指如果导线搭落在触电者身上或压在身下，可用干燥的木棒、竹竿等挑开导线，使之脱离电源。

“拽”：指救护人戴上手套或在手上包缠干燥的衣服、围巾、帽子等绝缘物拖拽触电者，使之脱离电源。也可直接用一只手抓住触电者不贴身的干燥衣裤，将触电者拉离电源。但要注意拖拽时切勿触及触电者的皮肤。

“垫”：指如果触电者由于痉挛手指紧握导线或导线缠绕在身上，救护人可先用干燥的木板或绝缘垫塞进触电者身下使其与地绝缘来隔断电源，然后再采取其他办法把电源切断。

② 脱离高压电源的方法。使触电者脱离高压电源的方法与脱离低压电源的方法有所不同，通常的做法是：

a. 立即电话通知有关部门拉闸停电。

b. 如电源开关离触电现场不太远，则可戴上绝缘手套，穿上绝缘靴，拉开高压断路器，或用绝缘棒拉开高压跌落保险以切断电源。

c. 往架空线路抛挂裸金属软导线，人为造成线路短路，迫使继电保护装置动作，从而使电源开关跳闸。抛挂前，将短路线的一端先固定在铁塔或接地引线上，另一端系重物。抛掷短路线时，应注意防止电弧伤人或断线危及人员安全，也要防止重物砸伤人。

d. 如果触电者触及断落在地上的带电高压导线，且尚未确证线路无电之前，为防止跨步电压触电，进入该范围的救护人员应穿上绝缘靴或临时双脚并拢跳跃地接近触电者。触电者脱离带电导线后应迅速将其带至 8～10m 以外立即开始急救。只有在确证线路已经无电，才可在触电者离开触电导线后就地急救。

③ 使触电者脱离电源时的注意事项

a. 救护人不得采用金属和其他潮湿的物品作为救护工具。

b. 未采取绝缘措施前，救护人不得直接触及触电者的皮肤和潮湿的衣服。

c. 在拉拽触电者脱离电源的过程中，救护人宜用单手操作，这样对救护人比较安全。

d. 当触电者在高处时，应采取措施预防触电者在脱离电源时从高处坠落摔伤或摔死。

e. 夜间发生触电事故时，应考虑切断电源后的临时照明问题，以利于救护。

(2) 现场救护

触电者脱离电源后，应立即就地进行抢救。“立即”就是争分夺秒，不可贻误。“就地”就是不能消极地等待医生的到来，而应在现场施行正确救护的同时，派人联系医务人员到现场并做好将触电者送往医院的准备工作。

① 判断触电者受伤害的程度，对症抢救

a. 触电者未失去知觉的救护。若触电者神志清醒，只是感到全身乏力、四肢发麻、心悸、头晕、出冷汗、恶心、呕吐，甚至一度昏迷，但未失去知觉，则应让触电者在通风暖和的处所静卧休息，并时刻注意观察。

b. 触电者已失去知觉但心肺正常的救护。如果触电者已失去知觉，但呼吸和心跳正常，则应使其舒适地平躺下来，解开触电者紧身的上衣，以利呼吸，四周不要围人，保持空气流通，并注意保暖，同时立即请医生前来或送往医院诊察。若发现触电者呼吸困难或心跳失常，应立即施行人工呼吸或胸外心脏挤压。看、听、试判断触电者呼吸和心跳的方法如图 1-18 所示。

呼吸判断：将耳朵贴近触电者口鼻处，并用眼睛观察触电者的胸部是否有起伏，如有气息且胸部有起伏，说明触电者有呼吸，否则呼吸停止。

心跳判断：用食指和中指轻轻触摸触电者颈动脉（喉结旁 2～3cm）有无脉搏，若有搏动说明触电者有心跳，否则心跳停止。

c. 触电者呼吸停止，但有心跳的急救。此时，应立即采用口对口（鼻）人工呼吸法进行抢救。

d. 触电者心跳停止，但有呼吸的急救。此时，应用胸外心脏按压法进行抢救。

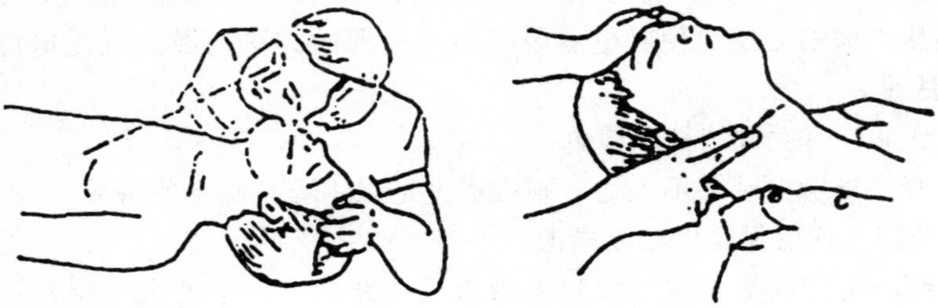

图 1-18 看、听、试判断触电者呼吸和心跳

e. 触电者呼吸、心跳均停止的急救。此时，应同时采用口对口（鼻）人工呼吸和胸外心脏按压法进行抢救。

② 心肺复苏法急救。心肺复苏法就是支持生命的三项基本措施，即通畅气道、口对口（鼻）人工呼吸、胸外心脏按压。

a. 通畅气道。若触电者呼吸停止，则重要的是始终确保气道通畅，其操作要领是：

(a) 清除口中异物。使触电者仰面躺在平硬的地方，迅速解开其领扣、围巾、紧身衣和裤带。如发现触电者口内有食物、假牙、血块等异物，可将其身体及头部同时侧转，迅速用一个手指或两个手指交叉从口角处插入，从中取出异物，操作中要注意防止将异物推到咽喉深处。

(b) 采用仰头抬颌法（见图 1-19）通畅气道。操作时，救护人用一只手放在触电者前额，另一只手的手指将其颏颌骨向上抬起，两手协同将头部推向后仰，舌根自然随之抬起、气道即可畅通。为使触电者头部后仰，可于其颈部下方垫适量厚度的物品，但严禁用枕头或其他物品垫在触电者头下，因为头部抬高前倾会阻塞气道，还会使施行胸外按压时流向脑部的血量减小，甚至完全消失。

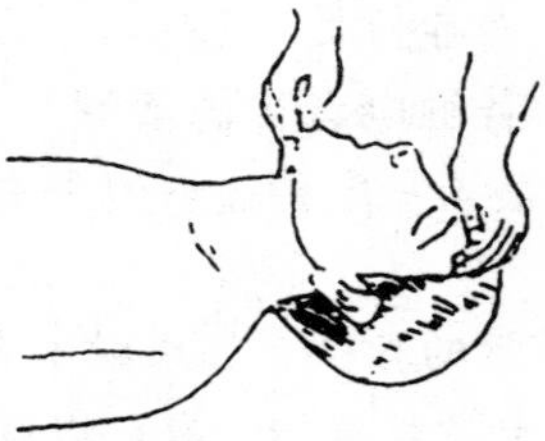

图 1-19 畅通气道

b. 口对口人工呼吸见图 1-20，其具体操作方法如下。

(a) 先大口吹气刺激起搏。救护人蹲跪在触电者的左侧或右侧；用一只手的手指捏住其鼻翼，另一只手的食指和中指轻轻托住其下巴；救护人深吸气后，与触电者口对口紧合，在不漏气的情况下，先连续大口吹气两次，每次 1～1.5s；若触电者颈动脉仍无搏动，可判断心跳确已停止，在施行人工呼吸的同时应进行胸外按压。

(b) 正常口对口人工呼吸。大口吹气两次试测颈动脉搏动后，立即转入正常的口对口人工呼吸阶段。正常的吹气频率是每分钟约 12 次。吹气量以能看到触电者胸部膨胀为宜，不需过大，以免引起胃膨胀，对儿童吹气量宜小些，以免肺泡破裂。救护人换气时，应将触电者的鼻或口放松，让他借自己胸部的弹性自动吐气。吹气和放松时要注意触电者胸部有无

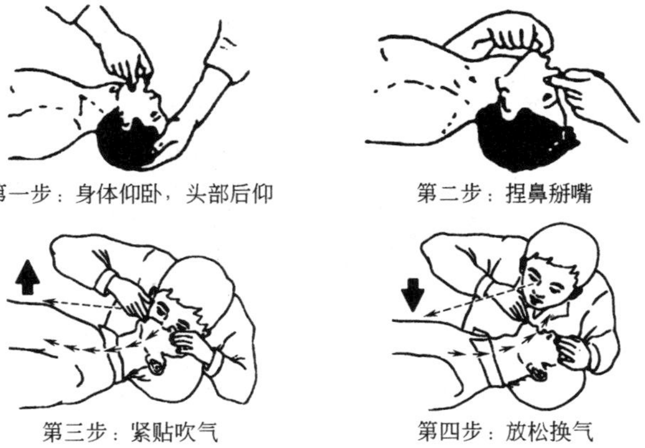
第一步：身体仰卧，头部后仰
第二步：捏鼻掰嘴
第三步：紧贴吹气
第四步：放松换气

图 1-20　口对口人工呼吸法

起伏的呼吸动作。吹气时如有较大的阻力，可能是头部后仰不够，应及时纠正，使气道保持畅通。

(c) 如触电者牙关紧闭，可改行口对鼻人工呼吸。吹气时要将触电者嘴唇紧闭，防止漏气。

c. 胸外心脏按压

胸外按压是借助人力使触电者心脏恢复跳动的急救方法。其关键在于选择正确的按压位置和采取正确的按压姿势。

确定正确的按压位置：(a) 右手的食指和中指沿触电者的右侧肋弓下缘向上，找到肋骨和胸骨接合处的中点。(b) 右手两手指并齐，中指放在切迹中点（剑突底部），食指平放在胸骨下部，另一只手的掌根紧挨食指上缘置于胸骨上，掌根处即为正确按压位置，见图 1-21。

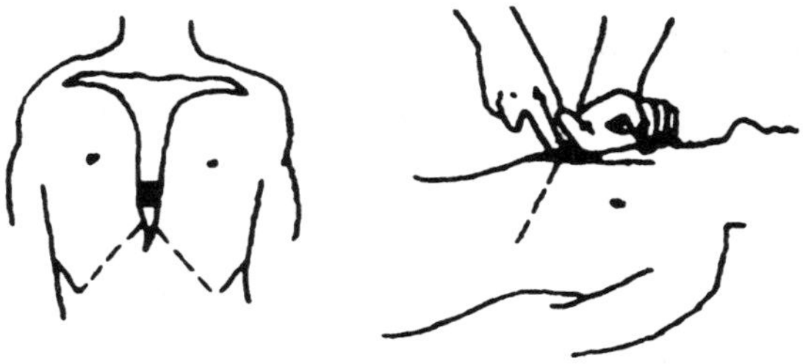

图 1-21　正确的按压位置

正确的按压姿势：(a) 使触电者仰卧在平整坚实的地方并解开领口衣扣，仰卧姿势与口对口（鼻）人工呼吸法相同。(b) 救护人跪在触电者一侧肩旁，两肩位于触电者胸骨正上方，两臂伸直，肘关节固定不弯曲，两手掌相叠，手指翘起，不接触触电者胸壁。(c) 掌根用力，利用身体重力垂直将正常成人胸骨压陷 3～5cm（儿童和瘦弱者酌减）。(d) 按压后，立即全部放松，但救护人的掌根不得离开触电者的胸壁。

按压姿势与用力方法见图 1-22。按压有效的标志是在按压过程中可以触到颈动脉搏动。

恰当的按压频率：胸外按压的操作频率以每分钟 80～100 次为宜，每次包括按压和放松一个循环，按压和放松的时间相等。

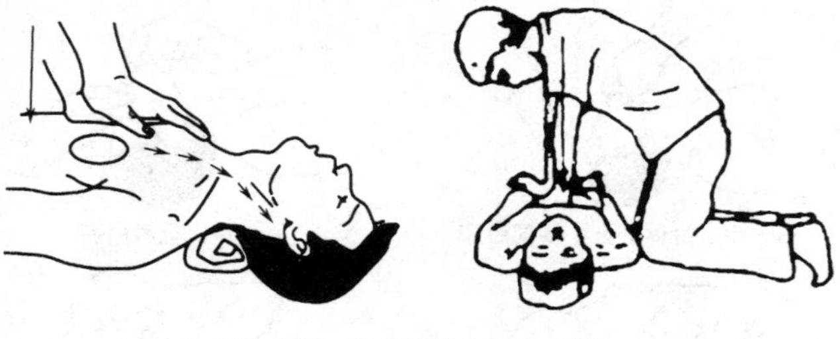

图 1-22 按压姿势与用力方法

当胸外按压与口对口（鼻）人工呼吸同时进行时，操作的节奏为：单人救护时，每按压 15 次后吹气 2 次（15∶2），反复进行；双人救护时，每按压 5 次后由另一人吹气 1 次（5∶1），反复进行。

抢救过程要不停地进行，直至抢救有效或医务人员前来接替为止。当看到触电者面色好转、嘴唇逐渐红润、瞳孔缩小、心跳和呼吸恢复正常，即为抢救有效。

1.3 保护接地与保护接零

（1）保护接地

将电气设备的外露可导电部分（如电气设备金属外壳、配电装置的金属构架等）通过接地装置与大地相连接称为保护接地。

接地装置包括接地体与接地线。接地体是埋在地下与土壤直接接触的金属导体；接地线是连接电气设备接地部分与接地体的连线。

保护接地的接地电阻要求小于 4Ω。采用保护接地后，假如电气设备发生带电部分碰壳或漏电，人触及带电体外壳时，由于人体电阻与接地装置的接地电阻并联，人的电阻有 1000～2000Ω，而保护电阻小于 4Ω，人体电阻较保护接地的接地电阻大很多。因此，大部分电流通过保护接地装置流走了，仅一小部分电流流过人体，这样就大大减轻了人体触电危险。保护接地的接地电阻越小，流过人体的电流越小，这样危险性就越小；反之，假如保护接地的接地电阻不符合要求，电阻越大，那么流过人体的电流就越大，就不能起到安全保护的作用。所以，在实施保护接地时，接地电阻必须符合要求，而且越小越好。中性点直接接地系统保护接地原理图如图 1-23 所示。

（2）保护接零

保护接零是指低压配电系统中将电气设备外露可导电部分（如电气设备的金属外壳）与供电变压器的零线（三相四线制供电系统中的零干线）直接相连接，如图 1-24 所示。

实施保护接零后，假如电气设备发生漏电或设备带电部分碰壳，就构成单相短路，短路电流就很大，使碰壳相的电源自动切断（熔断器熔丝熔断或自动空气开关跳闸），这时人碰到设备外壳时，就不会发生触电。

实施保护接零时，必须注意零线不能断线。否则，在接零设备发生带电部分碰壳或漏电时，就构不成单相短路，电源就不会自动切断。这时，人碰到带电的设备外壳时就会发生触

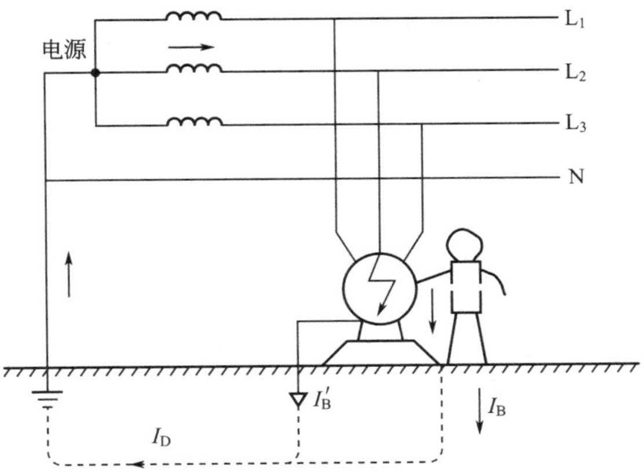

图 1-23　中性点直接接地系统保护接地原理图

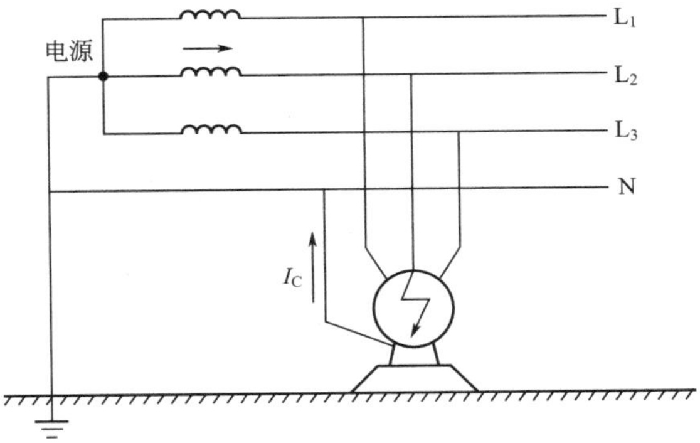

图 1-24　保护接零原理图

电；同时还会引起其他完好接零设备的外壳带电，保安插座的保安触点带电，引起大范围电气设备和移动电器外壳带电，造成可怕的触电危险。为了防止变压器零线断线，常采用两项措施：一是在三相四线制的供电系统中，规定在零干线上不准装设熔断器和闸刀、开关。因为装了熔断器就可能熔丝熔断或将熔丝拔掉，装了闸刀、开关就有可能误拉开，造成零线断开。二是实施零线重复接地。

重复接地是指将变压器零线（三相四线制供电系统中的零干线）多点接地。重复接地的接地电阻要求小于 10Ω。采用重复接地后，如果变压器零线断线，接零设备发生漏电或带电部分碰壳时仍会有安全保护，而且其他完好接零设备的外壳不会带上危险触电电压，对保护人身安全有很重要的作用。重复接地示意图如图 1-25 所示。

实施保护接地和保护接零时必须注意：在同一配电变压器供电的低压公共电网内，不准有的设备实施保护接地，而有的设备实施保护接零。假如有的采用保护接地、有的采用保护接零，那么当保护接地的设备发生带电部分碰壳或漏电时，会使变压器零线（三相四线制中的零干线）电位升高，造成所有采用保护接零的设备外壳带电，构成触电危险。

图 1-26 中，电动机 M1 和 M2 接在同一供电网络中，M1 采用保护接零，M2 采用保护接地。这样，当电动机 M2 发生带电部分碰壳或漏电时，会使变压器零线电位升高，造成电动机 M1 等其他完好接零设备外壳带电，构成触电危险。所以，这种情况是不允许的。

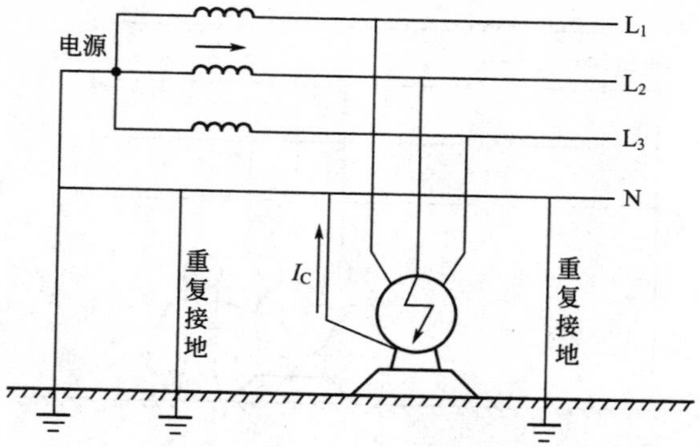

图 1-25　重复接地示意图

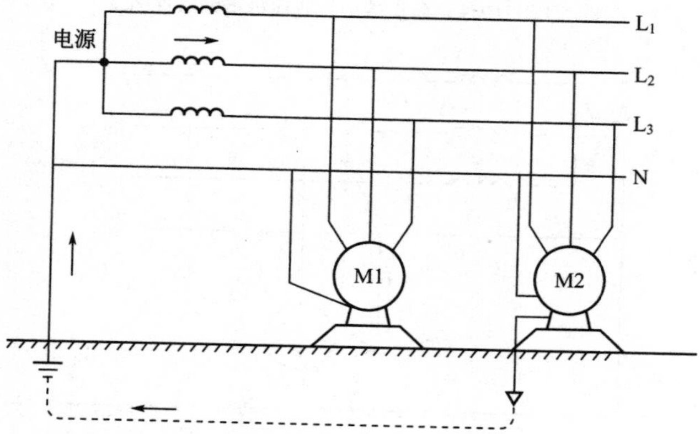

图 1-26　同一供电系统同时采用保护接地、接零时的危险性示意图

(3) 低压配电网接地方式的分类

国际电工委员会（IEC）将低压电网的配电制及保护方式分为 TN、TT、IT 三类。

① TN 系统。电源系统有一点（通常是中性点）接地，电气设备的外露可导电部分通过保护线连接到此接地点的低压配电系统。依据中性线（零线）N 和保护线 PE 的不同组合情况，TN 系统又分为：

a. TN-C 系统。整个系统内中性线（零线）N 和保护线 PE 是合用的，称为 PEN，如图 1-27 所示。

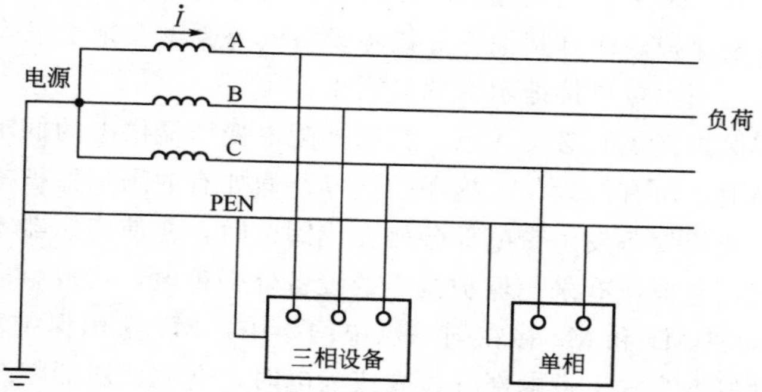

图 1-27　TN-C 系统示意图

b. TN-S 系统。整个系统内中性线（零线）N 和保护线 PE 是分开的，如图 1-28 所示。

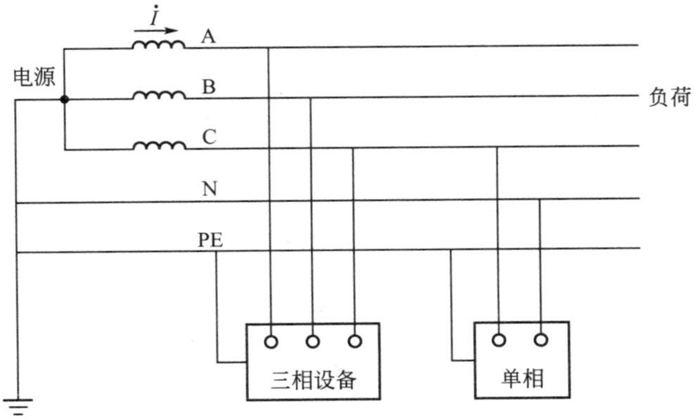

图 1-28　TN-S 系统示意图

c. TN-C-S 系统。整个系统内中性线（零线）N 和保护线 PE 是部分合用的，如图 1-29 所示。

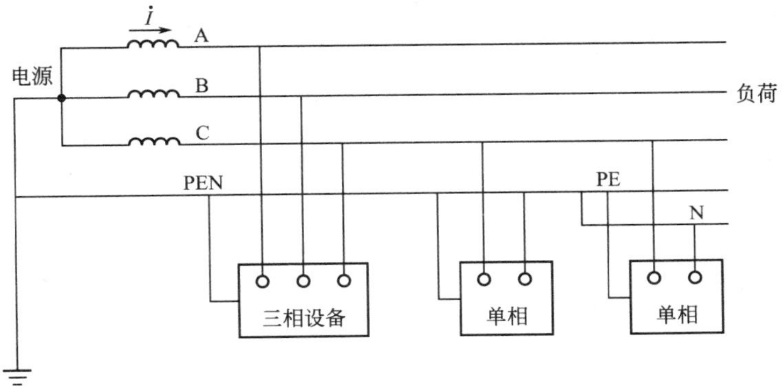

图 1-29　TN-C-S 系统示意图

② TT 系统。指电源中性点直接接地，电气设备的外露可导电部分经各自的保护线 PE 分别直接接地的三相四线制低压配电系统，如图 1-30 所示。该系统中要求必须装设灵敏的漏电保护装置。

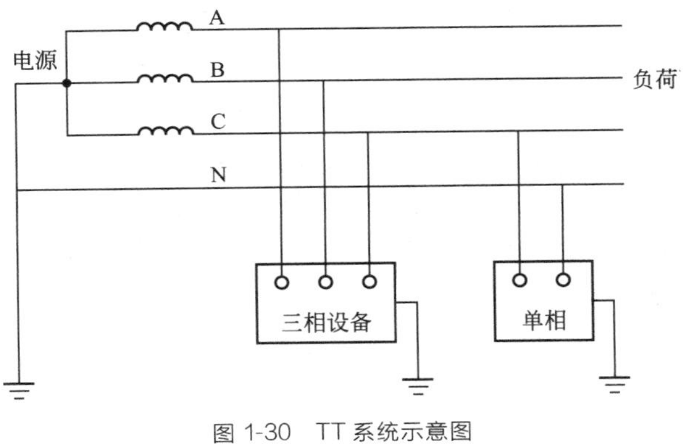

图 1-30　TT 系统示意图

③ IT系统。指电源中性点不接地或经高阻抗（约1000Ω）接地，电气设备的外露可导电部分经各自的保护线PE分别直接接地的三相三线制低压配电系统，如图1-31所示。该系统中要求装设单相接地保护，一般应用于矿井等易燃易爆场所。

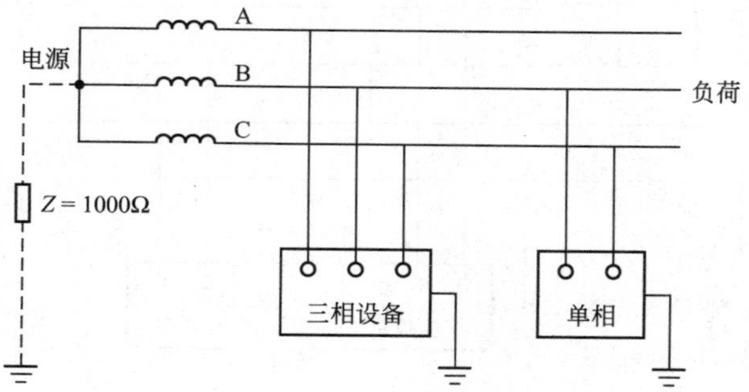

图1-31　IT系统示意图

1.4 电气火灾扑灭与预防

电气火灾在火灾事故中占有很大的比例。电气火灾除可能造成人身伤亡和设备损坏外，还可能造成电力系统停电，给国民经济造成重大损失。因此，防止电气火灾是电气安全工作的重要内容之一。

1.4.1　电气火灾的原因

除设备缺陷或安装不当等设计、制造和施工方面的原因外，在运行中，电流的热量和火花或电弧等都是引发电气火灾事故的直接原因。

(1) 电气设备过热

引起电气设备过热的不正常运行主要有以下几种情况：

① 短路。发生短路时，线路中的电流将增加至正常时的几倍甚至几十倍，使设备温度急剧上升，大大超过允许范围。当温度达到可燃物的起燃点，就会引起燃烧。

引起短路的原因很多：如电气设备的绝缘老化，受到高温、潮湿或腐蚀的作用失去绝缘能力；绝缘受外力损伤引起短路事故；设备本身不合格，绝缘强度不符合要求；电气设备的绝缘遭雷击而击穿；运行中误操作造成短路；小动物误入带电间隔造成短路等等。

② 过载。由于导线截面和设备选用不合理，或运行中电流超过设备的额定值，或连续使用时间过长，引起发热并超过线路或设备的长期允许温度造成过热。

③ 接触不良。导线接头做得不好，连接不牢固，活动触点（如开关、插座、熔丝、灯泡与灯座等的接头）接触不良导致接触电阻过大，电流流过时导致接头过热。

④ 铁芯过热。变压器、电动机等设备的铁芯绝缘损坏，或承受长时间过电压使铁芯涡流损耗和磁滞损耗增加，运行中使铁芯过饱和，非线性负载产生高次谐波，这些都可能使铁芯过热。

⑤ 散热不良。电气设备的散热或通风措施受到破坏，设备运行中产生的热量不能有效散发就会造成设备过热。

此外，一些发热量大的电气设备安装或使用不当，也可能引起火灾。如电阻炉的工作温度一般可达 600℃以上，照明灯泡表面的温度也会达到较高的数值。

(2) 电火花和电弧

电火花和电弧是生产和生活中经常见到的一种现象。电气设备正常工作时或正常操作时会发生电火花和电弧，电机的电刷与整流子或滑环滑动接触处，在正常运行中会有电火花；开关断开电路时会产生强烈的电弧；插头拔出或插入时会有电火花。电路发生短路或接地事故时产生的电弧更强烈，绝缘不良造成电气闪络等也会有电火花或电弧产生。

电火花和电弧的温度都很高，特别是电弧，温度可高达 3000～6000℃，因此，电火花和电弧不仅能引起可燃物燃烧，还能使金属熔化、飞溅，构成危险的火源。在有爆炸危险的场所，电火花和电弧更是引起火灾和爆炸的一个十分危险的因素。

1.4.2 电气火灾的预防

由上面的分析可知，引起电气火灾的原因有两条，即：现场有可燃物质，现场有引燃的条件。所以，要从这两个方面采取措施，防止电气火灾事故的发生。

(1) 排除可燃物质

① 保持通风良好，使现场可燃气体、粉尘和纤维的浓度降低到不致引起电气火灾的限度内。

② 加强密封，减少和防止可燃物质泄漏。有可燃物质的生产设备、储存容器、管道接头和阀门应严加密封，并经常巡视检查。

(2) 排除电气火源

严格按照防火规程的要求选择、布置和安装电气装置。运行中可能产生电火花、电弧和高温危险的电气设备和装置，不应放置在易燃的危险场所。

在运行管理中加强对电气设备的维护、监督，防止发生电气事故。

1.4.3 电气火灾的扑救

电气火灾与一般火灾相比，有两个突出的特点：一是电气设备着火后可能仍然带电，并且在一定范围内存在触电危险；二是充油电气设备如变压器等受热后可能会喷油，甚至爆炸，造成火灾蔓延。

所以，对电气火灾要坚决贯彻“预防为主”的方针。万一发生电气火灾时，必须迅速采取正确有效的措施，及时扑灭。电气火灾扑救示意图如图 1-32 所示。

(1) 断电灭火

当电气设备发生火灾或引燃附近可燃物时，首先应切断电源。

断电灭火时必须注意以下事项：

① 断电时，严防带负荷拉隔离开关（刀闸）。处于火场内的开关和闸刀，因受潮或烟熏

图 1-32　电气火灾扑救示意图

火烤，其绝缘可能降低或损坏，所以，断电操作时，要戴绝缘手套、穿绝缘靴，并使用相应电压等级的绝缘工具。

② 紧急切断电源时，切断地点要选择适当。切断带电导线时，应在电源侧的电线支持点附近剪断电线，以防电线剪断后触及人身，引起短路或跨步电压触电。切断低压导线时，应分相并在不同部位剪断，剪断时要使用带有绝缘手柄的电工钳。

③ 夜间发生电气火灾，切断电源时，要考虑临时照明，以利扑救。

④ 如果火势已威胁邻近电气设备时，应迅速拉开相应的开关。

⑤ 需要电力部门切断电源时，应迅速电话联系，说明情况。

（2）带电灭火

发生电气火灾时首先考虑断电灭火，因为断电后火势可以减小，同时扑救也比较安全。危急情况下若无法及时切断电源时，就必须在确保灭火人员安全的前提下，进行带电灭火。带电灭火一般限制在 10kV 及以下电气设备上进行，同时，要注意以下几点：

① 应选用不导电的灭火器材灭火，如干粉、二氧化碳灭火器，绝对不准使用泡沫灭火器带电灭火。

② 灭火人员及所使用的导电消防器材与带电体之间要保持足够的安全距离，扑救人员应戴绝缘手套、穿绝缘靴。

③ 对架空线路等空中设备进行灭火时，人与带电体之间的仰角不应超过 45°，并应站在线路外侧，防止导线断落后触及人体。

（3）充油电气设备灭火

① 充油电气设备着火时，应立即切断电源。

② 如设备外部局部着火时，可用二氧化碳、干粉等灭火器材灭火。

③ 如设备内部着火，且火势较大，切断电源后可用水灭火，有事故储油池的应设法将油放入池中，再行扑救。

（4）灭火器的选择与使用

带电灭火时应选择不导电的灭火器，如干粉灭火器、二氧化碳灭火器等。

① 干粉灭火器。干粉灭火器主要适用于各种易燃、可燃液体和易燃、可燃气体火灾及

带电设备的初起火灾，还可扑救固体类物质的初起火灾。干粉灭火器的使用方法如图 1-33 所示。

图 1-33　干粉灭火器使用方法示意图

注意：使用前，先把灭火器上下摇动数次，使瓶内干粉松散。在距离起火点 5m 左右灭火，在灭火过程中，灭火器筒体应始终保持直立状态，不得横卧或颠倒使用。

② 二氧化碳灭火器。二氧化碳灭火器主要适用于各种易燃、可燃液体，可燃气体火灾，

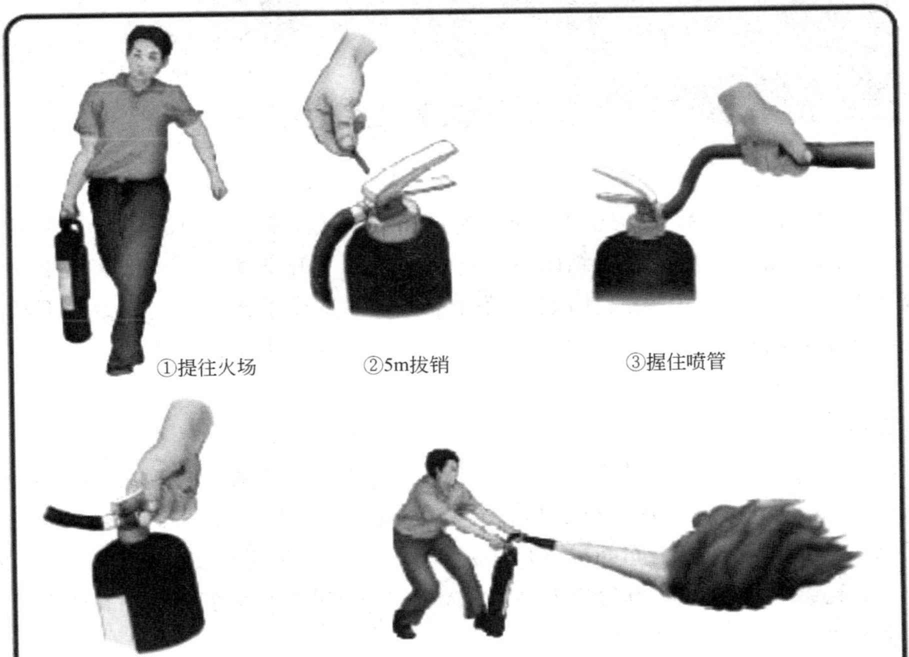

图 1-34　二氧化碳灭火器使用方法示意图

还可扑救仪器仪表、图书档案、工艺器和低压电气设备等的初起火灾。二氧化碳灭火器的使用方法如图 1-34 所示。

注意：使用二氧化碳灭火器时，手不能抓喷射铁杆，以防止手被冻伤。不能直接冲击可燃液面。灭火后应迅速撤离，以防窒息。使用推车式二氧化碳灭火器时应两人操作，在离燃烧物 10m 左右灭火。

1211 灭火器会造成臭氧层破坏，国家已明令禁止使用。

1.5 雷电防护

1.5.1 雷云的形成与雷电的发展

雷电是雷云（图 1-35）之间或雷云对大地放电的一种自然现象。雷云之间放电发生在高空，对人类危害较小，雷云对大地放电对人体和设备危害最大，是造成雷击事故的主要原因。

图 1-35 雷云

在强对流天气的雷雨季节，地面上的水受热蒸发变成水蒸气，并随热空气上升，在高空中与冷空气相遇凝结成水滴或冰晶结团下降，又被热的上升空气分裂、摩擦而带电。空气中的水气团在上升、下降运动中分裂引起电荷分布不均，造成了云的带电。雷云下部多带负电荷。负电荷的中心离地大约 500～10000m，它在地面感应出大量的正电荷。

雷电的发展可分为以下三个阶段。

（1）先导放电

随着雷云的发展和运动，当云中某一电荷密集中心处的场强达到空气的临界击穿值（10～30kV/cm）时，即可引发雷电放电。首先是微弱的先导放电通道，向地面逐级推进，每级长度约 25～50m，每级之间间歇 30～90μs，平均传导速度约 150km/s。重复放电时先导是自上而下连续发展的，称为箭状先导。先导放电发展过程示意图如图 1-36 所示。

（2）主放电

当先导接近地面时，地面上一些高耸的物体（如塔尖或山顶）因周围电场强度达到了能使空气电离的程度，会发出向上的迎面先导。当它与下行先导相遇时，就出现了强烈的电荷

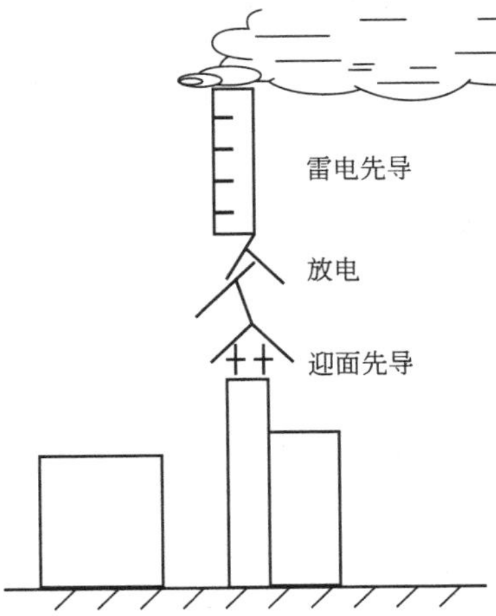

图 1-36　先导放电发展过程示意图

中和过程，出现极大的电流（数十至数百千安），并伴随着很强的光亮和巨大的雷声。这就是雷电的主放电阶段。主放电的电流大约从几千安到 260kA，放电时间为 50～100μs，主放电的速度大约为光速的 10%～50%。存在多个雷云中心时，还会出现重复放电，只是放电电流会逐次减小。

（3）余辉放电阶段

主放电完成后，云中的剩余电荷沿雷电流通道继续流向大地，形成电流很小、持续时间很长的余辉放电。余辉放电的持续时间可达几百微秒，这一部分电流是导致高温损坏的原因，称“热雷闪”。

1.5.2　雷电的特点与类型

（1）雷电的特点

① 雷电具有冲击性。在很短的时间内（小于 0.5s），电压、电流会迅速上升（近亿伏、几十万安），电能可达到 2500kW·h。雷电如图 1-37 所示。

图 1-37　雷电

② 雷电具有重复性。重复放电的平均数是 3。

③ 雷击具有选择性。雷云附近，因静电感应而产生的电荷的分布特点是：地面上凸出

和弯曲的部分比平坦的部分感应的电荷多而密集，容易将带异性电荷的雷云拉过来，对其放电，造成定向雷击。

(2) 雷电的类型

① 直击雷

雷电直接击中建筑物或其他物体，对其放电，称直击雷。雷直击时，流过被击物的电流极大，会产生很大的热效应和机械效应，造成建筑物、电气设备等被击物体损坏，或人、畜伤亡，危害最大。

② 感应雷

当雷云对大地放电后，线路中的感应电荷失去束缚，以雷电波的形式向导线两侧流动，这种过电压是由静电感应引起的，称感应雷击过电压。

③ 球形雷

球形雷是雷电发生时形成的发红光或白光的火球，球形雷很少见，它是由特殊的带电气体形成的，能够从门、窗、烟囱等通道进入室内。

④ 雷电侵入波

架空线路上或金属管道上遭受直击雷或发生感应雷，雷电波便沿线路或管道侵入变、配电所或电气设备，称为雷电侵入波。如不采取防范措施，就会造成变、配电所及线路的电气设备损坏，甚至造成人员伤亡。

1.5.3 雷电防护的安全技术措施

为防止雷电过电压造成电气设备和电气线路损坏，电力系统中采用了很多防止雷害事故的措施。一般防止直击雷破坏采用避雷针、避雷线、保护间隙；防止感应雷破坏采用电气设备金属外壳和建筑物、构筑物金属部分接地；防止雷电侵入波破坏采用装设避雷器等装置。避雷针、避雷器和保护间隙如图 1-38 所示。

图 1-38 避雷针、阀型避雷器、氧化锌避雷器和保护间隙

架空电力线路的防雷，可采用架设避雷线、加强线路绝缘、利用导线三角形排列的顶线兼作防雷保护线、杆塔接地以及装设自动重合闸装置的办法。避雷线防雷保护原理如图1-39所示。

变、配电所的防雷，建筑物等的直击雷防护以避雷针为主；变、配电所均与架空线路相

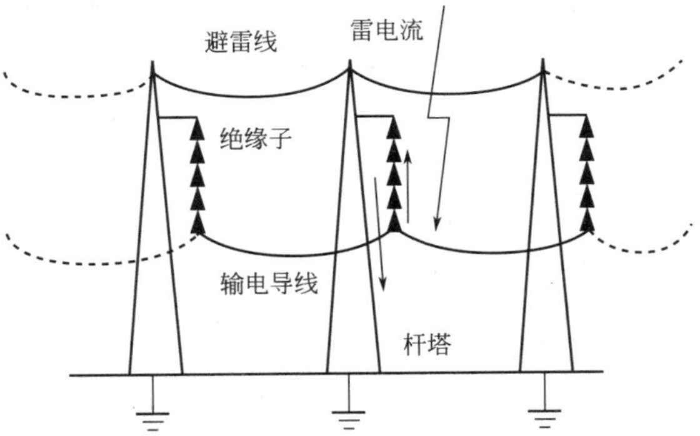

图 1-39 避雷线防雷保护原理示意图

连，要进行雷电侵入波过电压防护，主要手段为装设避雷器；变、配电所内的贵重电气设备，需采取周密的过电压防护措施；变、配电所应有良好的防雷接地系统，运行中应十分重视其完好性。氧化锌避雷器防雷保护原理如图 1-40 所示。

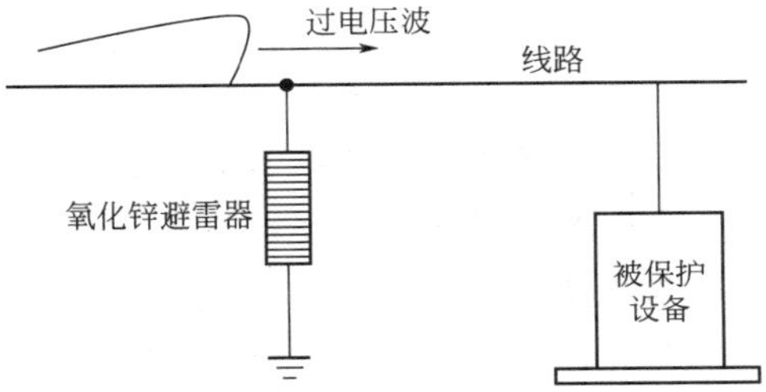

图 1-40 氧化锌避雷器防雷保护原理示意图

注意事项

电工作业人员的防雷，应注意以下几点

① 雷暴时，尽量少在室外逗留，确需巡检时，应穿好塑料等不浸水的雨衣，不准登高作业。

② 注意关闭所有门窗，防止球形雷进入室内。

③ 雷暴时，尽量远离站内避雷针塔、烟囱、孤树、路灯杆、旗杆等建筑设施。

④ 下雨时，应注意离开电线、电话线、管网等设施 1.5m 以外，防止这些设施对人体二次放电伤人。

⑤ 减少使用电话和手提电话。

⑥ 切勿站立于山顶、楼顶上或接近其他导电性高的物体。

⑦ 切勿处理开口容器盛载的易燃物品。

本章小结

人类在生产实践当中，已经总结出了很多安全用电的规则和方法，并形成了安全用电保证体系。只要按照这个体系中的规则和方法用电，电气系统就会运行正常，工作人员和普通用电人员就会安然无恙，否则会因为很小的疏忽或大意引发严重的电气及触电事故。

安全用电口诀

安全用电不放松，人人有责记心中。
使用电器要正确，搞不明白勿乱动。
安装维修找电工，私拉乱接可不行。
选用开关要合理，型号不对无作用。
私设电网很危险，国家法律也不容。
各种线路分开布，混在一起不宜用。
电线只能通电能，电线晾衣可不行。
教育儿童要牢记，不摸电器不玩灯。
户外电器绕着走，严禁线下放风筝。
发现断线莫靠近，留人看守找电工。
若是树枝碰电线，告知电工来理清。
临时用电把握好，设备带电不移动。
不拉爬地拦腰线，电线破损更不行。
灯头开关咱常用，质量第一要记清。
灯线不要随意拉，东扯西拽危险性。
一线一地做照明，损坏设备伤性命。
有人触电莫慌乱，断开电源快行动。
严禁直接用手拽，绝缘防护才能行。

思考与练习

1. 绝缘安全用具中常用的基本安全用具有哪些？
2. 绝缘安全用具中常用的辅助安全用具有哪些？
3. 常用的一般防护安全用具有哪些？
4. 防止人身触电的技术措施有哪些？
5. 练一练：用心肺复苏法进行触电急救。

（1）现场诊断，判断意识。拍打触电者双肩，并大声呼唤触电者姓名，掐人中、合谷穴。诊断时间不少于10s。

（2）判断触电者有无呼吸。救护者贴近触电者口鼻处判断是否有呼吸，并用眼睛看触电者的胸部是否有起伏，如没有起伏说明触电者停止呼吸。判断时间不少于5s。

（3）判断触电者有无心跳。用手指轻轻触摸触电者颈动脉（喉结旁2～3cm）有无脉搏。触摸时间不少于10s。

（4）报告伤情。表述准确，声音洪亮。

（5）对触电者实施口对口人工呼吸。采用仰头抬颌法畅通气道，如果口腔有异物，将身体及头部同时偏转，取出口腔异物。人工呼吸时，让触电者头部尽量后仰，鼻孔朝天，救护者一只手捏紧触电者的鼻孔，另一只手拖住触电者下颌骨，使嘴张开，吹气时先连续大口吹气两次，每次1～1.5s。两次吹气后颈动脉仍无脉搏，可判断心跳停止，同时进行口对口人工呼吸和胸外按压。

（6）对触电者实施胸外心脏按压。胸外按压时按压位置准确，姿势正确。按压有效时可以触及到颈动脉脉搏。

（7）判断抢救情况。若能触到触电者颈动脉搏动，则抢救成功。

6. 低压配电网保护接地方式分为哪几类？

7. 遇到电气火灾应如何正确扑救？

8. 雷电常见类型有哪些？它们应如何防护？

第二篇 技能篇

第②章

常用电工工具的使用

学习指导

在生产实际中，电工工具质量的好坏、使用是否规范，都将直接影响电气工程的安全性能、施工质量和工作效率。如果使用不当甚至会造成生产事故、安全事故、危及人身和设备安全。因此从事电气操作人员掌握电工工具的结构、功能、使用方法对确保工作效率及保证安全生产有着极其重要的作用。

本章主要介绍螺丝刀、电工刀、剥线钳、钢丝钳、斜口钳、尖嘴钳、电烙铁等电工基本工具，梯子、脚扣、安全带、安全腰绳、安全帽等电工登高工具的结构及使用方法和安全提示。使读者能清晰地了解常用电工工具的结构、用途、注意事项，掌握电工工具规范使用的相关技能。

2.1 电工基本工具的使用

2.1.1 螺丝刀

电工在安装和维修各种供配电线路、电气设备时，都离不开螺丝刀。螺丝刀（螺钉旋具）也称为螺钉起子、改锥等，主要用来紧固或拆卸螺钉。它的种类很多，按照头部的形状的不同，常见的可分为一字和十字两种；按照手柄的材料和结构的不同，可分为木柄、塑料柄、夹柄和金属柄等四种；按照操作形式可分为自动、电动和风动等形式。

(1) 一字螺丝刀

一字形螺丝刀如图 2-1 所示，主要用来旋转一字槽形的螺钉、木螺钉和自攻螺钉等。产品规格与十字形螺丝刀类似，常用 100mm、150mm、200mm、300mm 和 400mm 等几种。使用时应注意根据螺钉的大小选择不同规格的螺丝刀。若用型号较小的螺丝刀来旋拧大号的螺钉很容易损坏螺丝刀。

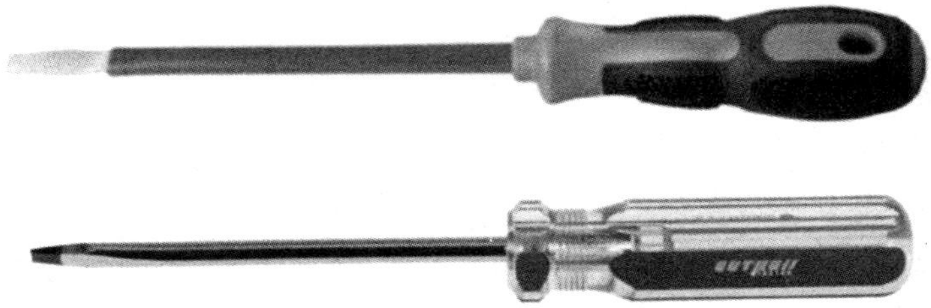

图 2-1 一字形螺丝刀

(2) 十字螺丝刀

十字形螺丝刀如图 2-2 所示，主要用来旋转十字槽形的螺钉、木螺钉和自攻螺钉等。产品有多种规格，通常说的大、小螺丝刀是用手柄以外的刀体长度来表示的，常用的有 100mm、150mm、200mm、300mm 和 400mm 等几种。使用时应注意根据螺钉的大小选择不同规格的螺丝刀。使用十字形螺丝刀时，应注意使旋杆端部与螺钉槽相吻合，否则容易损坏螺钉的十字槽。

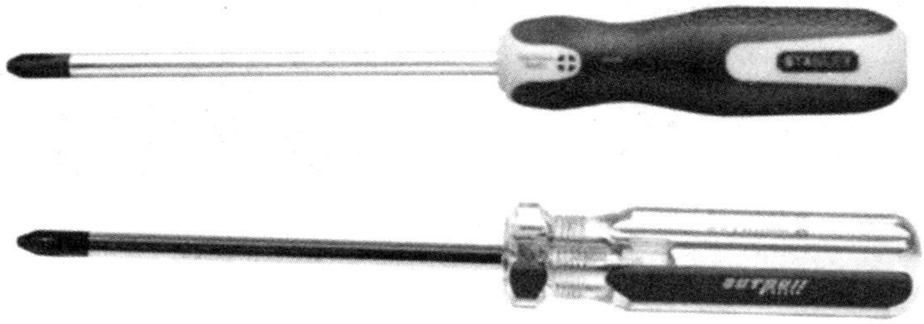

图 2-2 十字形螺丝刀

小技能

① 当所旋螺钉不需用太大力量时，螺丝刀的正确握法如图 2-3(a) 所示。

② 若旋转螺钉需较大力气时，螺丝刀的正确握法如图 2-3(b) 所示。

③ 上紧螺钉时，手紧握柄，用力顶住，使刀紧压在螺钉上，以顺时针的方向旋转为上紧，逆时针为卸下。

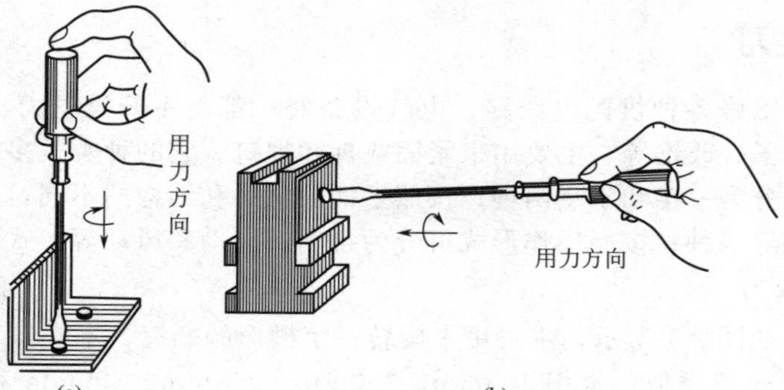

图 2-3 螺丝刀的正确握法

注意事项

① 电工必须使用带绝缘手柄的螺丝刀。

② 使用螺丝刀紧固或拆卸带电的螺钉时，手不得触及螺丝刀的金属杆。

③ 为了防止螺丝刀的金属杆触及皮肤或相邻近带电体，应在金属杆上套装绝缘管。

④ 使用时应注意选择与螺钉槽相同且大小规格相应的螺丝刀。

2.1.2 电工刀

电工在安装和维修各种供配电线路、电气设备时都离不开电工刀。电工刀如图 2-4 所示，主要用来切削导线的绝缘层、电缆绝缘、木槽板等。普通的电工刀由刀片、刀刃、刀把、刀挂等构成。电工刀的规格有大号（片长 112mm）、小号（刀片长 88mm）之分。

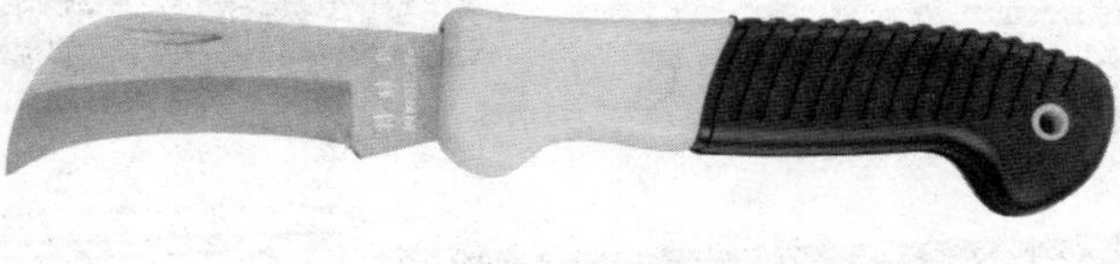

图 2-4 电工刀

小技能

① 新电工刀刀口较钝，应先开启刀口然后再使用。

② 握刀姿势如图 2-5(a) 所示。

③ 刀口以 45°倾斜角切入导线绝缘层，如图 2-5(b) 所示。

④ 刀口以15°倾斜角推削导线绝缘层，如图2-5(c)所示。

⑤ 扳转绝缘层并在根部切去，如图2-5(d)所示。

⑥ 剖削电线绝缘层时，可把刀略微翘起一些，用刀刃的圆角抵住线芯。

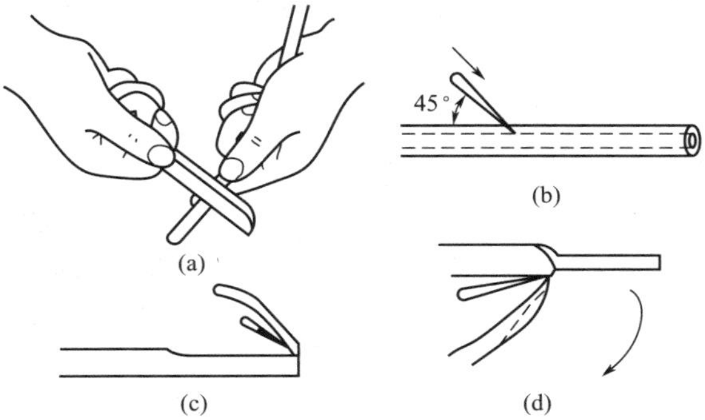

图2-5 电工刀剥削导线绝缘层

注意事项

① 使用电工刀时，切忌面向人体切削。

② 切忌把刀刃垂直对着导线切割绝缘层，因为这样容易割伤电线线芯。

③ 电工刀刀柄无绝缘保护，不能接触或剖削带电导线及器件。

④ 电工刀使用后应随即将刀身折进刀柄，注意避免伤手。

2.1.3 钢丝钳

电工在安装和维修各种供配电线路、电气设备时，都离不开钢丝钳。钢丝钳如图2-6所示，其主要用途是用手夹持或切断金属导线，带刃口的钢丝钳还可以用来切断钢丝。钢丝钳的规格有150mm、175mm、200mm三种，均带有橡胶绝缘套管，适用于500V以下的带电作业。钢丝钳的结构如图2-7(a)所示：1为钳头部分；2为钳柄部分；3是钳口；4是齿口；5是刃口；6是铡口；7是绝缘套。

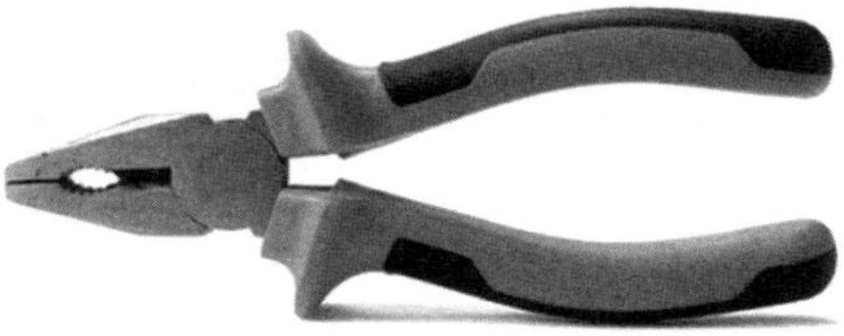

图2-6 钢丝钳

小技能

① 使用钢丝钳之前，应注意保护绝缘套管，以免划伤失去绝缘作用。绝缘手柄的绝缘性能

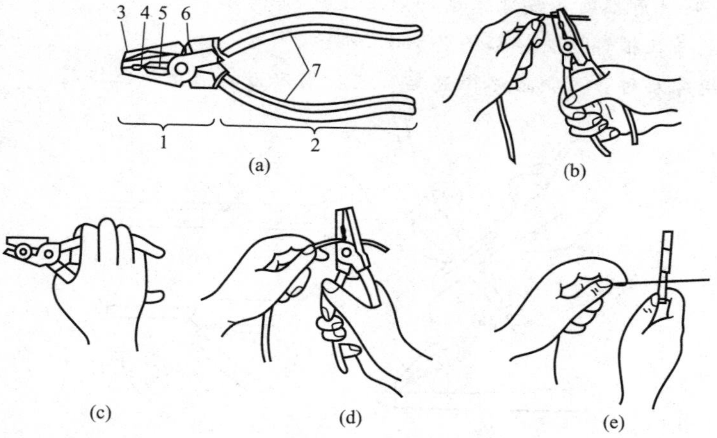

图 2-7 钢丝钳

1—钳头部分；2—钳柄部分；3—钳口；4—齿口；5—刃口；6—铡口；7—绝缘套

良好可保证带电作业时的人身安全。

② 图 2-7(b) 是弯绞导线的操作图例。

③ 图 2-7(c) 是紧固螺母的操作图例。

④ 图 2-7(d) 是剪切导线的操作图例。

⑤ 图 2-7(e) 是侧切钢丝的操作图例。

注意事项

① 用钢丝钳剪切带电导线时，严禁用刃口同时剪切相线和零线；或同时剪切两根相线，以免发生短路事故。

② 不可将钢丝钳当锤使用，以免刃口错位、转动轴失灵，影响正常使用。

2.1.4 尖嘴钳

电工在安装和维修各种供配电线路、电气设备时，都离不开尖嘴钳。尖嘴钳如图 2-8 所示，主要用途是剪切线径较细的单股与多股线，剥塑料绝缘层，在装接控制线路板时，尖嘴钳能将单股导线弯成一定圆弧的接线鼻子。尖嘴钳特别适宜于狭小的工作区域，规格有

图 2-8 尖嘴钳

130mm、160mm、180mm三种。电工用的尖嘴钳带有绝缘导管。有的带有刃口，可以剪切细小零件。

小技能

① 图2-9(a) 为平握法，图2-9(b) 为立握法。
② 操作时不要触摸刀刃部，不要对着人和易损物剪断东西。
③ 不可将尖嘴钳当锤使用，以免刃口错位、转动轴失灵，影响正常使用。

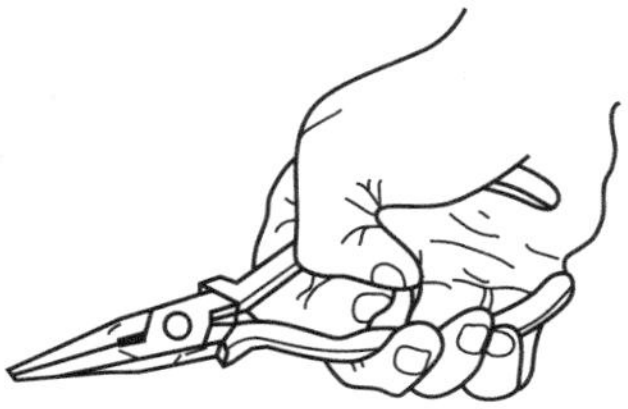
(a) 平握法

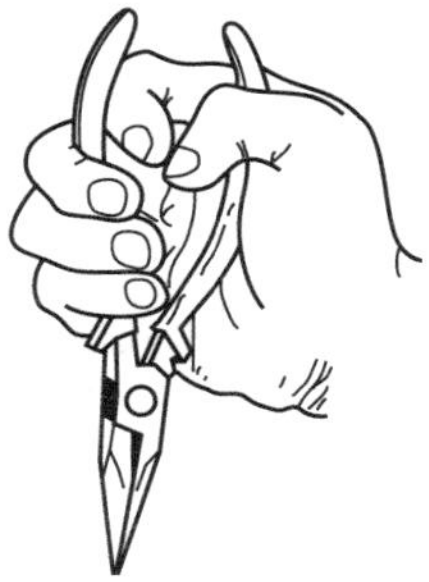
(b) 立握法

图2-9 尖嘴钳的握法

2.1.5 斜口钳

电工在安装和维修各种供配电线路、电气设备时，都离不开斜口钳。斜口钳如图2-10所示，主要用来剖切软电线的橡皮或塑料绝缘层，也可用来剪切电线、铁丝。钳子的齿口可用来紧固或拧松螺母，铡口可以用来切断电线、钢丝等较硬的金属线。电工常用的斜口钳有150mm、175mm、200mm及250mm等多种规格。

图2-10 斜口钳

小技能

使用斜口钳应用右手操作，将钳口朝内侧，便于控制钳切部位，用小指伸在两钳柄中间来抵住钳柄，张开钳头，这样分开钳柄灵活。使用钳子要量力而行，不可以用来剪切钢丝绳和过粗的铜导线或铁丝，否则容易导致钳子崩牙和损坏。

2.1.6 剥线钳

剥线钳如图 2-11 所示，是内线电工、电机修理、仪器仪表电工常用的工具之一。剥线钳适用于直径 3mm 及以下的塑料或橡胶绝缘电线、电缆芯线的绝缘层剥削。剥线钳由钳口和手柄两部分组成。剥线钳钳口分有 0.5～3mm 的多个直径切口，用于与不同规格芯线直径相匹配，剥线钳也装有绝缘套。

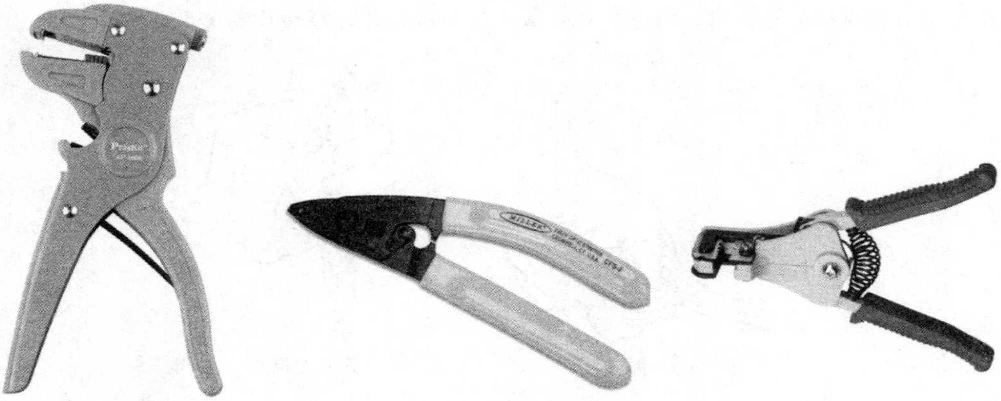

图 2-11 剥线钳

小技能

将待剥皮的线头置于钳头的某相应刃口中，用手将两钳柄果断地一捏，随即松开，绝缘皮便与芯线脱开。剥线钳在使用时要注意选好刀刃孔径，当刀刃孔径选大时难以剥离绝缘层，若刀刃孔径选小时又会切断芯线，只有选择合适的孔径才能达到剥线钳的使用目的。

2.1.7 活络扳手

活络扳手又叫活扳手，如图 2-12 所示，主要用来旋紧或拧松有角螺钉或螺母，也是常

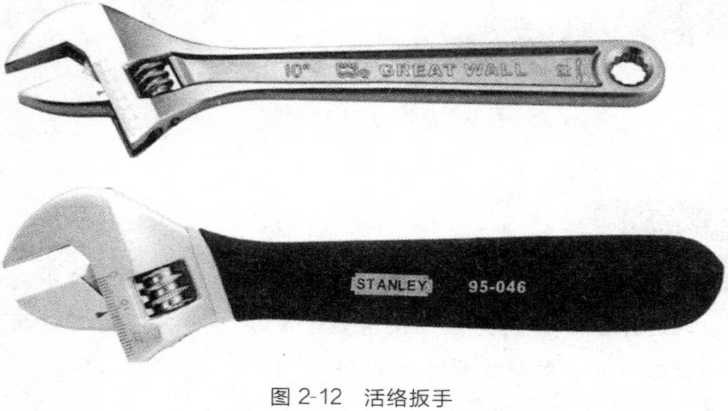

图 2-12 活络扳手

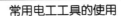

用的电工工具之一。电工常用的活络扳手有200mm、250mm、300mm三种尺寸，实际应用中应根据螺母的大小选配合适的活扳手。

小技能

使用活络扳手时，应右手握手柄，在扳动生锈的螺母时，可在螺母上滴几滴煤油或机油，这样就好拧动了。若拧不动螺母时，切不可采用钢管套在活络扳手的手柄上来增加扭力的方法，因为这样极易损伤活络扳唇。不可把活络扳手当锤子用，以免损坏。

活络扳手的使用方法如图2-13所示：图2-13(a)为一般握法，显然手越靠后，扳动起来越省力。图2-13(b)是调整扳口大小示例，用右手大拇指调整蜗轮，不断地转动蜗轮扳动小螺母，根据需要调节出扳口的大小，调节时手应握在靠近呆扳唇的位置。

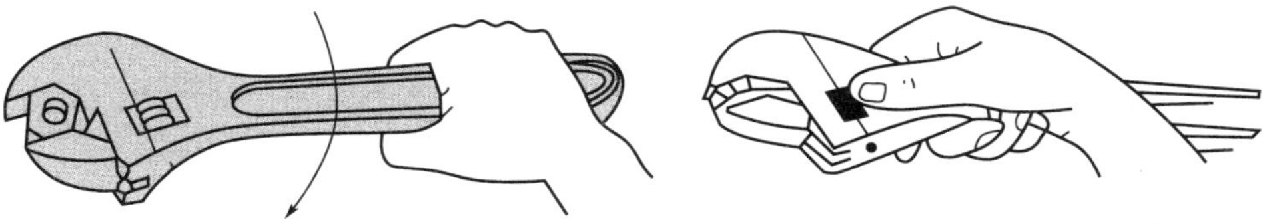

(a) (b)

图2-13 活络扳手的使用方法

2.1.8 电烙铁

电烙铁是最常用的焊接工具，如图2-14所示，主要用来焊接电气元件，为方便使用，通常用“焊锡丝”作为焊剂，焊锡丝内一般都含有助焊的松香。焊锡丝使用约60%的锡和40%的铅合成，熔点较低。

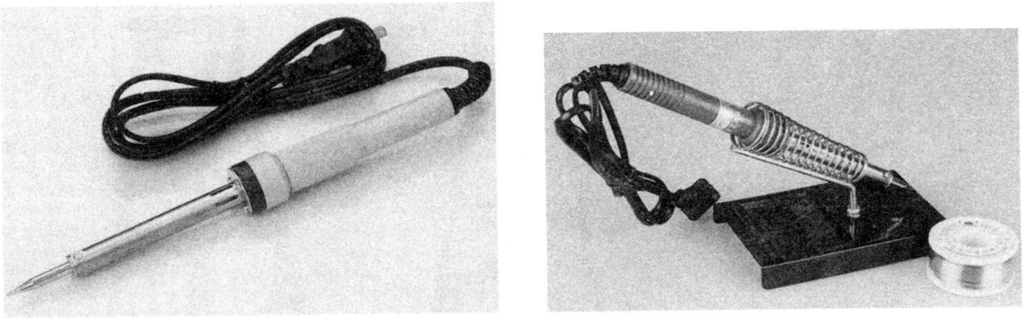

图2-14 电烙铁

小技能

① 右手持电烙铁，左手用尖嘴钳或镊子夹持元件或导线，焊接前，电烙铁要充分预热，烙铁头刃面上要带上一定量焊锡，将烙铁头刃面紧贴在焊点处。

② 电烙铁与水平面大约成60°角，避免熔化的锡从烙铁头上流到焊点上。

③ 烙铁头在焊点处停留的时间控制在2～3s，抬开烙铁头，左手仍持元件不动，待焊点处的锡冷却凝固后，才可松开左手。

④ 用镊子转动引线，确认不松动，然后可用偏口钳剪去多余的引线。

注意事项

① 电烙铁使用中，不能用力敲击。

② 烙铁头上焊锡过多时，可用布擦掉，不可乱甩，以防烫伤他人。

③ 焊接过程中，烙铁不能到处乱放。不焊时，应放在烙铁架上。

④ 电烙铁电源线不可搭在烙铁头上，以防烫坏绝缘层而发生事故。

⑤ 使用结束后，应及时切断电源，拔下电源插头。冷却后，再将电烙铁收回工具箱。

2.2 电工登高工具的使用

在离地面2m以上地点工作的均为高空作业，电工进行高空作业时，为了防止高空跌落事故的发生，正确使用登高工具意义重大。登高工具有梯子、脚扣、安全带、安全腰绳、安全帽等。

2.2.1 梯子

电工常用的梯子有直梯和人字梯，如图2-15所示。

(a) 直梯

(b) 人字梯

图2-15 梯子

小技能

① 使用前，检查梯子应牢固，无损坏。人字梯顶部铁件螺栓连接紧固良好，限制张开的拉链应牢固。

② 梯子根部应做好防止滑倒的措施，梯子放置应牢靠、平稳，不得架在不牢靠的支撑位和墙上。

③ 直梯靠在墙上工作时，与地面的斜角度应为60°左右；人字梯也应注意与地面的夹角在60°左右。

④ 在梯子上作业，应设专人监护扶梯。

⑤ 同一梯子上不得有2人同时作业，不得带人移动梯子。

⑥ 移动梯子时，必须与电气设备保持足够的安全距离。

2.2.2 脚扣

脚扣是用铝合金或钢制材料制作的登高工具，如图2-16所示，呈圆环形。在半环上包裹橡胶，经硫化后与半环牢固吻合，防止在使用中滑落。脚扣分大、中、小号，以适用不同粗细的电杆。

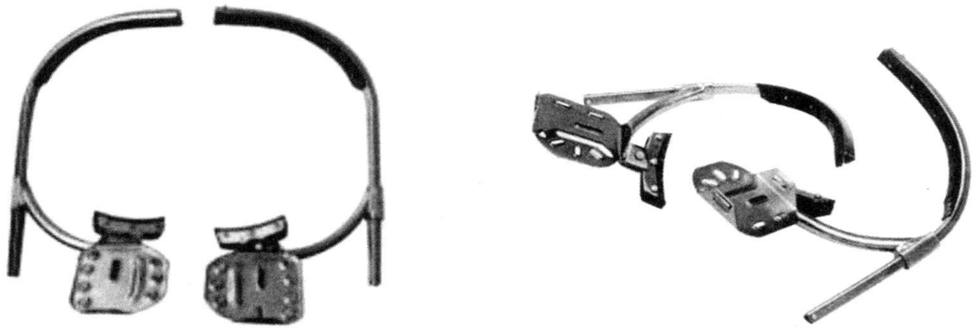

图2-16 脚扣

小技能

① 登杆前，应按照电杆的粗细选择合适的脚扣，并检查脚扣是否完好无破损。

② 登杆时应穿系带胶鞋，皮带不宜系得太紧。

③ 双手搂杆，上身稍离开电杆，臀部向后下方坐，使身体成弓形。

④ 右脚向上跨扣，跨步应合适，同时右手扶住电杆，当右脚踏实后，将身体中心转移到右脚上，抬起左脚，左手上扶电杆，并移动身体，反复交替，双手双脚配合要协调。

2.2.3 安全带和安全腰绳

安全带（如图2-17所示）和安全腰绳（如图2-18所示）是保证高空作业人员人身安全

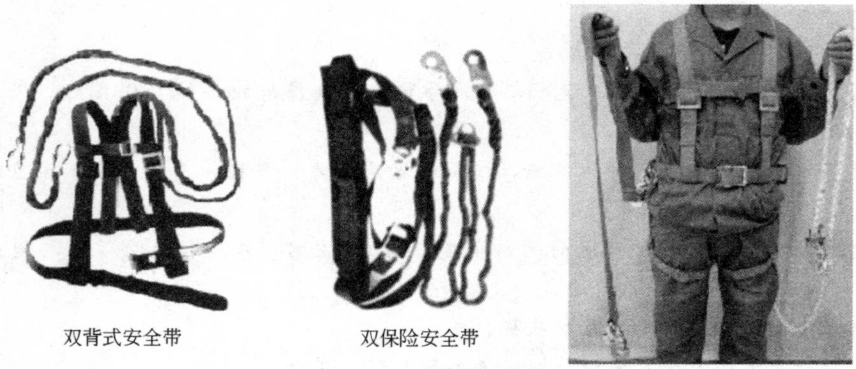

双背式安全带　　双保险安全带

图 2-17　安全带

图 2-18　安全腰绳

的必备用品。安全带由带子、绳子和金属配件组成，总称安全带。电工登高作业无可靠防坠落措施时，必须系好安全带。

小技能

① 安全带用来系挂安全腰绳，系在臀部上端，不是腰间，这样保证操作时的灵活性也不易损伤腰部。

② 安全带应系在牢固的物体上，禁止系挂在移动或不牢固的物件上。不得系在棱角锋利处。安全带要高挂和平行拴挂，严禁低挂高用。

③ 安全腰绳用来固定人体下部，使用时松紧要合适，上杆后，安全腰绳应系结在电杆、横担、瓷瓶下面，防止腰绳电杆顶部窜出。

④ 安全带和安全腰绳使用期限一般为 3～5 年，发现异常应提前报废。

2.2.4　安全帽

安全帽如图 2-19 所示，是用来防护高空落物，减轻头部受落物冲击伤害的安全防护用具。安全帽由帽壳和帽衬组成，帽壳采用椭圆半球形薄壳结构，表面光滑。帽衬是防护高空

图 2-19　安全帽

坠物的重要部件，是帽壳内部件的总称，包括帽箍、顶带、后枕箍带、下颌带等。

小技能

安全帽的佩戴方法为：首先将内衬圆周大小调节到对头部稍有约束感、但不难受的程度，以不系下颌带低头时安全帽不会脱落为宜；其次，佩戴安全帽必须系好下颌带，下颌带应紧贴下颌，松紧以下颌有约束感、但不难受为宜。

注意事项

① 合格的安全帽必须是由有生产许可证的专业生产厂家生产，安全帽上应有商标、型号、制造厂名称、生产日期和生产许可证编号。

② 使用前应检查帽壳完整无裂纹无损伤，帽衬齐全、牢固。

③ 使用时，应系好下颌带，防止工作中滑落。

④ 安全帽应定期进行试验，确保安全可靠。

本章小结

本章旨在通过介绍螺丝刀、电工刀、剥线钳、钢丝钳、斜口钳、尖嘴钳、电烙铁等电工基本工具，梯子、脚扣、安全带、安全腰绳、安全帽等电工登高工具的结构与使用方法和注意事项，使读者能清晰地了解常用电工工具的结构、用途、注意事项，掌握电工工具规范使用的相关技能。从事电气操作人员必须正确掌握电工工具使用方法，确保工作效率及保证安全生产。

思考与练习

1. 大小螺丝刀的使用方法有什么区别？使用过程中有什么注意事项？
2. 剥线钳剥削导线的基本步骤和注意事项是什么？
3. 电工刀的使用方法和注意事项有哪些？
4. 请用尖嘴钳制作各种型号的接线鼻子。
5. 使用脚扣、安全绳、安全带在不带电的电杆登高（注意有专人监护）。

第③章 常用电工仪表的使用

学习指导

在生产实际中，电气设备的安装、调试、检修和故障排查都离不开各种电工仪表，正确使用电工仪表会大大提高工作效率，如果使用不当也会造成安全事故、危及人身和设备安全。因此从事电气操作人员掌握电工仪表的结构、功能、使用方法对顺利开展电气工程项目有着极其重要的意义。

本章将介绍电压表、电流表、万用表、兆欧表、钳形电流表、电能表、示波器等电工常用仪器仪表，使读者能清晰地了解其用途、结构、使用方法、注意事项，掌握用电工常用仪器仪表进行电路分析、故障排查等方面的相关技能。

3.1 电压表的使用

电压表是测量电压的仪表，如图 3-1 所示。根据使用场所不同分为安装式和便携式，根据测量电气量不同分为直流和交流两类。

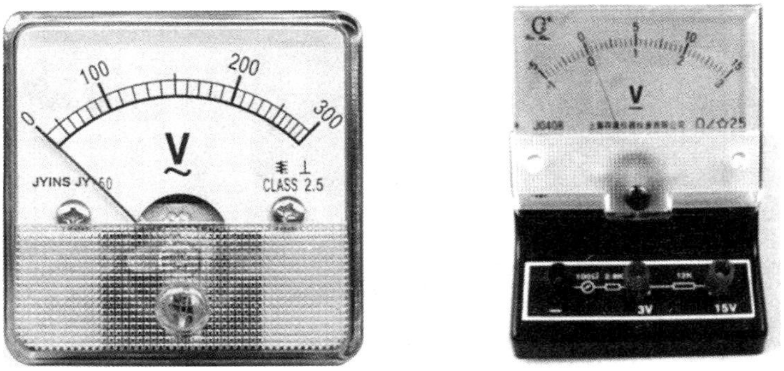

图 3-1 电压表

(1) 电压表的选择

电压表的选择主要从测量对象、测量范围、要求精度和仪表价格等几方面考虑。

① 电压表类型的选择。测量精度要求不高，一般多用电磁式电压表。而对测量精度和灵敏度要求高的，常多采用磁电式多量程电压表。当被测量是直流时，应选直流表，即磁电系测量机构的仪表。当被测量是交流时，应注意其波形与频率。若为正弦波，只需测出有效值即可换算为其他值（如最大值、平均值等），采用任意一种交流表即可；若为非正弦波，则应区分需测量的是什么值，有效值可选用磁系或铁磁电动系测量机构的仪表，平均值则选用整流系测量机构的仪表。

② 电压表准确度的选择。因仪表的准确度越高，价格越贵，维修也较困难。而且，若其他条件配合不当，再高准确度等级的仪表，也未必能得到准确的测量结果。因此，在选用准确度较低的仪表可满足测量要求的情况下，就不要选用高准确度的仪表。通常 0.1 级和 0.2 级仪表作为标准表选用；0.5 级和 1.0 级仪表作为实验室测量使用；1.5 级以下的仪表一般作为工程测量选用。

③ 电压表量程的选择。要充分发挥仪表准确度的作用，还必须根据被测量的大小，合理选用仪表量程，如选择不当，其测量误差将会很大。一般使仪表对被测量的指示大于仪表最大量程的 1/2～2/3 以上，而不能超过其最大量程。

④ 电压表内阻的选择。选择仪表时，还应根据被测阻抗的大小来选择仪表的内阻，否则会带来较大的测量误差。因内阻的大小反映仪表本身功率的消耗，测量电压时，应选用内阻尽可能大的电压表。

(2) 使用方法及注意事项

① 电压表必须并联在被测电路的两端。

② 电压表量程选择要适当，要大于被测电路的电压，以免损坏电压表。

③ 使用磁电式电压表测量直流电压时，要注意电压表接线端上的“＋”、“－”极性标记，切忌接反，如图 3-2 所示。

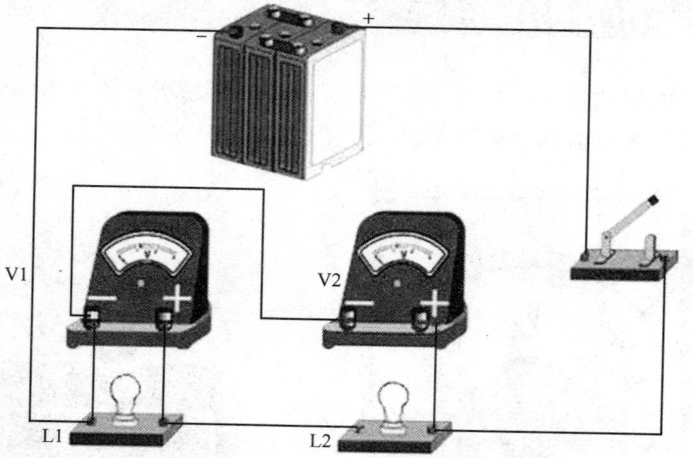

图 3-2 电压表的连接方法

④ 为了提高测量的准确度，应尽量采用内阻较大的电压表。

⑤ 严禁不经用电器将电流表直接接在电源两端。

3.2 电流表的使用

电流表是测量电流的仪表，如图 3-3 所示。按所测电流性质可分为直流电流表、交流电流表和交直两用电流表。就其测量范围又有微安表、毫安表和安培表之分。按动作原理分为磁电式、电磁式和电动式等。

图 3-3 电流表

(1) 电流表的选择

① 电流表类型的选择。测量直流电流时，较为普遍的是选用磁电式仪表，也可使用电磁式或电动式仪表。测量交流电流时，较多使用的是电磁式仪表，也可使用电动式仪表。对

测量准确度、灵敏度要求高的场合应采用磁电式仪表；对测量精度要求不严格、被测量较大的场合常选择价格低、过载能力强的电磁式仪表。

② 电流表准确度的选择。因仪表的准确度越高，价格越贵，维修也较困难。而且，若其他条件配合不当，再高准确度等级的仪表，也未必能得到准确的测量结果。因此，在选用准确度较低的仪表可满足测量要求的情况下，就不要选用高准确度的仪表。通常 0.1 级和 0.2 级仪表作为标准表选用；0.5 级和 1.0 级仪表作为实验室测量使用；1.5 级以下的仪表一般作为工程测量选用。

③ 电流表量程的选择。电流表的量程选择应根据被测电流大小来决定，应使被测电流值处于电流表的量程之内。在不明确被测电流大小的情况时，应先使用较大量程的电流表试测，以免因过载而损坏仪表。

④ 电流表内阻的选择。电流表内阻越小，测量的结果越接近实际值。为了提高测量的准确度，应尽量采用内阻较小的电流表。

(2) 使用方法及注意事项

① 电流表一定要串接在被测电路中。

② 测量直流电流时，电流表接线端的“+”、“-”极性不可接错，否则可能损坏仪表。磁电式电流表一般只用于测量直流电流。

③ 应根据被测电流大小选择合适的量程。对于有两个量程的电流表，它具有三个接线端，使用时要看清接线端量程标记，将公共接线端和一个量程接线端串接在被测电路中，如图 3-4 所示。

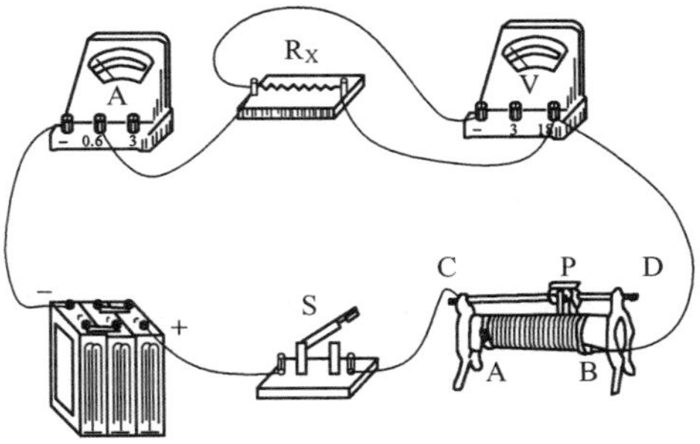

图 3-4　电流表的连接方法

④ 在测量数值较大的交流电流时，常借助于电流互感器来扩大交流电流表的量程。电流互感器次级线圈的额定电流一般设计为 5A，与其配套使用的交流电流表量程也应为 5A。电流表指示值乘以电流互感器的变流比，为所测实际电流的数值。使用电流互感器应让互感器的次级线圈和铁芯可靠地接地，次级线圈一端不得加装熔断器，严禁使用时开路。

3.3 万用表的使用

万用表可以用来测量直流电流、直流电压、交流电压和电阻，常用的万用表有指针式和数字式两种。

3.3.1 指针式万用表

MF47 型指针式万用表如图 3-5 所示，其体积小、质量轻、便于携带、设计制造精密，并且测量精确度较高、价格便宜、使用寿命长，所以受到普遍欢迎。

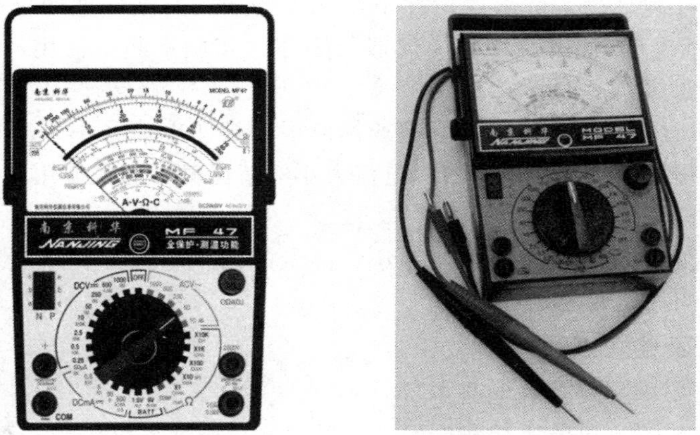

图 3-5　MF47 型指针式万用表

(1) MF47 型万用表的结构

MF47 型万用表的基本结构包括面板、表头、表盘、测量线路、转换开关和红黑表笔六个部分。

① 面板。面板上是表盘，表盘上有 6 条标度尺，表盘下方正中是机械调零旋钮。面板下方是转换开关、零欧姆调整旋钮和各种功能插孔，转换开关周围标有该万用表测量功能及其量程。转换开关左上角是测量 NPN 型和 PNP 型三极管时所用的插孔，左下角分别是红黑表笔插孔，右下角是 2500V 交直流电压和 10A 直流电流测量专用红表笔插孔。

② 表头。表头是万用表进行不同电气量测量的公用部分，它是一块高灵敏度的磁电式电流表，是万用表的核心，安装在表的内部。表头的性能决定了万用表的基本性能。

③ 表盘。表盘上的标度尺和刻度供读取数据使用，如图 3-6 所示。有的刻度是均匀的，有的刻度是不均匀的。正确识读标度尺和理解表盘上符号、字母、数字的含义，是使用万用表进行各种测量的基础。

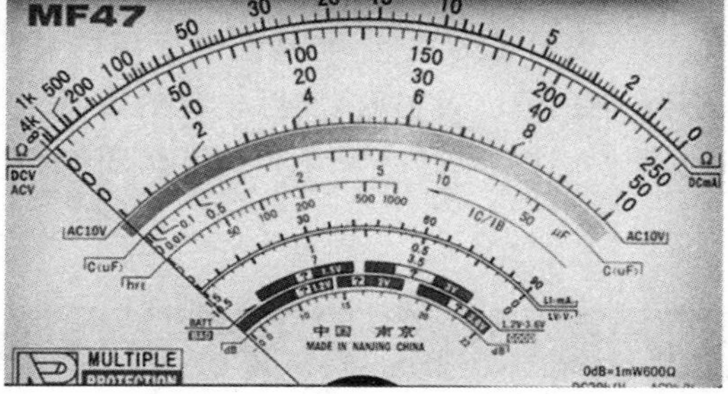

图 3-6　MF47 型指针式万用表表盘

④ 测量线路。在万用表的内部设置了一套测量线路，如图 3-7 所示，它由多量程的直流电

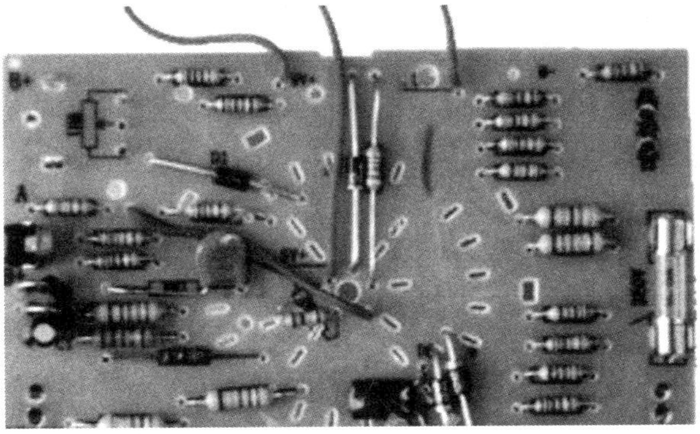

图 3-7　MF47 型指针式万用表测量线路

流表、直流电压表、整流式交流电压表和欧姆表等测量线路组合而成，以满足测量不同项目和选择不同量程的需要。可通过拨动面板下面的转换开关来选择所需要的测量项目和量程。

⑤ 转换开关。万用表的转换开关表示测量电气量和相应的量程，如图 3-8 所示。

图 3-8　MF47 型指针式万用表转换开关

⑥ 红黑表笔。红黑表笔是将电气量传送到表头的连接部分，红表笔插在“＋”极插孔中，黑表笔插在“－”极/“COM”插孔中。

（2）测量电阻

① 红表笔插在“＋”极插孔中，黑表笔插在“－”极/“COM”插孔中。

② 转换开关选择“Ω”挡，估算被测电阻的阻值，然后将转换开关指向合适的倍率挡（如×1/×10/×100/×1k）。

③ 将红黑表笔短接，同时转动欧姆调零旋钮，使指针指到 0Ω 刻度位置，也就是欧姆零点，表明红、黑表笔间的电阻为零。

④ 将红黑表笔跨接在被测电阻或电路的两端，读出电阻的阻值。

⑤ 电阻阻值＝指针所指刻度数×倍率。

注意事项

① 严禁在被测电阻带电的情况下测量电阻（特别严禁用万用表直接测电池的内阻）。

② 每次测量电阻或更换倍率挡时，都应重新进行欧姆调零。

③ 测量中，不允许用两手同时触及被测电阻两端，以避免并入人体电阻，使读数降低。

④ 测量时指针尽可能接近标度尺的几何中心，以便提高测量数据的准确性。

(3) 测量直流电压

① 红表笔插在“+”极插孔中，黑表笔插在“-”极/“COM”插孔中。

② 机械调零。观察表头指针是否处于零位，若不在零位，则应调整机械调零旋钮，使其指零。否则，测量结果将不准确。

③ 转换开关选择“DCV”挡，估算被测电压大小，然后将转换开关指向合适的量程（如0.25V/2.5V/10V/50V/250V/500V）。如果不能估算被测电压大小，选择最大量程进行测量。

④ 红黑表笔并联在被测元件或者电路两端，红表笔放在“+”极，黑表笔放在“-”极。如果无法估测被测点电位的高低，可将任意一只表笔先接触被测电路或元器件的任意一端，另一只表笔轻轻地试触一下另一被测端，若表头指针向右（正方向）偏转，说明表笔接法正确，若指针向左（反方向）偏转，说明表笔接反，交换表笔即可。

⑤ 直流电压读数=指针所指刻度数×选择量程/50。

注意事项

① 应用专用螺丝刀调整机械调零旋钮指向零位。

② 在测量过程中，严禁拨动转换开关选择量程，以免损坏转换开关触点，同时也可避免误拨到过小量程相而撞弯指针或烧坏表头。

③ 测量时指针尽可能接近标度尺的几何中心，以便提高测量数据的准确性。

(4) 测量交流电压

① 红表笔插在“+”极插孔中，黑表笔插在“-”极/“COM”插孔中。

② 机械调零。观察表头指针是否处于零位，若不在零位，则应调整机械调零旋钮，使其指零。否则，测量结果将不准确。

③ 转换开关选择“ACV”挡，估算被测电压大小，然后将转换开关指向合适的量程（如10V/50V/250V/500V/1000V）。如果不能估算被测电压大小，选择交流电压最大量程进行测量。

④ 将万用表并联在被测电路或被测元件两端，根据指针偏转情况重新选择量程挡位后再进行测量，直到指针偏转到合适的位置后再读取数据。

⑤ 交流电压读数=指针所指刻度数×选择量程/50。

注意事项

① 测量高电压时，应在测量前切断电源，将表笔与被测电路的测试点连接好，待两手离开后，再接通电源进行读数，以保证人身安全。

② 测量时指针尽可能接近标度尺的几何中心，以便提高测量数据的准确性。

(5) 测量直流电流

① 红表笔插在“+”极插孔中，黑表笔插在“−”极/“COM”插孔中。

② 机械调零。观察表头指针是否处于零位，若不在零位，则应调整机械调零旋钮，使其指零。否则，测量结果将不准确。

③ 转换开关选择“DCA”挡，估算被测电流大小，然后将转换开关指向合适的量程（如0.05mA/0.5mA/5mA/50mA/500mA）。如果不能估算被测电流大小，选择直流电流最大量程进行测量。

④ 将红黑表笔串联在被测电路中，红表笔放在“+”极（电流流入端），黑表笔放在“−”极（电流流出端）。如果无法估测电流方向时，可将任意一只表笔先接触被测电路的任意一端，另一只表笔轻轻地试触一下另一端，若表头指针向右（正方向）偏转，说明表笔接法正确，若指针向左（反方向）偏转，说明表笔接反，交换表笔即可。

⑤ 直流电流读数=指针所指刻度数×选择量程/50。

注意事项

① 应用专用螺丝刀调整机械调零旋钮指向零位。

② 在测量过程中，严禁拨动转换开关选择量程，以免损坏转换开关触点，同时也可避免误拨到过小量程相而撞弯指针或烧坏表头。

③ 严禁将处于直流电流测量功能的万用表并联在被测电路中，这样会造成短路，导致电路和仪表烧坏。

④ 测量时指针尽可能接近标度尺的几何中心，以便提高测量数据的准确性。

3.3.2 数字式万用表

数字式万用表（图3-9）是性能稳定、可靠性高，且具有高度防振的多功能、多量程测

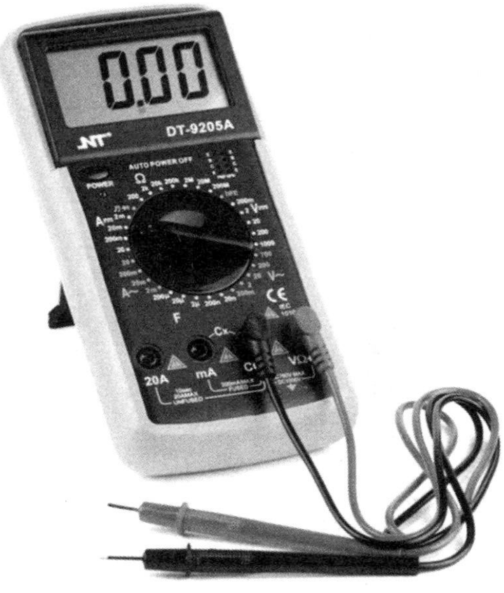

图3-9 数字式万用表

量仪器。它可测量交、直流电压，交、直流电流，电阻、电容、二极管、三极管、音频信号频率等。

（1）数字式万用表面板结构

数字式万用表面板组件包括：数字显示屏、转换开关、红黑表笔。

（2）测量电阻

① 测量范围为 0～200MΩ，共分 7 挡。

② 红表笔插入“V/Ω”插孔，黑表笔插入“COM”插孔。

③ 将转换开关选择“Ω”挡相应量程，表笔开路时，显示为 1。

④ 将红黑表笔跨接在被测电阻或电路的两端，读出电阻的阻值。

注意事项

① 严禁在被测电阻带电的情况下测量电阻

② 与指针式万用表不同，数字式万用表测量阻值直接读数，不需要乘以倍率。

③ 测量中，不允许用两手同时触及被测电阻两端，以避免并入人体电阻，使读数降低。

④ 测量大于 1MΩ 的电阻时，几秒钟后待读数稳定再进行读数。

⑤ 如果显示屏只显示 1，表示量程偏小，将功能转换开关置于更高量程即可。

（3）测量直流电压

① 直流电压的测量范围为 0～1000V，共分 5 挡，可测量不高于 1000V 的直流电压。

② 红表笔插入“V/Ω”插孔，黑表笔插入“COM”插孔。

③ 转换开关选择“V－”挡，估算被测电压大小，然后将转换开关指向合适的量程。如果不能估算被测电压大小，选择最大量程进行测量。

④ 将红黑表笔并联在被测元件或者电路两端，红表笔放在“＋”极，黑表笔放在“－”极。如果无法估测被测点电位的高低，可将任意一只表笔先接触被测电路或元器件的任意一端，另一只表笔轻轻地试触一下另一被测端，若表头指针向右（正方向）偏转，说明表笔接法正确，若指针向左（反方向）偏转，说明表笔接反，交换表笔即可。

⑤ 直接读取数据。

注意事项

① 在测量过程中，严禁拨动转换开关选择量程，以免损坏转换开关触点，同时也可避免误拨到过小量程从而撞弯指针或烧坏表头。

② 如果显示屏只显示 1，表示量程偏小，将功能转换开关置于更高量程即可。

（4）测量交流电压

① 交流电压的测量范围为 0～700V，共分 5 挡。

② 红表笔插入“V/Ω”插孔，黑表笔插入“COM”插孔。

③ 转换开关选择“V～”挡，估算被测电压大小，然后将转换开关指向合适的量程。

如果不能估算被测电压大小，选择最大量程进行测量。

④ 将红黑表笔不分极性并联在被测元件或者电路两端。

⑤ 直接读取数据。

注意事项

① 在测量过程中，严禁拨动转换开关选择量程，以免损坏转换开关触点，同时也可避免误拨到过小量程从而撞弯指针或烧坏表头。

② 如果显示屏只显示1，表示量程偏小，将功能转换开关置于更高量程即可。

(5) 测量直流电流

① 直流电流的测量范围为0～10A，共分4挡。

② 测量范围在0～200mA时，将红表笔插“mA”插孔，黑表笔插入“COM”插孔；测量范围在200mA～10A时，黑表笔不动，红表笔插入“10A”插孔。

③ 功能转换开关置于“A—”相应量程，两只表笔与被测电路串联，红表笔接电流流入端，黑表笔接电流流出端。

④ 直接读取数据。

注意事项

① 量程选择较低时，电流会烧坏熔丝，如红表笔插“mA”插孔则最大测试电流为200mA。

② 在测量过程中，严禁拨动转换开关选择量程，以免损坏转换开关触点，同时也可避免误拨到过小量程从而撞弯指针或烧坏表头。

③ 严禁将处于直流电流测量功能的万用表并联在被测电路中，这样会造成短路，导致电路和仪表烧坏。

(6) 测量交流电流

① 交流电流测量范围为0～20A，共分3挡。

② 测量范围在0～200mA时，将红表笔插“mA”插孔，黑表笔插入“COM”插孔；测量范围在200mA～10A时，黑表笔不动，红表笔插入“10A”插孔。

③ 功能转换开关置于“A～”相应量程，两只表笔不分极性与被测电路串联。

④ 直接读取数据。

注意事项

① 在测量过程中，严禁拨动转换开关选择量程，以免损坏转换开关触点，同时也可避免误拨到过小量程从而撞弯指针或烧坏表头。

② 严禁将处于交流电流测量功能的万用表并联在被测电路中，这样会造成短路，导致电路和仪表烧坏。

3.4 兆欧表的使用

兆欧表又称摇表、直流电阻表、高阻表等，是一种测量大电阻和电路直流电阻的仪表，它的测量单位是兆欧（MΩ）。

（1）兆欧表的结构

兆欧表如图3-10所示，主要由手摇直流发电机、磁电式流比计及接线柱三部分组成。兆欧表的接线柱有三个，分别是E（接地端）、L（线路端）和G（保护环或屏蔽端）。

图3-10 兆欧表

（2）兆欧表的选用

兆欧表的常用规格有250V、500V、1000V、2500V和5000V等挡级。选用兆欧表时主要考虑其输出电压和测量范围，一般高压电气设备和电路的检测要使用电压高的摇表，而低压电气设备和电路的检测使用电压低一点的就可以了。通常500V以下的电气设备和线路选用500～1000V的兆欧表，500V以上的电气设备和线路选用1000～2500V的兆欧表，而绝缘子母线隔离开关等应选2500～5000V以上的兆欧表。

（3）兆欧表使用前的准备工作

① 检查摇表是否能正常工作，如图3-11所示。将兆欧表水平放置，空摇兆欧表手柄，指针应指到∞处；再慢慢摇动手柄，使L和E两接线柱的输出线瞬时短接，指针应指向零。

② 检查被测电气设备和电路，查看电源是否已全部切断。绝对不允许设备和线路带电时用兆欧表去测量。

③ 测量前，应先对设备和线路进行放电，以免因设备或线路的电容放电而危及人身安

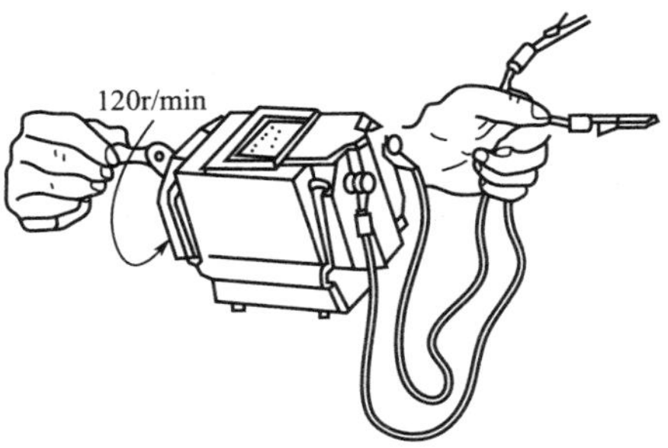

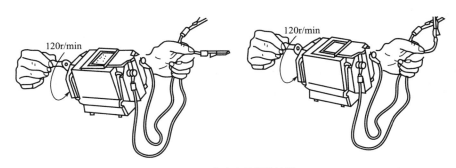

图 3-11　兆欧表使用前检测

全和损坏兆欧表。

(4) 兆欧表的接线

① 测量电气设备对地直流电阻时，L 用单根导线接设备的待测部位，E 用单根导线接设备的外壳。

② 测量电气设备内两绕组之间的直流电阻时，将 L 和 E 分别接两绕组的接线端。

③ 测量电缆的直流电阻时，为消除因表面漏电而产生的误差，L 接线芯，E 接外壳，G 接线芯与外壳之间的绝缘层。如图 3-12 所示。

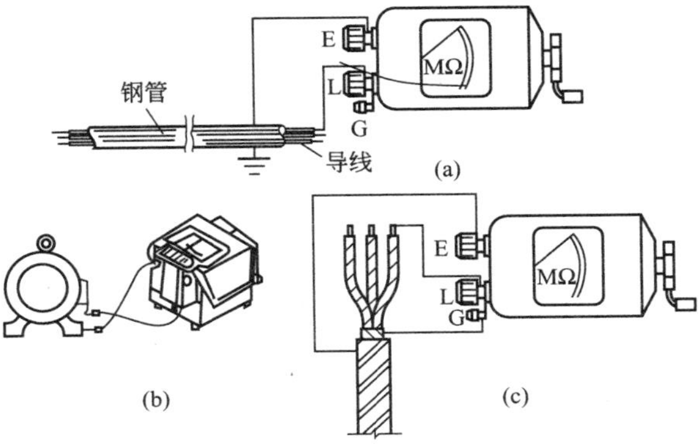

图 3-12　兆欧表的接线

(5) 兆欧表的使用方法

线路接好后，按顺时针方向摇动手柄，转速由慢变快，达到匀速 120r/min。通常均匀摇动约 1min，待发电机转速稳定时，指针也稳定下来，指针稳定后的读数就是所测得的直流电阻值。

注意事项

① 兆欧表必须水平放置于平稳牢固的地方，以免在摇动时因抖动和倾斜产生测量误差。

② L、E、G 与被测物的连接线必须用单根线，绝缘良好，不得绞合，表面不得与被测物体接触。

③ 测量完毕，应对设备进行放电，否则容易引起触电事故。

④ 禁止在雷电时或附近有高压导体的设备上测量直流电阻。只有在设备不带电又不可能受

其他电源感应而带电的情况下才可测量。

⑤ 兆欧表未停止转动前，切勿用手去触及设备的测量部分或摇表的接线柱。拆线时不可直接触及引线的裸露部分。

⑥ 兆欧表应定期校验。校验方法是直接测量有确定值的标准电阻，检查其测量误差是否在允许范围内。

3.5 钳形电流表的使用

使用万用表测电流时，电流表必须与被测电路串联，在实际操作时需断开电路，这就显得很不方便。钳形电流表则是根据电流互感器的原理制成的一种不需断开电路就可直接测量电路交流电流的携带式仪表，在电气检修中使用非常方便，应用也相当广泛。

(1) 钳形电流表的结构

钳形电流表如图 3-13 所示，其主要部件是一个穿心式电流互感器，测量时将钳形电流表的磁铁套在被测电路上，形成只有一匝的一次绕组线圈，根据电磁感应原理，二次绕组线圈中便会产生感应电流，与二次绕组线圈相连的电流表指针便会发生偏转，从而指示出线路中电流的数值。

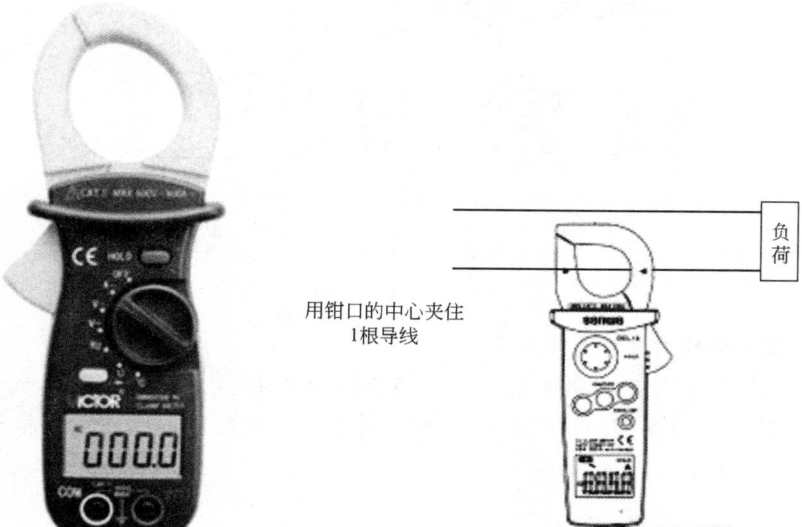

图 3-13 钳形电流表

(2) 钳形电流表的使用方法

① 测量前，要检查指针是否指向零位，若未指零位，应用小螺丝刀调整表头上的调零螺栓使指针指向零位。

② 使用时，将量程开关转到合适位置。手持胶木手柄，用食指钩紧扳手，打开铁芯，

将被测导线置入铁芯中央。然后放松扳手，铁芯自动闭合，按电磁感应原理，就可直接从电流表上读出电流大小。

注意事项

① 使用钳形电流表时，要正确选择挡位。测量前，应根据负载的大小粗估一下电流的数值，然后从大挡向小挡切换。换挡时，被测导线要置于钳形电流表的卡口之外。

② 不能用钳形电流表测量高压线路的电流，被测线路的电压不能按钳形电流表所规定的使用电压衡量，以防绝缘击穿，导致人身触电。

③ 使用钳形电流表时要尽量远离磁场，以减小磁场对钳形电流表的影响。

④ 测量电动机的电流时，扳开钳口活动磁铁，将电动机的一根电源线放在钳口中央位置，然后松手使钳口密合好。如果钳口密合不好，应检查弹簧是否损坏或是否有脏污。

⑤ 每次测量只能钳入一根导线。测量时应将被测导线置于钳口中央，以提高准确度。如果用量程较大的钳形电流表测量较小的电流时，可以将被测导线在钳形电流表口内绕几圈，然后读数，这时线路中实际的电流值应为仪表读数除以导线在钳形电流表上绕的匝数。

3.6 单相电能表的接线

单相电能表用来计量单相有功消耗电量，一般作为家庭使用，如图 3-14 所示。

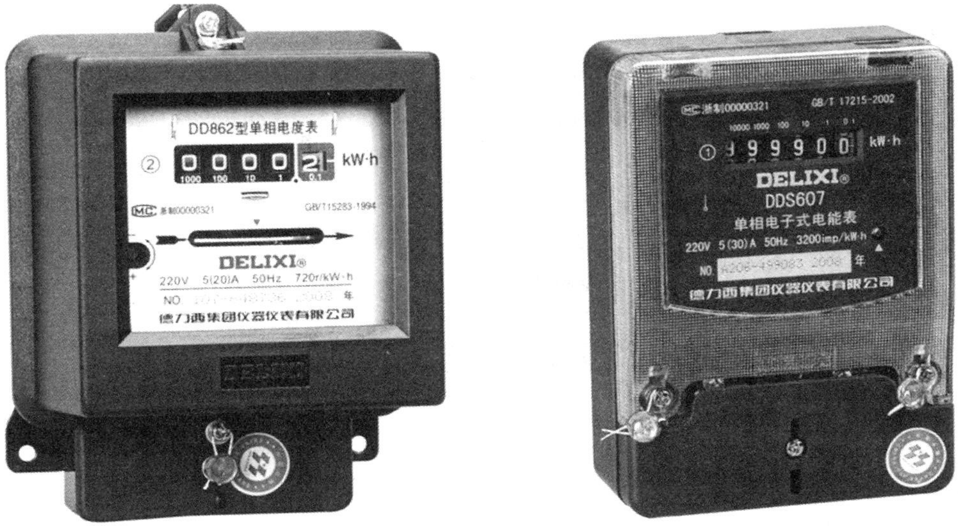

图 3-14 单相电能表

① 功能：测量某一段时间负载消耗电能多少的仪表。注：1 度电＝1kW·h。

② 额定电压：220V（用于 220V 的单相供电线路中）。

③ 额定电流：常见的有1A、1.5A、2A、3A、4A、5A、10A等。

④ 最大安全电流：单相电能表允许长期流过的最大电流。

例如：电能表铭牌上标注1.5（6）A，则表示：额定电流为1.5A，但通过不超过6A的电流也能保证测量精度。

⑤ 仪表常数：常见的有2400r/(kW·h)、600r/(kW·h)、1200r/(kW·h)，表示消耗1度电单相电能表铝盘的转数。

⑥ 单相电能表的结构

a. 驱动部分：由电流线圈和电压线圈组成，将交变的电流和电压转变成交变的磁通，切割转盘形成转动力矩，铝盘转动，如图3-15所示。

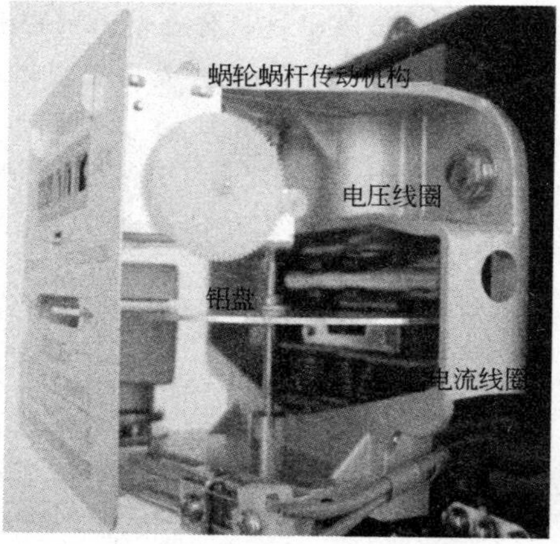

图3-15 单相电能表的结构

b. 转动部分：由铝盘和转轴等部件组成，在交变磁场中连续转动。

c. 制动部分：由铝盘和永久磁铁组成，在铝盘转动时产生制动力矩，使得铝盘转速与负载的功率大小成正比，从而反映负载消耗的电能。

d. 计算部分：由一套计数装置组成，计算铝盘的转数，以显示所测定的电能。

小技能

单相电能表的安装与接线

（1）安装要求

① 满足安全防护与抄表需求，安装高度0.8～1.8m。

② 最小间距30mm。

③ 垂直安装、横平竖直、牢固可靠。

（2）单相电能表的接线

① 核实接线端子：用万用表的R×1k或R×100挡位测定电压线圈和电流线圈端子。电压线圈阻值为800Ω～25kΩ；电流线圈阻值为0Ω。

② 极性要正确：相线是1进、3出，零线是4进、5出，如图3-16所示。

③ 电能表的电压连片必须连接牢固。

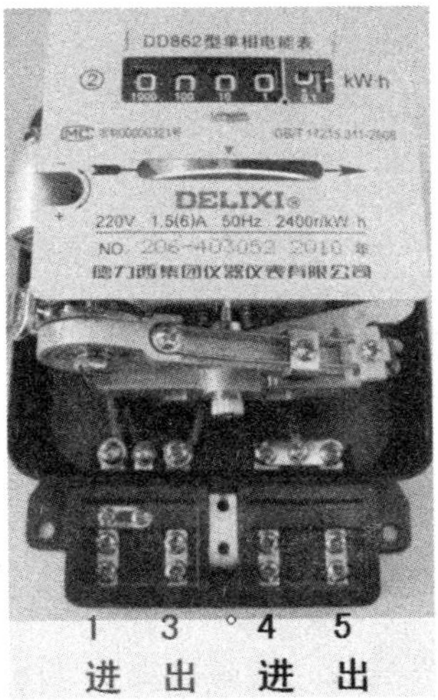

图 3-16 单相电能表的接线

(3) 单相电能表的读数

本次电能表的读数与上一次读数的差值即为这一段时间消耗的电能。

(4) 单相电能表简单故障的排除

单相电能表日常小问题可以自行解决，但是涉及表内结构问题，切莫自行启封拆卸，应由电力部门检修处理。

① 现象 1：接线盒内出现烧焦煳味。

【原因】过负荷或固定螺钉未拧紧，长时间运行发热导致接线盒烧焦。

【处理方法】尽量错开家用电器用电负荷时间或接线时将接线柱上的螺栓拧紧。

② 现象 2：电能表玻璃窗口模糊有水雾。

【原因】由于过载导致电流线圈发热造成的。

【处理方法】尽量错开家用电器用电负荷时间或更换电能表。

③ 现象 3：空载时，铝盘仍然转动（潜动）。

【原因】转动不超过 1 圈是正常现象，若转动不止则表明线路漏电。

【处理方法】及时检查，若无漏电就是电能表自身的问题，应送电力部门换表或检修。

④ 现象 4：电能表响声较大。

【原因】电能表内电磁零件的固定螺栓松动，或转动部件上下轴承缺少润滑油。影响电能计量精度。

【处理方法】联系电力部门换表或检修。

⑤ 现象 5：铝盘停转（负荷电流小于 2.5mA 时，不转动是正常的）。

【原因】表盖密封不严，灰尘过多卡住铝盘停转，电能表长期运行，上下轴承油垢增多、磨损等导致铝盘停转。

【处理方法】及时送电力部门换表或检修。

⑥ 现象 6：计量不准。

电能表可以通过自测进行检验：如仪表常数为 2400r/(kW·h)（1 度电转 2400 圈），100W 灯泡 1h 耗电 0.1kW·h，应转 240 圈，平均每分钟转动 4 圈左右。

【原因】计量偏快是由于制动永久磁铁减弱，计量偏慢是由于上下轴承油垢增多、下轴承宝石磨损。

【处理方法】及时送电力部门换表或检修。

3.7 示波器的使用

示波器是一种能把肉眼看不见的电信号变换成看得见的图像的测量仪器，便于人们研究各种电现象的变化过程。

（1）示波器的基本原理

示波器如图 3-17 所示，利用狭窄的、由高速电子组成的电子束，打在涂有荧光物质的屏面上，就可产生细小的光点。在被测信号的作用下，电子束就好像一支笔的笔尖，可以在屏面上描绘出被测信号的瞬时值的变化曲线。利用示波器能观察各种不同信号幅度随时间变化的波形曲线，还可以用它测试各种不同的电量，如电压、电流、频率、相位差、调幅度等。

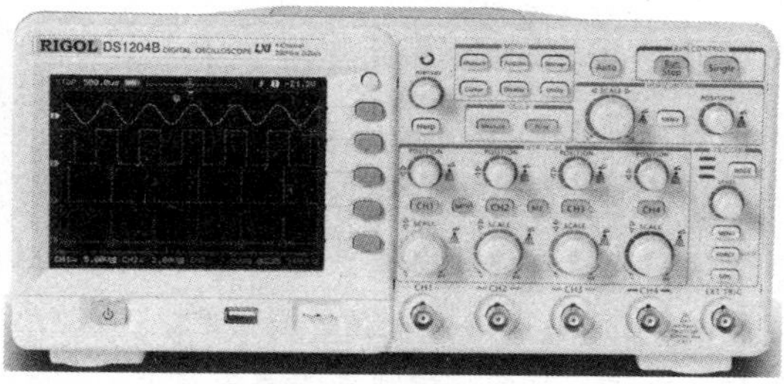

图 3-17 示波器

（2）示波器的结构

示波器的结构如图 3-18 所示。

① 荧光屏。荧光屏的作用是显示波形，屏上水平方向、垂直方向均有刻度线，分别表示波形的时间和电压。根据被测信号在屏幕上占的格数与比例常数（V/DIV，TIME/DIV），将两者相乘确定电压值与时间值。

② 示波管和电源系统

a. 电源：示波器主电源开关。

b. 辉度：改变光点和扫描线的亮度，不应太亮，以保护荧光屏。

c. 聚焦：调节电子束截面大小，将扫描线聚焦为最清晰的状态。

③ 垂直偏转因数。垂直偏转因数表示信号波形垂直方向每一格代表的电压值，单位是 V/DIV，mV/DIV。双踪示波器中每个通道各有一个垂直偏转因数选择开关。每个开关上还有一个小旋钮，可以微调垂直偏转因数。

④ 水平偏转因数。水平偏转因数表示信号波形水平方向每一格代表的时间值，单位是 ms/DIV、μs/DIV。双踪示波器中每个通道各有一个水平偏转因数选择开关。每个开关上还

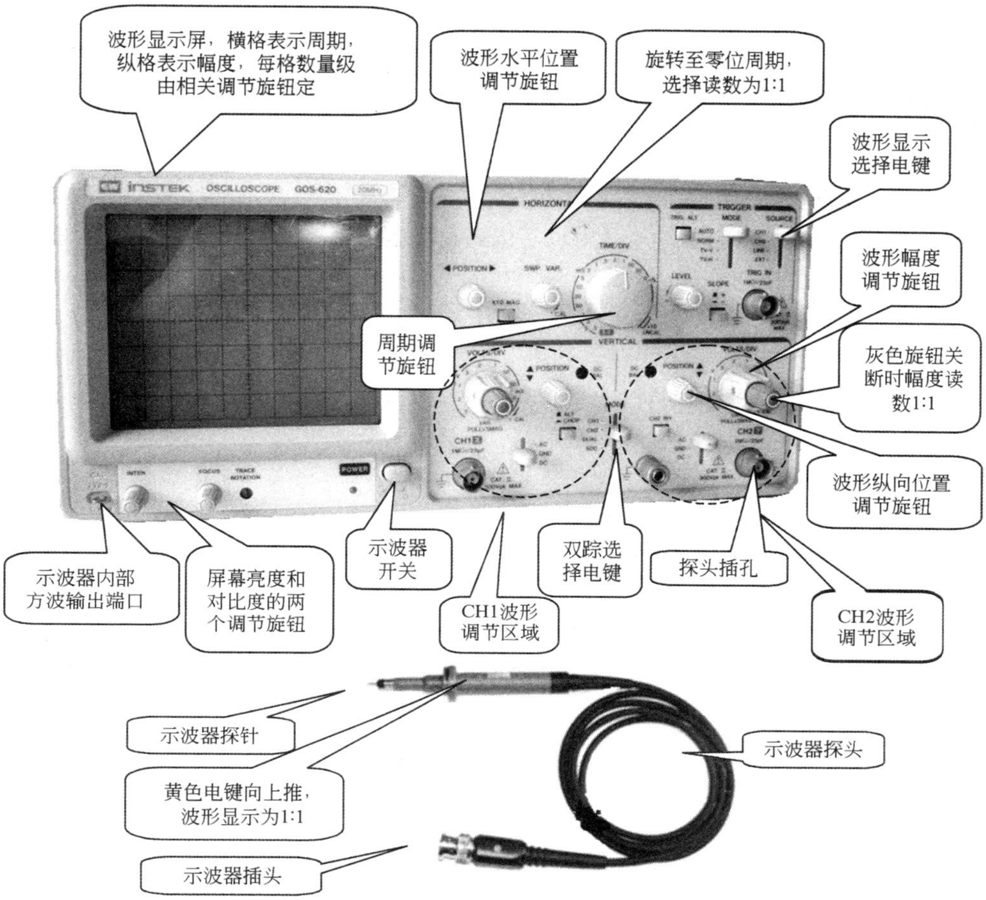

图 3-18 示波器的结构

有一个小旋钮，可以微调水平偏转因数。

⑤ 输入通道和输入耦合选择

a. CH1：通道 1 单独显示。

b. CH2：通道 2 单独显示。

c. ALT：两通道交替显示。

d. CHOP：两通道断续显示。

e. ADD：两通道的信号叠加。

⑥ 输入耦合方式

a. AC：交流。

b. DC：直流。

c. GND：接地。

⑦ 常用触发方式

a. 常态：无信号时，屏幕上无显示；有信号时，与电平控制配合显示稳定波形。

b. 自动：无信号时，屏幕上显示光迹；有信号时，与电平控制配合显示稳定波形。

⑧ 扫描方式。示波器扫描方式有自动（Auto）、常态（Norm）和单次（Single）三种

扫描方式。

小技能

示波器的使用

① 测试示波器内置电源，观察其精确度。

a. 将双踪示波器电源接通，将示波器探头上的电键推向1∶1端，将探针与示波器内置电源引出端环相连。

b. “通道选择”选择“CH1”，“触发源”选择“内触发”，“触发方式”选择“自动”，“DC，⊥，AC”开关于“AC”。

c. 垂直偏转因数“VOLT/DIV”打在“0.5V/DIV”挡上，并注意旋钮上的灰色小旋钮关断，使其读数为1∶1。

d. 水平偏转因数“TIME/DIV”旋在“0.2ms/DIV”的位置上，并注意旋钮上的灰色小旋钮关断，使其显示值也为1∶1。

e. 如果波形位置不合适，可调节“X轴位移”和“Y轴位移”，使波形位于显示屏幕的中央位置。

f. 调节“辉度”、“聚焦”，使显示屏幕上的波形细而清晰，亮度适中。

g. 观察示波器屏幕上此时的显示波形，读出其数值与示波器内置电源参数对照，确定示波器的准确度。

② 读取信号电压幅值和频率（以校准信号1kHz，0.5V方波信号为例）。

a. 读出波形图在垂直方向所占格数，乘以垂直偏转因数旋钮的指示数值，得到校准信号的电压幅值。

b. 读出信号波形1个周期在水平方向所占格数，乘以水平偏转因数旋钮的指示数值，得到校准信号的周期，求倒数即为信号的频率。

本章小结

本章旨在通过介绍电压表、电流表、万用表、兆欧表、钳形电流表、电能表、示波器等电工常用仪器仪表的用途、结构、使用方法、注意事项，使电工作业人员在生产实际中进行电气设备的安装、调试、检修和故障排查时能够正确使用各种电工仪表，掌握使用电工常用仪器仪表进行电路分析、故障排查等方面的相关技能。

思考与练习

1. 请正确使用MF47型指针式万用表和数字式万用表判断熔断器的好坏、灯管的好坏；测量单相交流电压；测量交直流回路电流等。

2. 请正确使用兆欧表测量接地电阻。

3. 请正确安装单相电能表，通电后观察电能表运行情况。

4. 请正确使用示波器测量1000Hz，0.55V方波自检信号。

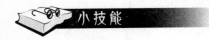

第4章 电工基本操作技能

学习指导

在生产实际中，电气工程项目的施工效率、施工质量都离不开电工作业人员高标准、严规范的电工基本操作技能。如果电工基本操作不规范、不熟练，就会导致安全事故，危及人身和设备安全。本章主要介绍导线的选择、导线的连接、导线绝缘层的恢复、室内布线等，旨在使从事电工作业的人员掌握必要的电工基本操作技能。

4.1 导线的选择

(1) 导线的材料与类型

导线是用导电性能较好的金属材料制成的，具有电阻低、机械强度大、耐腐蚀及价格便宜等特点。常用的导线材料有铜、铝、钢等。导线有户外架空使用导线、裸排导线和绝缘导线及电缆。

① 户外架空使用的导线有单股裸铝线（LY 型和 LR 型），单股裸铜线（TY 和 TR）、单股镀锌铁线（GY 型）、硬铝绞线（TJ 型）、钢芯铝绞线（LQ 型）、硬铝绞线（N 型）、加强型钢芯绞线（LGJJ 型）及镀锌钢绞线等。

② 裸排导线有裸铜排、裸铝排和扁钢、裸铜排和裸铝排，应用于变、配电所汇流排和车间低压架空母线以及较大的配电柜中，扁钢多作接地线使用。绝缘导线有橡皮绝缘导线和聚氯乙烯绝缘导线。芯线材料有铜芯和铝芯，有单股和多股之分。

③ 常用的绝缘导线形式及应用范围如下：

a. 铜芯、铝芯塑料线（BV、BLV）：有防潮性能，耐油，敷设简便，适用于户内敷设，可以穿墙。

b. 户外用塑料线（BV-1 铜芯、BLV-1 铝芯）：优点同 BV、BLV，并有耐日晒、耐寒和耐热的性能。

c. 铜芯塑料绝缘软线（BVB、BVR）使用范围：供干燥场合敷设在绝缘子上，或作移动式变电装置的接线用。

d. 丁腈聚氯乙烯复合物绝缘软线（RFB、RFS）：有耐寒、耐油、耐热、耐腐蚀的性能，不易燃，工艺简单。

④ 电缆有电力电缆、控制电缆和通信电缆。有单芯、双芯、多芯之分，有带钢铠和不带钢铠之分。由于电缆有优良的防潮、防腐、防晒、防鼠性能，故大量用于埋地、沟道、室外敷设，但其散热性能不如裸线。

(2) 导线的参数选择

导线有额定电压、截面积、载流量和结构特点等技术参数。使用导线时，应根据使用条件、敷设环境（如明设、暗设或埋地）等来选择相应结构的导线。

① 导线的工作电压要低于导线的额定电压。

② 导线使用时的工作电流应小于安全工作电流，安全工作电流值是根据导线载有电流时的热效应和导线或绝缘物所允许的工作温度确定的。对绝缘导线来说，橡皮绝缘导线线芯长期允许温度为 70℃，铜芯橡皮绝缘及护套电缆为 55℃。

③ 导线和电缆截面积选择必须满足的条件有：机械强度要求、发热条件要求、线路的电压损失要求、运行的经济性要求（按经济电流密度选择）。

一般来说：

a. 35kV 及以上高压线路先按经济电流密度选择，再校验其他条件。

b. 10kV 及以下高压线路和电力线路先按发热条件选择导线和电缆截面积，再校验电压损失和机械强度。

c. 低压照明线路先按电压损失进行选择，再校验发热条件和机械强度。

(3) 导线的颜色识别

① 黑色表示装置和设备的内部布线。

② 棕色表示直流电路的正极。

③ 红色表示三相电路的W相，半导体三极管的集电极，二极管、整流二极管或晶闸管的阴极。

④ 黄色表示三相电路中的U相，晶闸管和双向晶闸管的控制极。

⑤ 绿色表示三相电路的V相。

⑥ 蓝色表示直流电路的负极；半导体三极管的发射极；半导体二极管、整流二极管或晶闸管的阳极；三相电路的零线或中性线；直流电路中的接地线。

⑦ 白色表示双向晶闸管的主电极，或无指定用色的半导体电路。

⑧ 黄绿双色（每种色宽约15～100mm交替贴接）表示安全用的接地线。

⑨ 红、黑并行表示双心导线或双根绞线连接的电路。

导线的颜色识别如图4-1所示。

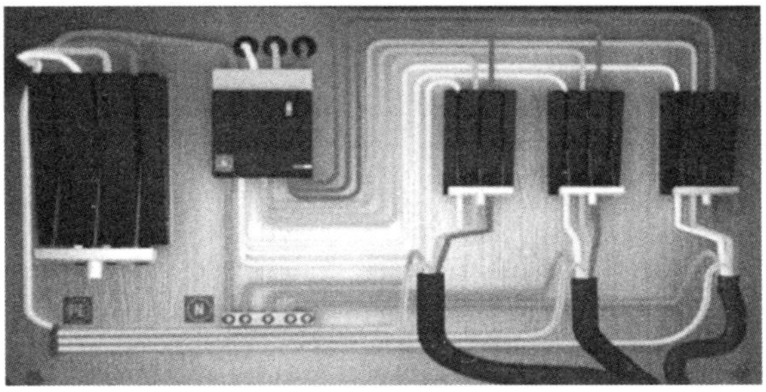

图4-1　导线的颜色识别图例

4.2 导线的连接与绝缘层的恢复

4.2.1 导线的连接

(1) 单股铜芯线的直线连接

① 用电工刀剖削两根连接导线的绝缘层及氧化层，注意电工刀口在需要剖削的导线上与导线成45°夹角，斜切入绝缘层，然后以15°倾斜推削，将剖开的绝缘层齐根剖削，不要伤着线芯。

② 让剖削好的两根裸露连接线头成X形交叉，互相绞绕2～3圈；然后扳直两线头，再将每根线头在线芯上紧贴并绕3～5圈，将多余的线头用钢丝钳剪去，并钳平线芯的末端及切口毛刺，操作如图4-2所示。

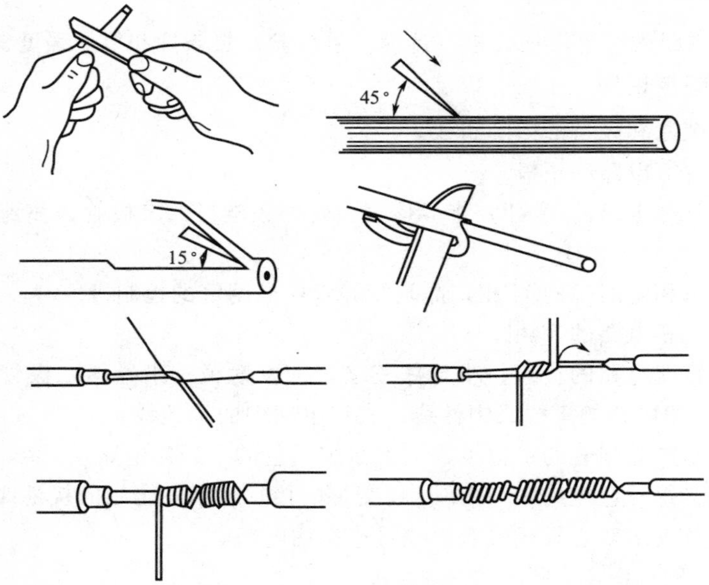

图 4-2　单股铜芯线的直线连接

(2) 单股铜芯线的 T 形连接

① 把去除绝缘层及氧化层的支路线芯的线头与干线线芯十字相交，使支路线芯根部留出 3～5mm 裸线，如图 4-3(a) 所示。

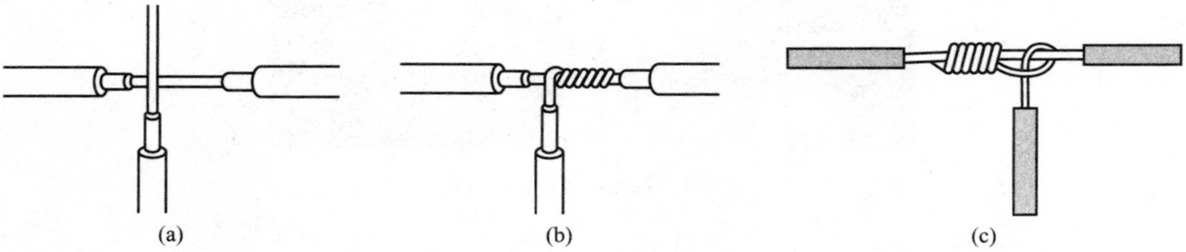

图 4-3　单股铜芯线的 T 形连接

② 把支路线芯按顺时针方向紧贴干线线芯密绕 6～8 圈，用钢丝钳切去余下线芯，并钳平线芯末端及切口毛刺，如图 4-3(b) 所示。

③ 如果单股铜导线截面积较大，就要在与支线线芯十字相交后，按照图 4-3(c) 所示绕法：从右端绕下，平绕到左端，从里向外（由下往上）紧密并缠 4～6 圈，剪去多余的线端，最后用绝缘胶布缠封。

(3) 7 股铜芯导线的直线连接

① 将除去绝缘层及氧化层的两根线头分别散开并拉直，在靠近绝缘层的 1/3 线芯处将该段线芯绞紧，把余下的 2/3 线头分散成伞状，如图 4-4(a) 所示。

② 把两个分散成伞状的线头隔根对叉，如图 4-4(b) 所示；再放平两端对叉的线头，如图 4-4(c) 所示；接下来把一端的 7 股线芯按 2、2、3 股分成三组，把第一组的 2 股线芯扳起垂直于线头，如图 4-4(d) 所示；按顺时针方向紧密缠绕 2 圈，将余下的线芯向右与线芯平行方向扳平，如图 4-4(e) 所示；随后将第二组 2 股线芯扳成与线芯方向垂直，如

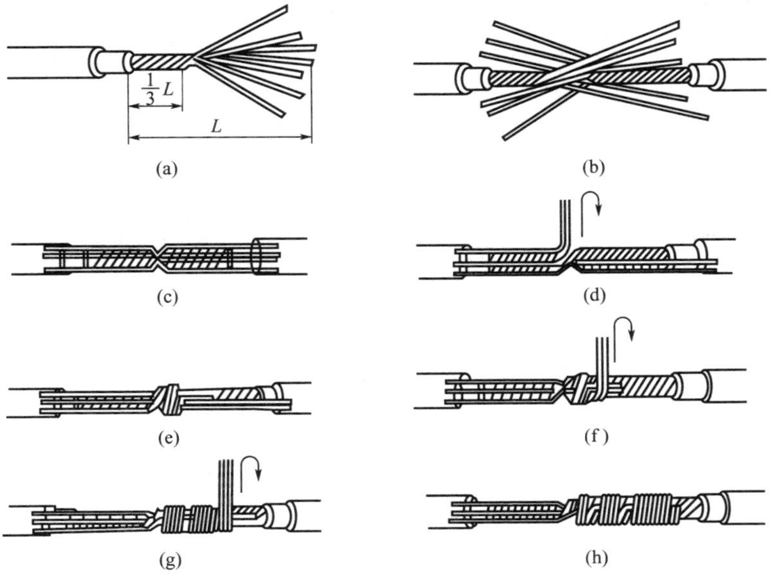

(a) (b) (c) (d) (e) (f) (g) (h)

图 4-4 7股铜芯导线的直线连接

图 4-4(f)所示；按顺时针方向紧压着前两股扳平的线芯缠绕 2 圈，也将余下的线芯向右与线芯平行方向扳平；将第三组的 3 股线芯扳于线头垂直方向，如图 4-4(g) 所示；然后按顺时针方向紧压线芯向右缠绕。

③ 再缠绕 3 圈，之后切去每组多余的线芯，钳平线端如图 4-4(h) 所示。用同样的方法去缠绕另一边线芯。

(4) 7股铜芯线的T字分支连接

① 把除去绝缘层及氧化层的分支线芯散开钳直，在距绝缘层 1/8 线头处将线芯绞紧，把余下部分的线芯分成两组，一组 4 股，另一组 3 股，并排齐，然后用螺丝刀把已除去绝缘层的干线线芯撬分两组，把支路线芯中 4 股的一组插入干线两组线芯中间，把支线的 3 股线芯的一组放在干线线芯的前面，如图 4-5(a) 所示。

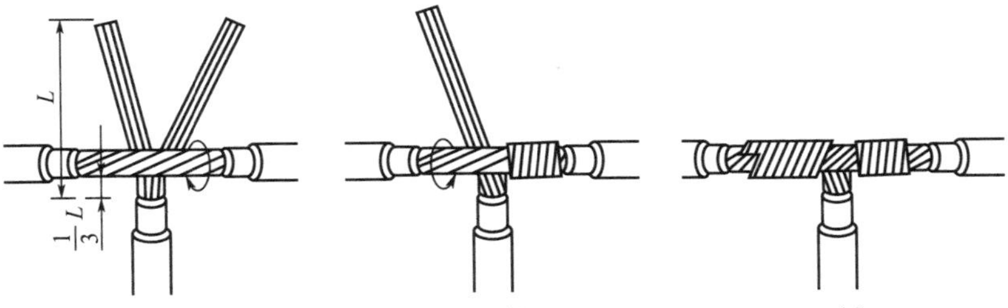

(a) (b) (c)

图 4-5 7股铜芯线的T字分支连接

② 把 3 股线芯的一组往干线一边按顺时针方向紧紧缠绕 3～4 圈，剪去多余线头，钳平线端，如图 4-5(b) 所示。

③ 把 4 股线芯的一组按逆时针方向往干线的另一边缠绕 4～5 圈，剪去多余线头，钳平线端，如图 4-5(c) 所示。

(5) 铝芯导线的连接

由于铝极易氧化，而且铝氧化膜的电阻率很高，所以铝芯线不宜采用铜芯导线的连接方法，而常采用螺钉压接法和压接管压接法。铝芯导线的螺钉压接法如图 4-6 所示。

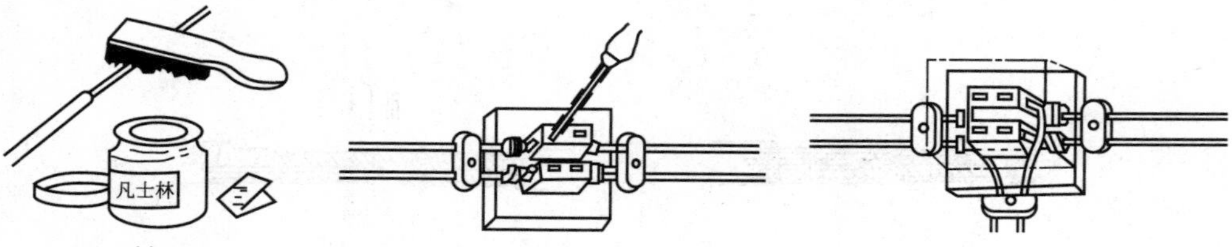

(a) (b) (c)

图 4-6 铝芯导线的螺钉压接法

① 螺钉压接法。此方法适用于负荷较小的单股铝芯导线的连接。

a. 除去铝芯线的绝缘层，用钢丝刷刷去铝芯线头的铝氧化膜，并涂上中性凡士林，如图 4-6(a) 所示。

b. 将线头插入瓷接头或熔断器、插座、开关等的接线桩上，然后旋紧压接螺钉，如图 4-6(b) 所示为直线连接，图 4-6(c) 所示为分路连接。

② 压接管压接法。压接管压接法适用于较大负载的多股铝芯导线的直线连接，需要压接钳和压接管，如图 4-7(a)、图 4-7(b) 所示。

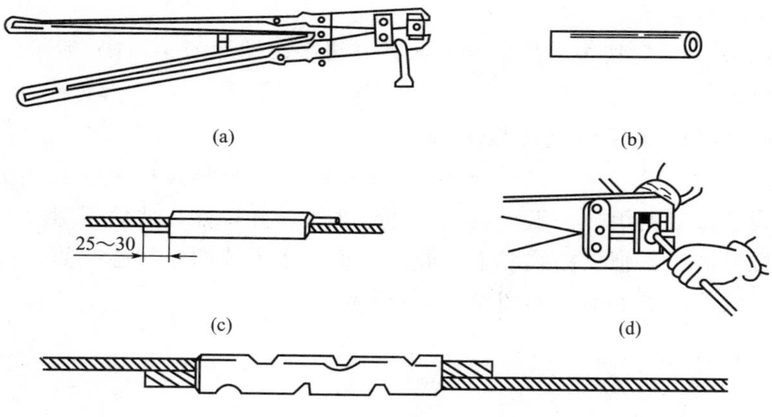

(a) (b) (c) (d) (e)

图 4-7 铝芯导线的压接管压接法

a. 根据多股铝芯线规格选择合适的压接管，除去需连接的两根多股铝芯导线的绝缘层，用钢丝刷清除铝芯线头和压接管内壁的铝氧化层，涂上中性凡士林。

b. 将两根铝芯线头相对穿入压接管，并使线端穿出压接管 25～30mm，如图 4-7(c) 所示。

c. 进行压接，压接时第一道压坑应在铝芯线头一侧，不可压反，如图 4-7(d) 所示。压接完成后的铝芯线如图 4-7(e) 所示。

(6) 线头与针孔式接线桩的连接

把单股导线除去绝缘层后插入合适的接线桩针孔，旋紧螺钉。如果单股线芯较细，把线芯折成双根，再插入针孔。对于软线芯线，须先把软线的细铜丝都绞紧，再插入针孔，孔外不能有铜丝外露，以免发生事故。

（7）线头与螺钉平压式接线桩的连接

对于较小截面的单股导线，先去除导线的绝缘层，把线头按顺时针方向弯成圆环，圆环的圆心应在导线中心线的延长线上，环的内径 d 比压接螺钉外径稍大些，环尾部间隙为 1～2mm，剪去多余线芯，把环钳平整，不扭曲。然后把制成的圆环放在接线桩上，放上垫片，把螺钉旋紧，如图 4-8 所示。对于较大截面的导线，须在线头装上接线端子，由接线端子与接线桩连接。

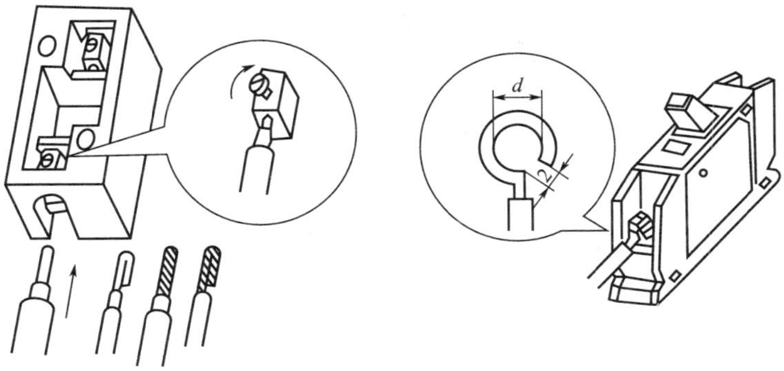

图 4-8　线头与螺钉平压式接线桩的连接

4.2.2　导线绝缘层的恢复

当发现导线绝缘层破损或完成导线连接后，一定要恢复导线的绝缘。要求恢复后的绝缘强度不应低于原有绝缘层。所用材料通常是黄蜡带、涤纶薄膜带和黑胶带，黄蜡带和黑胶带一般选用宽度为 20mm。

（1）直线连接接头的绝缘恢复

① 首先将黄蜡带从导线左侧完整的绝缘层上开始包缠，包缠两根带宽后再进入无绝缘层的接头部分，如图 4-9(a) 所示。

② 包缠时，应将黄蜡带与导线保持约 55°的倾斜角，每圈叠压带宽的 1/2 左右，如图 4-9(b)所示。

③ 包缠一层黄蜡带后，把黑胶布接在黄蜡带的尾端，按另一斜叠方向再包缠一层黑胶布，每圈仍要压叠带宽的 1/2，如图 4-9(c)、图 4-9(d) 所示。

（2）T 字形连接接头的绝缘恢复

① 首先将黄蜡带从接头左端开始包缠，每圈叠压带宽的 1/2 左右，如图 4-10(a) 所示。

② 缠绕至支线时，用左手拇指顶住左侧直角处的带面，使它紧贴于转角处芯线，而且要使处于接头顶部的带面尽量向右侧斜压，如图 4-10(b) 所示。

③ 当缠绕到右侧转角处时，用手指顶住右侧直角处带面，将带面在干线顶部向左侧斜压，使其与被压在下边的带面呈 X 状交叉，然后把带面回绕到左侧转角处，如图 4-10(c) 所示。

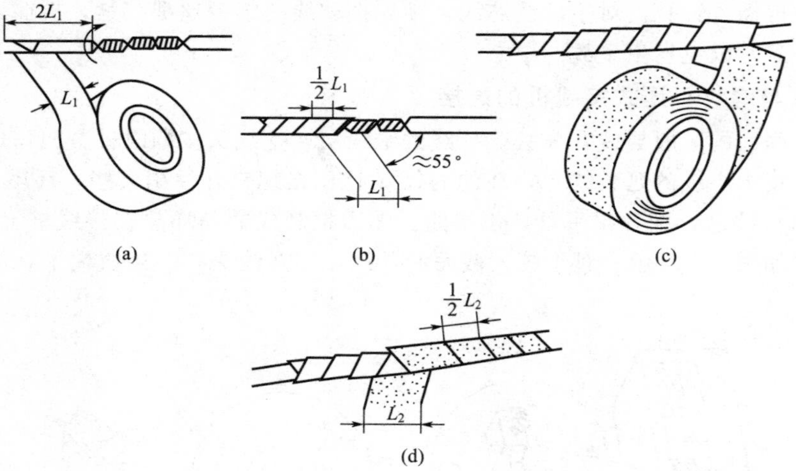

图 4-9　导线直线连接接头的绝缘恢复

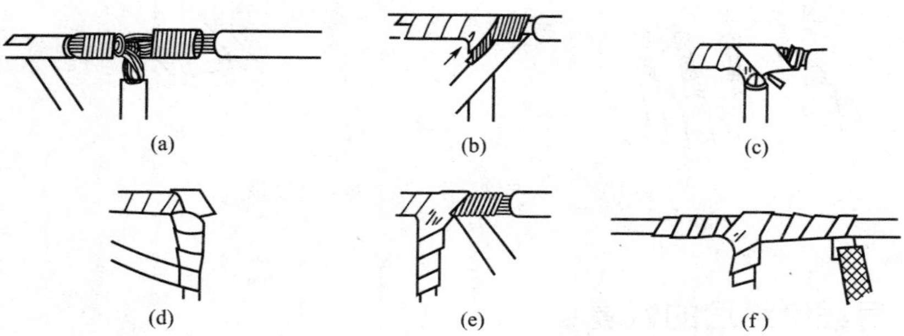

图 4-10　T 字形连接接头的绝缘恢复

④ 使黄蜡带从接头交叉处开始在支线上向下包缠，并使黄蜡带向右侧倾斜，如图 4-10(d)所示。

⑤ 在支线上绕至绝缘层上约两个带宽时，黄蜡带折回向上包缠，并使黄蜡带向左侧倾斜，绕至接头交叉处，使黄蜡带围绕过干线顶部，然后开始在干线右侧芯线上进行包缠。如图 4-10(e) 所示。

⑥ 包缠至干线右端的完好绝缘层后，再接上黑胶带，按上述方法包缠一层即可，如图 4-10(f) 所示。

注意事项

① 在为工作电压为 380V 的导线恢复绝缘时，必须先包缠 1～2 层黄蜡带，然后再包缠一层黑胶带。

② 在为工作电压为 220V 的导线恢复绝缘时，应先包缠一层黄蜡带，然后再包缠一层黑胶带，也可只包缠两层黑胶带。

③ 包缠绝缘带时，不能过疏，更不能露出芯线，以免造成触电或短路事故。

④ 绝缘带平时不可放在温度很高的地方，也不可浸染油类。

4.3 室内布线

4.3.1 室内布线基本知识

(1) 室内布线的类型与方式

① 室内布线的类型。室内布线就是敷设室内用电器具或设备的供电和控制线路。室内布线有明装式和暗装式两种。明装式是导线沿墙壁、天花板、横梁及柱子等表面敷设；暗装式是将导线专管埋设在墙内、地下或装设在顶棚里。

② 室内布线的方式。有（塑料）夹板布线、绝缘子布线、槽板布线、护套线布线及线管布线等方式，最常用的是护套线布线和线管布线。

(2) 室内布线的技术要求

室内布线不仅要使电能传送安全可靠，而且要使线路布置正规、合理、整齐，安装牢固，其技术要求如下。

① 所用导线的额定电压应大于线路的工作电压，导线的绝缘应符合线路的安装方式和敷设环境的条件。导线的截面应满足供电安全电流和机械强度的要求，一般的家用照明线路以选用 2.5mm^2 的铝芯绝缘导线或 1.5mm^2 的铜芯绝缘导线为宜，常见的橡皮、塑料导线的安全载流量见表 4-1。

表 4-1 1500V 单芯橡皮、塑料电线在常温下的安全载流量

线芯截面积/mm^2	橡皮绝缘电线安全载流量/A		聚氯乙烯绝缘电线安全载流量/A	
	铜芯	铝芯	铜芯	铝芯
0.75	18	—	16	—
1.0	21	—	19	—
1.5	27	29	24	18
2.5	33	27	32	25
4	45	35	42	32
6	58	45	55	42
10	85	65	75	59
16	110	85	105	80

② 布线时应尽量避免导线接头，若必须有接头时，应采用压接或焊接，按导线的连接方法进行，然后用绝缘胶布包缠好，要求导线连接和分支处不应受机械力的作用，穿在管内的导线不允许有接头，必要时尽可能把接头放在接线盒或灯头盒内。

③ 布线时应水平或垂直敷设。水平敷设时，导线距地面不小于 2.5m；垂直敷设时，导线距地面不小于 2m。否则，应将导线穿入钢管内加以保护，以防机械损伤。布线位置应便于检查和维修。

④ 当导线穿过楼板时，应设钢管加以保护，钢管长度应从高楼板面 2m 高处至楼板下出口处。导线穿墙要用瓷管（塑料管）保护，瓷管两端出线口伸出端面不小于 10mm，这样可防止导线与墙壁接触，以免因墙壁潮湿而产生漏电等现象，当导线互相交叉时，为避免碰线，应在每根导线上套以塑料管或其他绝缘管，并将套管牢靠地固定，不使其移动。

⑤ 为确保安全用电，室内电气管线和配电设备与其他管道、设备间的最小距离都有一定规定，施工时如不能满足所要求的距离，则应采取其他的保护措施。

(3) 室内布线的主要工序

① 按设计图样确定灯具、插座、开关、配电箱、启动装置等的位置。

② 沿建筑物确定导线敷设的路径、穿越墙壁或楼板的位置。

③ 在土建未涂灰前，将布线所有的固定点打好孔眼，预埋绕有铁链的木螺钉、螺栓或木砖。

④ 装设绝缘支持物、线夹或管子。

⑤ 敷设导线。

⑥ 导线连接、分支和封端，并将导线出线接头和设备连接。

4.3.2 护套线布线

塑料护套线是一种具有塑料保护层的双芯或多芯绝缘导线，具有防潮、耐酸和耐腐蚀等性能。

塑料护套线线路的优点是施工简单、维修方便、外形整齐美观且造价较低，广泛用于住宅楼、办公室等建筑物内，但这种线路中导线的截面积较小，大容量电路不宜采用。

(1) 技术要求

① 护套线芯线的最小截面积规定为：户内使用时，铜芯的不小于 1.0mm^2，铝芯的不小于 1.5mm^2；户外使用时，铜芯的不小于 1.5mm^2，铝芯的不小于 2.5mm^2。

② 护套线敷设在线路上时，不可采用线与线的直接连接，应采用接线盒或借用其他电气装置的接线端子来连接线头。接线盒由瓷接线桥（也叫瓷接头）和保护盒等组成，瓷接线桥分有单线、双线、三线和四线等多种，按线路要求选用。

③ 护套线必须采用专用的铝片线卡（钢精轧头）进行支持，铝片线上的规格有 $0^{\#}$、$1^{\#}$、$2^{\#}$、$3^{\#}$ 和 $4^{\#}$ 多种。号码越大，长度越长，可按需要选用。铝片线卡的形状分为用小铁钉固定和用环氧树脂胶水粘贴两种。

④ 护套钱支持点的定位，有以下一些规定：直线部分，两支持点之间的距离为 0.2m；转角部分、转角前后各应安装一个支持点；两护套线十字交叉时，叉口处的四方各应安装一个支持点，共四个支持点；进入木台前应安装一个支持点；在穿入管子前或穿出管子后，均需安装一个支特点。

⑤ 护套线线路的离地距离不得小于 0.15m；在穿越楼板的一段及在离地 0.15m 以下部分的导线，应加钢管（或硬塑料管）保护，以防导线遭受损伤。

(2) 线路施工

① 施工步骤

a. 准备施工所需的器材和工具。

b. 标划线路走向，同时标出所有线路装置和用电器具的安装位置，以及导线的每个支持点。

c. 錾打整个线路上的所有木安装孔和导线穿越孔，安装好所有木榫。

d. 安装所有铝片线卡。

e. 敷设导线。

f. 安装各种木台。

（a）安装各种用电装置和线路装置的电气元件。

（b）检验线路的安装质量。

② 施工方法

a. 放线。整圈护套线，不能搞乱，不可使线的平面产生小半径的扭曲，在冬天放塑料护套线时尤应注意。放铅包线更不可产生扭曲，否则无法把线敷设得平服。为了防止平面扭曲，放线时需两人合作，一个人把整圈护套线套入双手中，另一人将线头向前拉出。放出的护套线不可在地上拖拉，以免擦破或弄脏护套层。

b. 敷线。整齐美观是护套线线路的特点。因此，导线必须敷得横平、竖直和平服，不得有松弛、扭绞和曲折等现象、几条护套线平行敷设时，应敷得紧密，线与线之间不能有明显的空隙。在敷线时，要采取勒直和收紧的方法来校直。勒直，是在护套线敷设之前，把有弯曲的部分来回勒平，使之挺直。收紧，是在敷设时，把护套线尽可能地收紧。长距离的直线部分，可先在直线部分两端分别装一副瓷夹板，把收紧了的导线先夹入瓷夹板中，然后逐一夹上铝片线卡。短距离的直线部分或转角部分，可戴上纱手套后用手指顺向收紧，使导线挺直平服后夹上铝片线卡。

4.3.3 线管布线

把绝缘导线穿在管内敷设，称为线管布线。这种布线方式比较安全可靠，可避免腐蚀性气体侵蚀和遭受机械损伤，适用于公共建筑和工业厂房中。

线管布线有明装式和暗装式两种。明装式要求布管横平竖直、整齐美观；暗装式要求线最短、弯头少。常用线管有钢管和硬塑料管，钢管线路具有较好的防潮、防火和防爆等特性，硬塑料管线路具有较好的防潮和抗酸碱腐蚀等特性，两者都有较好的抗外界机械损伤的性能，是一种比较安全可靠的线路结构，但造价较高，维修不太方便。

(1) 技术要求

① 穿入管内的导线，其绝缘强度不应低于交流500V，铜芯导线的最小截面积不能小于1mm^2。

② 明敷或暗敷所用的钢管，必须经过镀锌或涂漆的防锈处理，管壁厚度不应小于1mm。设于潮湿和具有腐蚀性场所的钢管，或埋在地下的钢管，其管壁厚度均不应小于2mm。明敷用的硬塑料管管壁厚度不应小于2mm，暗敷用的不应小于3mm。具有化工腐蚀性的场所或高频车间，应采用硬塑料管。

③ 线管的管径选择，应按穿入的导线总截面积（包括绝缘层）来决定。但导线在管内所占面积不应超过管子有效面积的40%，线管的最小直径不得小于13mm。在钢管内不准

穿单根导线，以免形成闭合磁路，损耗电能。

④ 管子与管子连接时，应采用外接头；硬塑料管的连接可采用套接；在管子与接线盒连接时，连接处应用薄型螺母内外拧紧；在具有蒸汽、腐蚀气体、多尘、油、水和其他液体可能渗入内的场所，线管的连接处均应密封。料管管口一般应加装护圈，使用塑料管口可不加装护圈，但其管口的光滑程度需满足工艺要求。

⑤ 明敷的管线应采用管卡支持，管线在转角和进入接线盒以及与其他线路衔接或穿越墙壁和楼板时，均应置放一副管卡，管卡均应安装在木结构和木榫上。

⑥ 为了便于导线的安装和维修，对接线盒的位置有以下规定：无转角时，在线管全长每 45m 处、有一个转角时在第 30m 处、有两个转角时在第 20m 处、有三个转角时在第 12m 处均应安装一个接线盒。同时，线管转角时的曲率半径规定为：明敷的不应小于线管外径的 6 倍，暗敷的不应小于线管外径的 10 倍。

⑦ 线管在同一平面转弯时应保持直角，转角处的线管应在现场根据需要形状进行弯制，不宜采用成品月弯来连接。线管在弯曲时，不可因弯曲而减小管径。钢管的弯曲，对于直径 50mm 以下的管子可用弯管器，对于直径 50mm 以上的管子可用电动或液压弯管机。塑料管的弯曲，可用热弯法，即在电烘箱或电炉上加热，待至柔软时弯曲成形。管径在 50mm 以上时，可在管内填以沙子进行局部加热，以免弯曲后产生粗细不匀或弯扁现象。

（2）线路施工

① 线管的连接。管与管连接所用的束节一般应按线管直径选配，如果存在过松现象或需密封的管线，均必须用裹垫物。裹垫时，应顺螺纹固紧方向缠绕，如果需要密封，还需在麻丝上涂一层白漆。线管与接线盒连接时，每个管口必须在接口内外各用一个螺母给予固紧。

② 放线。对整圈绝缘导线，应抽取处于内圈的一个线头，避免整圈导线混乱。

③ 导线穿入线管的方法。穿入铜管前，应在管口上先套上护圈；穿入硬塑料管之前，应先检查管口是否留有毛刺或刃口，以免穿线时损坏导线绝缘层。接着，按每段管长（即两接线盒间长度）加上两端连接所需的线头余量（如铝质导线应加防断余量）截取导线并除去两端绝缘层，同时在两端头标出同一根导线的记号，避免在接线时接错。

然后，把需要穿入同一根线管的所有导线线头引穿钢丝绑牢。穿线时，需两人合作，一人在管口的一端，慢慢抽拉钢丝，另一人将导线慢慢送入管内。如果穿线时感到困难，可在管内吹入一些滑石粉予以润滑。在导线穿毕后，应用压缩空气或皮老虎在一端线管口喷吹，以清除管内滑石粉。否则，留在管内的滑石粉会因受潮而结成硬块，将增加以后更换导线时的困难。穿管时，切不可用油或石墨等作润滑物质。

在有些管线线路中，特别是穿入较小截面电力导线或二次控制和信号导管线线路中，为了今后不致因一根导线损坏而需更换管内全部导线，规定在安装时，应预先多穿入 1～2 根导线作为备用。但较大截面的电力管线线路，就不必穿备用线，在每一接线盒内的每个备用线头必须都用绝缘带包缠，线芯不可外露，并置于盒内的空处。

④ 连接线头的处理。为防止线管两端所留的线头长度不够，或因连接不慎线端断裂出现欠长而造成维修困难，线头应留出足够作两、三次再连接的长度，多留的导线可留成弹簧状储于接线盒或木台内。

本章小结

本章我们主要学习了单股软铜线、七股软铜线、单股硬铜铝线、线头与接线端子连接、铝芯线压接等导线的连接，导线绝缘层的恢复，室内布线的基本知识，护套线布线、线管布线等相关知识。

思考与练习

护套线布线工艺练习：

(1) 护套线布线的定位划线与铝片卡的固定。

(2) 导线的敷设。

第5章 室内照明线路的安装

学习指导

本章我们将分别介绍室内照明线路基础知识，各种开关、插座的分类与安装，漏电保护器的选择与安装，日光灯照明线路的安装，白炽灯、LED灯、吊灯、吸顶灯等其他灯具的安装，在上述内容基础上，重点介绍两地控制照明线路的安装以及常见室内照明线路的故障排除等知识。

5.1 室内照明线路基础知识

5.1.1 照明方式

根据光通量的空间分布状况，照明方式可分为以下五种。

(1) 直接照明

光线通过灯具射出，其中90%～100%的光通量到达假定的工作面上，这种照明方式为直接照明。这种照明方式具有强烈的明暗对比，并能造成有趣生动的光影效果，可突出工作面在整个环境中的主导地位，但是由于亮度较高，应防止眩光的产生。

(2) 半直接照明

半直接照明方式是用半透明材料制成的灯罩罩住灯泡上部，60%～90%以上的光线使之集中射向工作面，10%～40%被罩光线又经半透明灯罩扩散而向上漫射，其光线比较柔和。这种灯具常用于较低的房间的一般照明。由于漫射光线能照亮平顶，使房间顶部高度增加，因而能产生较高的空间感。

(3) 间接照明

间接照明方式是将光源遮蔽而产生间接光的照明方式，其中90%～100%的光通量通过天棚或墙面反射作用于工作面，10%以下的光线则直接照射工作面。通常有两种处理方法，一种是将不透明的灯罩装在灯泡的下部，光线射向平顶或其他物体上反射成间接光线；另一种是把灯泡设在灯槽内，光线从平顶反射到室内形成间接光线。这种照明方式单独使用时，需注意不透明灯罩下部的浓重阴影，通常和其他照明方式配合使用，才能取得特殊的艺术效果。

(4) 半间接照明

半间接照明方式，恰和半直接照明方式相反，把半透明的灯罩装在灯泡下部，60%以上的光线射向平顶，形成间接光源，10%～40%部分光线经灯罩向下扩散。这种方式能产生比较特殊的照明效果，使较低矮的房间有增高的感觉。也适用于住宅中的小空间部分，如门厅、过道等，通常在学习的环境中采用这种照明方式最为合适。

(5) 漫射照明方式

漫射照明方式，是利用灯具的折射功能来控制眩光，将光线向四周扩散漫散。这种照明大体上有两种形式，一种是光线从灯罩上口射出经平顶反射，两侧从半透明灯罩扩散，下部从格栅扩散；另一种是用半透明灯罩把光线全部封闭而产生漫射。这类照明光线性能柔和，视觉舒适，适于卧室。

5.1.2 照明的布局形式

照明布局形式分为三种，即基础照明、重点照明和装饰照明。

(1) 基础照明

基础照明是指大空间内全面的、基本的照明，重点在于能与重点照明的亮度有适当的比例，给室内形成一种格调，基础照明是最基本的照明方式。除注意水平面的照度外，更多应用的是垂直面的亮度。一般选用比较均匀的、全面性的照明灯具。

(2) 重点照明

重点照明是指对主要场所和对象进行的重点投光。如商店商品陈设架或橱窗的照明，目的在于增强顾客对商品的吸引和注意力，其亮度是根据商品种类、形状、大小以及展览方式等确定的。一般使用强光来加强商品表面的光泽，强调商品形象。其亮度是基本照明的3～5倍。为了加强商品的立体感和质感，常使用方向性强的灯和利用色光以强调特定的部分。

(3) 装饰照明

为了对室内进行装饰，增加空间层次，营造环境气氛，常用装饰照明，一般使用装饰吊灯、壁灯、挂灯等图案形式统一的系列灯具。这样可以使室内繁而不乱，并渲染了室内环境气氛，更好地表现具有强烈个性的空间艺术。值得注意的是装饰照明只能是以装饰为目的独立照明，不兼作基本照明或重点照明，否则会削弱精心制作的灯具形象。

5.1.3 照明质量

高质量的照明效果是获得良好、舒适光环境的根本，而照明环境中的照度、亮度、眩光、阴影、显色性等因素则是左右高质量照明效果的关键。因此，只有正确处理好以上各要素，才能获得理想的光环境。

(1) 照度

照度是指被照物体单位面积上的光通量值，单位是lx（勒克斯），它是决定被照物体明亮程度的间接指标。在一定范围，照度增加，可使视觉功能提高。合适的照度，有利于保护视力和提高工作与学习效率。在确定被照环境所需照度大小时，必须考虑到被观察物体的大小尺寸，以及它与背景亮度的对比程度的大小，以均匀合理的照度保证视觉的基本要求。

(2) 亮度

亮度是指发光体在视线方向单位投影面积上的发光强度，单位 cd/m^2。它表示人的视觉对物体明亮程度的直观感受。在室内照明设计中，应当注意保证适宜的亮度分布。在室内环境中，若亮度变化太大，人的视觉从一处转向另一处时，眼睛就被迫经过一个适应过程，如果这种适应过程重复次数过多，则会造成视觉疲劳。背景环境的亮度应尽可能低于被观察物体的亮度，当被观察物体的亮度为背景环境亮度的3倍时，通常可获得较好的视觉清晰度，即背景环境与被观察物体的反射比宜控制在0.3～0.5的范围内。

(3) 眩光

眩光是指视野内出现过高亮度或过大的亮度对比所造成的视觉不适或视力减低的现象。例如，在白天看太阳，由于它的亮度太大，眼睛无法适应，睁不开眼。再如，在晚上看路灯，明亮的路灯衬上漆黑的夜空，黑白对比太强，同样感到刺眼。在室内照明设计中，应尽量避免出现眩光。

眩光有两种形式，即直射眩光和反射眩光。由高亮度的光源直接进入人眼所引起的眩光，称为“直接眩光”；光源通过光泽表面的反射进入人眼所引起的眩光，称为“反射眩光”。在室内灯光设计中，除应限制直射眩光的出现，同时要注意避免由高光洁装饰材料（如镜面、不锈钢等）可能造成的反射眩光现象的出现。

产生直射眩光的原因，主要是光源的亮度、背景亮度、灯的悬挂高度以及灯具的保护角。根据其产生的原因，可采取以下办法来控制眩光现象的发生。

① 限制光源亮度或降低灯具表面亮度。对光源可采用磨砂玻璃或乳白玻璃的灯具，亦可采用透光的漫射材料将灯泡遮蔽。

② 可采用保护角较大的灯具。

③ 合理布置灯具位置和选择适当的悬挂高度。灯具的悬挂高度增加后，眩光的作用就减少，若灯与人的视线间形成的角度大于45°时，眩光现象也就大大减弱了。当然，这种方式通常受房屋层高的限制，并且灯提得过高对工作面照度也不利，所以通常应与选用较大保护角的灯具的方法结合使用。

④ 适当提高环境亮度，减少亮度对比，特别是减少工作对象和它直接相邻的背景间的亮度对比。

⑤ 采用无光泽的材料。

a. 应用低亮度镜面反射器，不用搪瓷罩等。

b. 若要从邻近工作区观察到这些灯具，则要改用适用于该工作区要求的保护角灯具。

(4) 光源的显色性

光源的种类很多，其光谱特性各不相同，因而同一物体在不同光源的照射下，将会显现出不同的颜色，这就是光源的显色性。通常，人们习惯于在日光下分辨色彩，所以在比较显色性时通常以日光或接近日光光谱的人工光源作为标准光源，将标准光源显色指数定为100，离标准光谱越近的光源，其显色指数越高。不同显色指数适用不同的场所。在需要正确辨别颜色的场所，可以采用合适光谱的多种光源混合的混光照明。

研究表明，色温的舒适感与照度水平有一定相关的关系，在很低照度下，舒适的光色是接近火焰的低色温光色；在偏低或中等照度下，舒适光色是接近黎明和黄昏的色温略高的光色；而在较高照度下，舒适光色是接近中午阳光或偏蓝的高色温天空光色。在设计不同环境气氛的室内空间时，应选用适当的色温和照度。

(5) 阴影

在工作物件或其附近出现阴影，会造成视觉的错觉现象，增加视觉负担，影响工作效率，在设计中应予以避免。一般可采用使用扩散性灯具或在布灯时通过调整光源位置、增加光源数量等措施加以解决。

(6) 照度的稳定性

供电电压的波动使照度发生变化，从而影响视觉功能，故控制灯端电压不低于额定电压的下列值：白炽灯和卤钨灯97.5%，气体放电灯95%。如果达不到上述要求，可将照明供电电源与有冲击负荷的供电线路分开，也可考虑采取稳压措施。

(7) 消除频闪效应

在交流电路中，气体放电灯（如荧光灯）发出的光通量是随着电压的变化而波动的，因而在观察移动的物体时会出现视觉失真现象，这样容易使人产生错觉，甚至会引发事故，因此，气体放电光源不能用于物体高速转动或快速移动的场所。

消除频闪效应的办法是将相邻灯管（泡）或灯具分别接到不同的相位线路上，例如采用三相电源分相给三个灯管的荧光灯。

5.2 开关、插座的安装

5.2.1 开关的所有种类及特征

小知识

几开几控开关：几开，表示一个面板上有几个按键；几控，表示几个控制对象。常见的主要有单控和双控，单控是普通的按键开关，而双控开关可以与另一个双控开关共同控制一个灯。进屋开灯，回卧室关灯便是使用的双控开关。

(1) 单控开关

单控开关在家庭电路中是最常见的，也就是一个开关控制一件或多件电器，根据所连电器的数量又可以分为单控单联、单控双联、单控三联、单控四联等多种形式，见图 5-1。在日常生活中，厨房使用单控单联的开关，一个开关控制一组照明灯光；在客厅可能会安装三个射灯，那么可以用一个单控三联的开关来控制。

(2) 双控开关

双控开关在家庭电路中也是较常见的，也就是两个开关同时控制一件或多件电器，根据所连电器的数量还可以分双联单开、双联双开等多种形式。双联双开开关如图 5-2 所示。双开开关在家居生活中经常用到。如图 5-3 所示的卧室的照明灯，在进门的门旁边安装一个双联开关控制，然后在床头上再接一个双联开关共同控制卧室的照明灯，那么，进门时可以用门旁的开关打开灯，关灯时直接用床头的开关就可以了，非常方便，尤其是冬天天冷时更显得实用。

(3) 报警开关

报警开关适用于智能小区、酒店、写字楼等场所，当发生紧急情况时，按下面板上的红色紧急按钮，通知控制中心，达到报警的目的，如图 5-4 所示。

(4) 调光开关

调光开关主要是靠灯泡的纯电阻负载来实现的。一般最常见的就是改变灯泡的亮度的调光开关，如图 5-5 所示，但现在市场的调光开关的功能也越来越多，不仅可以控制灯泡的亮度以及开启、关闭的方式，而且有些调光开关还可以随意改变光源的照射方向，这些在日常生活中是很有用的。例如：可以在开灯时让灯光逐渐变亮，也可在关灯时让灯光慢慢变暗，直到关闭。

(5) 调速开关

调速开关主要是靠电感性负载来实现的。一般调速开关是配合电扇使用的，可以通过安

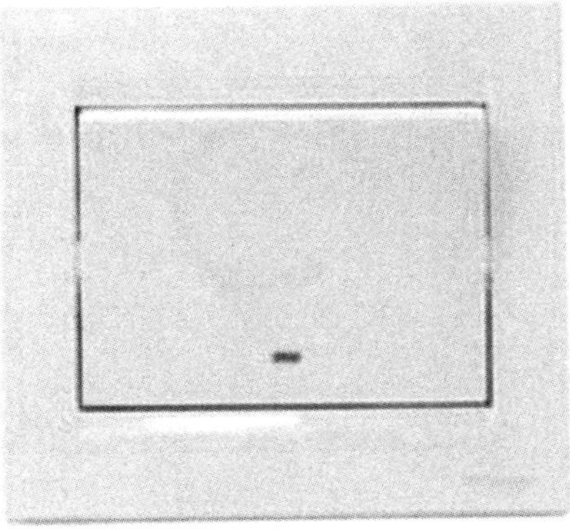

(a) 单控单联

(b) 单控双联

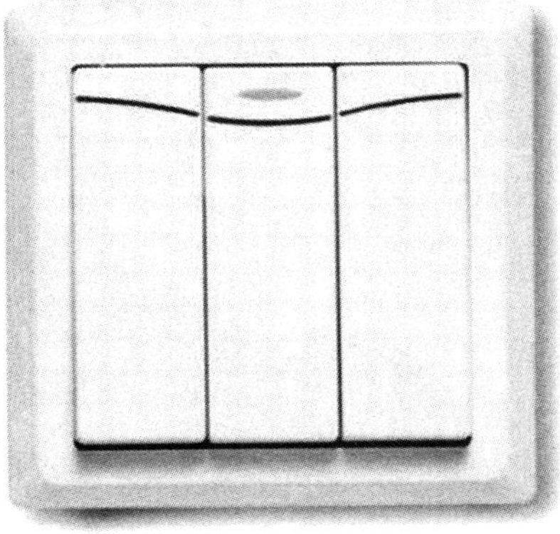

(c) 单控三联

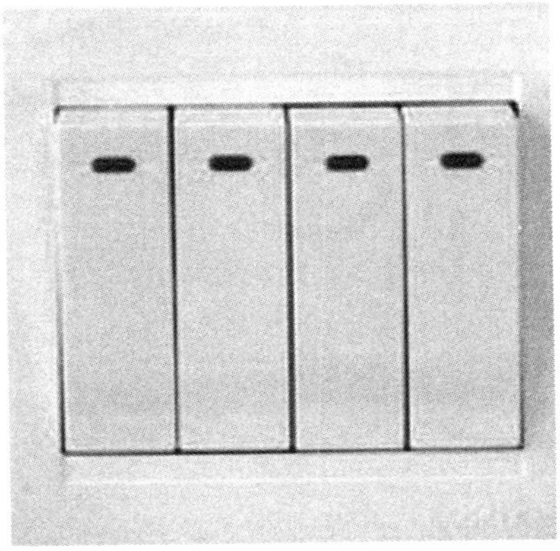

(d) 单控四联

图 5-1　单控开关

图 5-2　双联双开开关

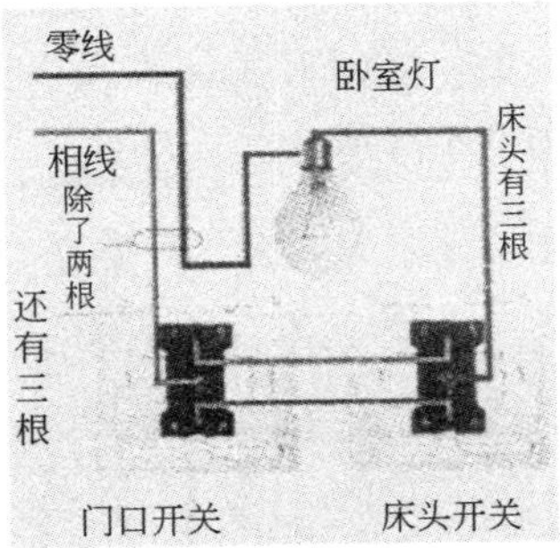

图 5-3　卧室的照明灯两地控制接法

装调速开关来改变电扇的转速。调速开关如图 5-6 所示。

(6) 延时开关

延时开关即在按下开关时，这个开关所控制的电器并不会马上停止工作，而是会延长一会儿才会彻底停止，在市场很受欢迎。延时开关如图 5-7 所示。例如，不少人家里卫生间的照明灯和排气扇用的是一个开关，但这样有时会很不方便，关上灯之后，排气扇也跟着关

图 5-4 报警开关

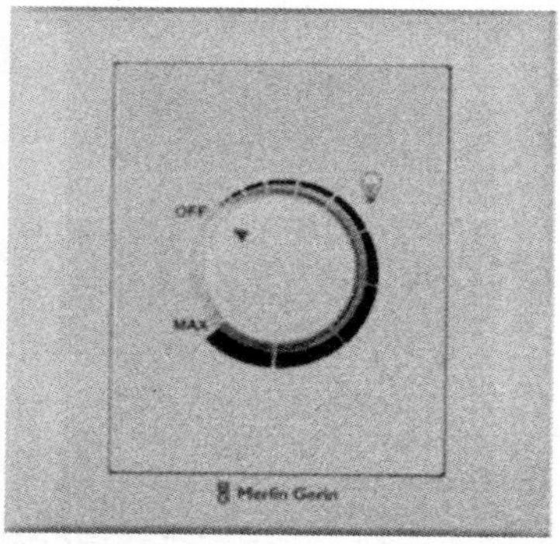

图 5-5 调光开关

图 5-6 调速开关

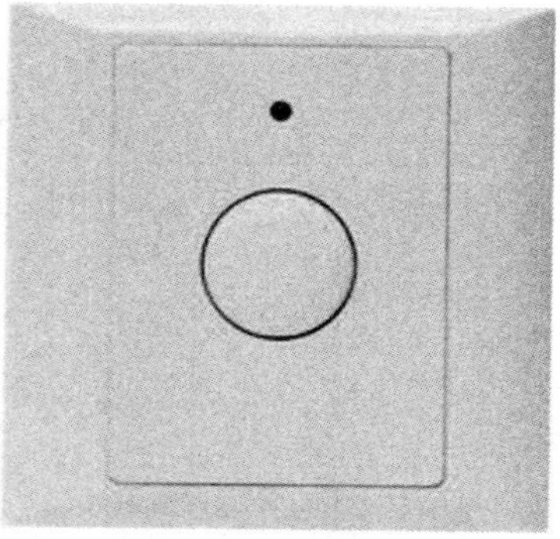

图 5-7 延时开关

上，而卫生间的湿、污气可能还没排完。这时除了装转换开关可以解决问题外，还可以装延时开关，即关上灯排气扇还会再转 3min 才关上，很实用。

（7）定时开关

定时开关就是设定多长时间后关闭电源，它就会在多长时间后自动关闭电源的开关，相对于延时开关，定时开关能够提供更长的控制时间范围以方便用户根据情况来进行设定。定时开关如图 5-8 所示。

图 5-8 定时开关

(8) 红外线感应开关

红外线感应开关是指基于红外线技术的自动控制开关产品，如图5-9所示。当我们进入开关感应范围时，专用传感器会探测到人体红外光谱的变化，这时开关就会自动接通负载，如果我们一直不离开并在房间活动，开关将持续导通，而当我们离开后，开关就会延时自动关闭负载。这种开关在市场上很受欢迎，人到灯亮，人离灯熄，亲切方便，安全节能。例如，安装在阳台，可以起到防范窃贼入侵的作用；安装在儿童房，在幼儿夜间醒来有活动时，灯自动打开，不仅可以消除幼儿的恐惧心理，也能让家长们及早地发现。

图5-9 红外线感应开关

(9) 声控开关

声控开关在一般家庭电路中用得很少，主要是在开关上增加了声控电路，声控电路又分选频声控电路和不选频声控电路。声控开关如图5-10所示。声控开关一般多用于住宅楼道等公共区域，在需要照明时，直接通过声音的大小来触发照明设施启动。目前大部分住宅的楼道里通常用带声控开关的白炽灯头。其在灯头盖和灯头体间有一个小的声控电路板，安装使用都非常方便。

图5-10 声控开关

(10) 光电开关

光电开关在一般家庭中基本不会使用。它是由发射器、接收器和检测电路三部分组成的。发射器对准目标发射光束，发射的光束一般来源于发光二极管（LED）和激光二极管。光束不间断地发射，或者改变脉冲宽度。受脉冲调制的光束，辐射强度在发射中经过多次选择，朝着目标不间接地运行。接收器由光电二极管或光电三极管组成。在接收器的前面，装有光学元件如透镜和光圈等，在其后面的是检测电路，它能滤出有效信号和应用该信号。光电式接近开关广泛应用于自动计数、安全保护、自动报警和限位控制等方面，如图5-11所示。

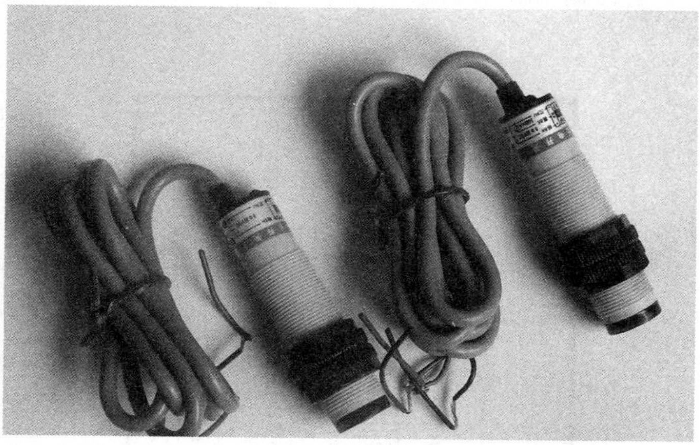

图5-11 光电开关

（11）智能开关

近年来居家生活已发生了重大的变化，许多家用电器已进入到了家庭，极大丰富了人们的生活，如冰箱、空调、LED灯、装饰吊扇、排风扇、浴霸等，控制它的还是一个简单机械开关，所能做到的也只是简单的一开一关，无法按照不同电器特点来作相应功能的运行，例如：排风扇装在洗手间，人离开时，需要延时一段时间关闭以排除异味，有些公共场合还要人来自动开，人走后延时一段时间再关闭。吊扇装在客厅不仅需要开关，还需要3挡或5挡调速，装在卧室中要求有定时功能，但有别于排风扇的延时关功能，最好能配上遥控器，指尖轻动，风度自由掌控。然而对于LED灯来说，需要开关功能的同时，更为重要的是还需要调光/调色功能，诸如此类，对不同的家用电器，需要更加智能化的开关与之相匹配，常见的智能开关如图5-12所示。

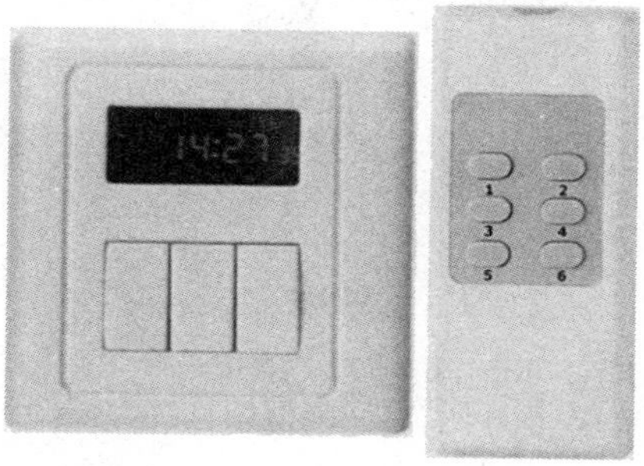

图5-12 智能开关

5.2.2 插座分类

目前世界上家用及类似用途的插座常见的形式有扁插系统、方插系统、圆插系统工程。IEC 国际电工委员会认可的大致有三种：

① A 组：扁插系统——由美国国家标准协会提出，主要使用国分布在亚洲、北美洲地区，如美国、加拿大、日本、韩国等，中国属于 A 组。

② B 组：方插系统——由英国国家标准协会提出，主要使用国分布在大洋洲、南非地区，如英国、新加坡、澳大利亚、印度、巴基斯坦等。

③ C 组：圆插系统——由国际电气设备认证委员会提出，主要使用国分布在欧洲地区，如法国、意大利、西班牙、瑞典、瑞士等。

插座按规格型号分类如下。

(1) 三孔插座

三孔插座有 10A 和 16A 之分（表示电流大小），10A 三孔插座如图 5-13 所示。

图 5-13 10A 三孔插座

小知识

10A：家中常用的电器都是普通的 10A 以下电流，最常用的就是 10A 五孔插座，带开关的三孔插座上的开关可以控制三孔的电源，也可以用作照明开关的控制（具体与电工接线和实际需要有关，都可以自由控制）。

16A：16A 三孔插座满足家庭内空调或其他大功率电器，如电热水器。需注意：电器的插头规格。空调插座一般使用 16A 的，2.5～3P（1P 制冷量为 2324W）的柜机空调（厂家一般是没有配置插头的）需要使用 20A 插座，再大的话用 25A 或者使用空气开关直接控制，具体空调配置多少安电流可以根据空调上配带的插头标示来选择，大功率的电热水器也有可能使用到 16A 或者 20A 的插座（具体看插头标示）。

(2) 插座带开关

控制插座通断电，方便使用，不用拔来拔去，也可以单独作为开关使用。多用于常用电器处，如微波炉、洗衣机，单独控制镜前灯等，如图 5-14 所示。

(3) 多功能插座

常见的多功能插座是多功能五孔插座，其型号是 N5108×等，例如 55 系列五孔多功能插座 N51080，将多功能五孔的三孔上突出来的一块小三角盖板拆掉就可以兼容老式的及国外制式的圆脚插头、方脚插头等，如图 5-15 所示。

图 5-14　插座带开关

图 5-15　多功能五孔插座

(4) 插座防水盒

开关防水盒是安装在开关上面的，插座防水盒是安装在插座上的，插座需要出线孔，而且插座防水盒盒子也比较深一些。插座防水盒如图 5-16 所示。

(5) 空白面板

空白面板用来封盖墙上预留的查线盒或弃用的墙孔，如图 5-17 所示。

图 5-16　插座防水盒

图 5-17　空白面板

(6) 暗盒

暗盒安装于墙体内，走线前都要预埋。暗盒分 86 型和 118 型，如图 5-18 所示。通用 86 型用得比较多，建议配合连接块使用，这样安装好的开关面板之间没有空隙，美观整齐。注意：60 系列连体的开关面板，底盒必须扣在一起安装，可以自由组合成多位，如五位、四位、三位、二位。

5.2.3 开关插座的选择

在进行开关插座安装工作前，需选用合适的开关插座，其选用的原则主要有：

① 开关面板的材质要选用进口的 PC 塑料，其光泽好、对折不会变形、有弹性、阻燃；

(a) 86型

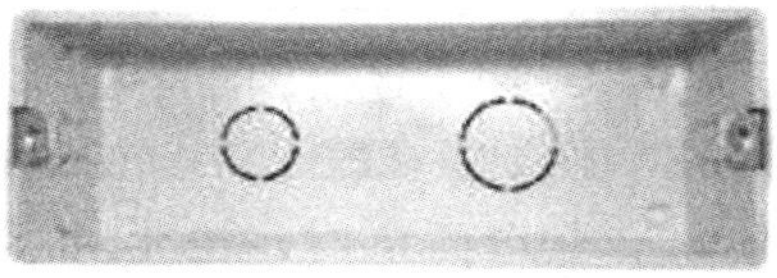

(b) 118型

图 5-18　暗盒类型

② 底座绝缘材料选用也很重要，进口的拜尔公司的尿素树脂（颜色为红色）绝缘材料较好，这样的材料阻燃，遇热不变形，耐高温强度高；

③ 插座的铜材要弹性好，插拔力强，插进要松，拔时要稍紧为好。注意：如果难插好拔说明模具做工不好，铜材太薄，这样的插座有安全隐患。

注意事项

开关的铜材有两点需注意。①铜柱要大，最好让经销商拆开看，这样就可以看见里面的铜材是冲床冲的还是线切割的，如果是冲床冲的，说明铜材太薄，要加铁皮作连接电线的压片，这样导电性差，开关散热慢，容易烧坏，还会存在安全隐患，容易引起火灾。如果是线切割的，这样的铜材是一体大方块的，这样的铜柱散热快，寿命可长达 180000h。注意：开关铜柱的尺寸大约是长 1.5cm×宽 0.7cm×厚 0.8cm 的整体铜材。②触点要采用银锂合金触点，其耐磨损，这样的开关寿命可达 80000 次回程，其寿命比采用银触点的开关更高。

④ 插座尺寸：按规格尺寸分，86 型、118 型、120 型。

118 插座是横向长方形，120 插座是纵向长方形，86 插座是正方形。118 插座一般分一位、二位、三位、四位插座。86 插座一般是五孔插座、多五孔插座或一开带五孔插座。

5.2.4　开关插座的安装工艺

(1) 照明开关安装规定（强制性条文）

① 相线经开关控制，开关安装位置便于操作，开关边缘距门框边缘的距离为 0.15～0.2m，开关距地面高度 1.3m；拉线开关距地面高度 2～3m，层高小于 3m 时，拉线开关距顶板不小于 100mm，拉线出口垂直向下。

② 相同型号并列安装及同一室内开关安装高度一致，且控制有序不错位。并列安装的拉线开关的相邻间距不小于 20mm。

③ 暗装的开关面板应紧贴墙面，四周无缝隙，安装牢固，表面光滑整洁、无碎裂。

(2) 插座安装规定(强制性条文)

① 单相两孔插座,面对插座的右孔或上孔与相线连接,左孔或下孔与零线连接;单相三孔插座,面对插座的右孔与相线连接,左孔与零线连接。

② 单相三孔、三相四孔及三相五孔插座的接地(PE)或接零(PEN)线接在上孔。插座的接地端子不与零线端子连接。同一场所的三相插座,接线的相序一致。

③ 接地(PE)或接零(PEN)线在插座间不串联连接。

④ 当不采用安全型插座时,托儿所、幼儿园及小学等儿童活动场所安装高度不小于1.8m。

⑤ 暗装的插座面板紧贴墙面,四周无缝隙,安装牢固,表面光滑整洁、无碎裂、划伤,装饰帽齐全。

⑥ 车间及试(实)验室的插座安装高度距地面不小于0.3m;特殊场所暗装的插座不小于0.15m;同一室内插座安装高度一致。

⑦ 地插座面板与地面齐平或紧贴地面,盖板固定牢固,密封良好。

5.2.5 开关插座选购到安装的步骤

(1) 计算开关插座的数量

在选购开关插座的时候首先大概计算出装修时需要开关和插座的数量,客厅和卧室最好多安装几个开关和插座,要保证家庭用电方便,家用开关插座安装宜多不宜少,也不要太多了,自己提前设计好位置就行了,一室一厅的开关插座需求数量如表5-1所示。

表5-1 一室一厅的开关插座需求数量

编号	单品名称	餐厅	客厅	主卧	卧室	卫生间	厨房	阳台1	阳台2	走道	合计
①	单联单控开关			1	1	1					3
②	单联双控开关			1						1	2
③	双联单控开关	1	1		1						3
④	双联双控开关	1	1	1						1	4
⑤	三联单控开关										0
⑥	三联双控开关										0
⑦	10A三级插座						1				1
⑧	10A三极插座带开关					1	1				2
⑨	10A两位两极插座		3	4	3				1		11
⑩	10A二、三极插座	4	8	7	6	1		1	2	1	30
⑪	10A二、三极插座带开关						5				5
⑫	16A三极插座(带开关)		1	1		1					3

(2) 设计安装插座的位置

一般插座都是安装在离地面0.3m的地方,分体空调应预留在离地1.8m处,对于电视机等电器,有时候需要不止一个插座,也可能几个插座共同并排排列。而对于厨房而言,冰箱插座离地 0.3m，抽油烟机的高度一般需要 2m。

(3) 开关插座规格的预估

房间中的插座看起来大同小异，其实是有许多差别的。插座一般会有 6A、10A、16A 几种，对于空调等大功率的用电器，需要选择 16A 以上并且带开关的插座，以确保家庭用电的安全，一般正规的插座型号都会刻印在插座的背面，比如西野插座背面都非常清楚地刻印了开关插座的型号。

(4) 确定开关插座的种类

现在市面上开关的种类多种多样，从拉线型到感应型，对于不同的用电需求可以选择不同种类的开关，而目前家庭装修中使用得最为广泛的是 86 型的翘板开关，西野开关插座根据规格就分 118 型、120 型、86 型。118 型的插座是横向长方形，120 插座是纵向长方形，86 插座是正方形。家用开关插座一般都选用 118 型或者 86 型，如图 5-19 所示。

(a) 86 型

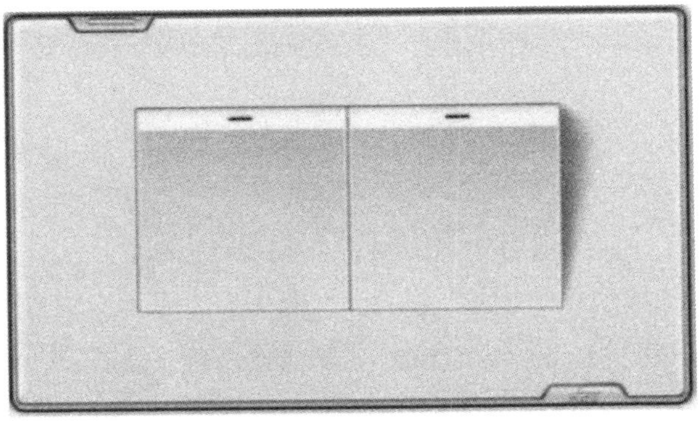

(b) 118 型

图 5-19 常用开关插座规格

(5) 确定开关插座的品牌

市场上开关插座的品牌形形色色，要多了解几个品牌作一下比较，选择适合自己装修风格的开关插座才是最好的，当然质量也很重要，选购开关插座的时候多问问身边亲戚朋友装修的时候是用的什么牌子的开关插座，或者听听电工师傅的建议，一般市面上西蒙、西野、西门子、公牛这些品牌都不错，不同品牌有不同的价格和设计风格。

(6) 安装前期检查

安装开关插座的时候要检查产品的真假，开关插座的配件是否齐全，一定要保证金属膨胀螺栓、塑料胀管、镀锌螺钉等都齐全。

(7) 清理盒底

开关插座安装是在墙面装修之后，盒底应该有许多灰尘和杂质，在安装的时候首先清理干净盒底，灰尘太多不清理会影响电路的使用，如图 5-20 所示。

(8) 连接电线，安装固定

盒内导线留出维修长度，削出线芯，将导线和接线柱相连，接好后将插座安放至固定位置，利用螺钉固定，最后盖上装饰面板，完成安装，如图 5-21 所示。

(9) 安装完成及验收

开关插座安装完成后要及时验收，对开关控制、插座通电进行检查，同时也要检查安装

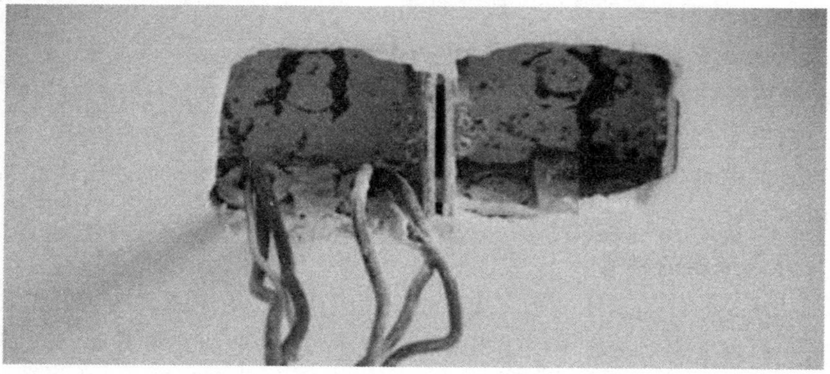

图 5-20 清理盒底

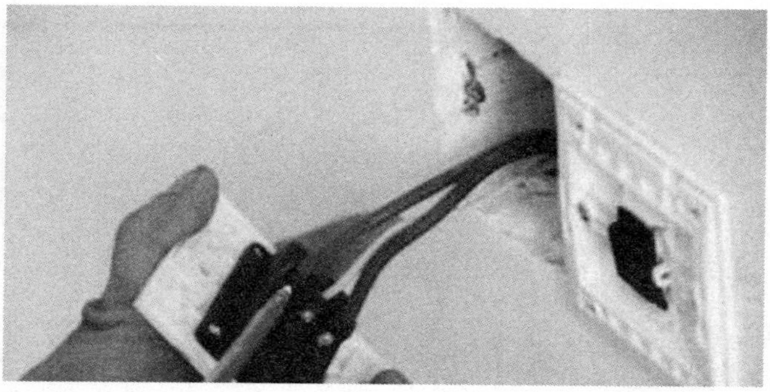

图 5-21 安装固定

的外观是否水平等，在保证一切合格后才能算安装工作结束。安装验收如图 5-22 所示。

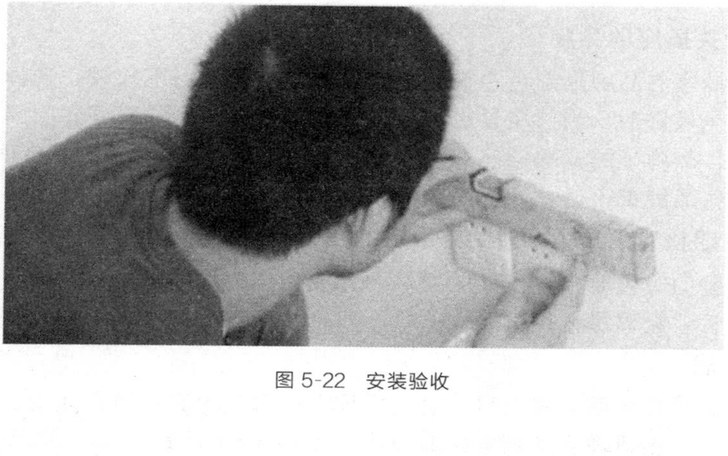

图 5-22 安装验收

5.3 漏电保护器的选择与安装

漏电保护器，简称漏电开关，又叫漏电断路器，不仅可对电气设备和人体进行保护，也可在正常情况下用作线路的不频繁转换启动开关。例如在电气线路中，可用来保护线路或电动机的过载和短路。

5.3.1 漏电保护器的选择

（1）根据不同的电气设备的供电方式选用不同的漏电保护器

① 单相220V电源供电的电气设备，应选用单极二线式或二极二线式漏电保护器，它们分别如图5-23、图5-24所示。

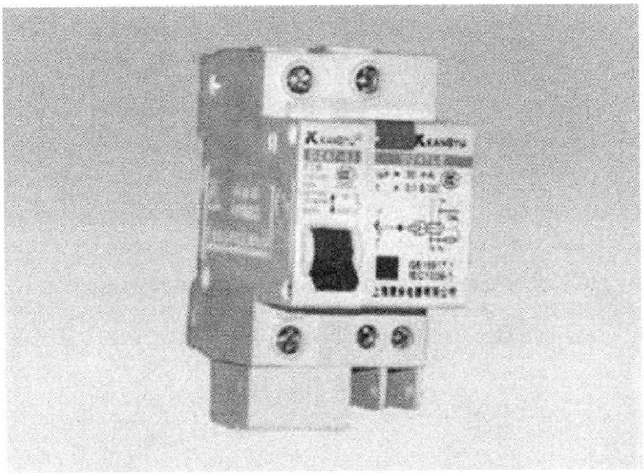

图5-23 单极二线式漏电保护器

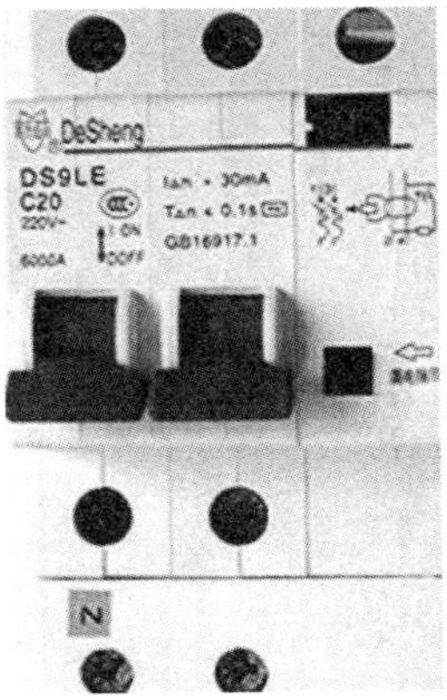

图5-24 二极二线式漏电保护器

② 三相三线式380V电源供电的电气设备，应选用三极式漏电保护器，如图5-25所示。

③ 三相四线式380V电源供电的电气设备或单相设备与三相设备共用的电路，应选用三极四线或四极四线式漏电保护器，它们分别如图5-26、图5-27所示。

（2）根据电气线路的正常泄漏电流选择漏电保护器的额定漏电动作电流

① 选择漏电保护器的额定漏电动作电流值时，应充分考虑到被保护线路和设备可能发生的正常漏电流值。

② 选用的漏电保护器的额定漏电不动作电流，应小于电气线路和设备的正常漏电电流

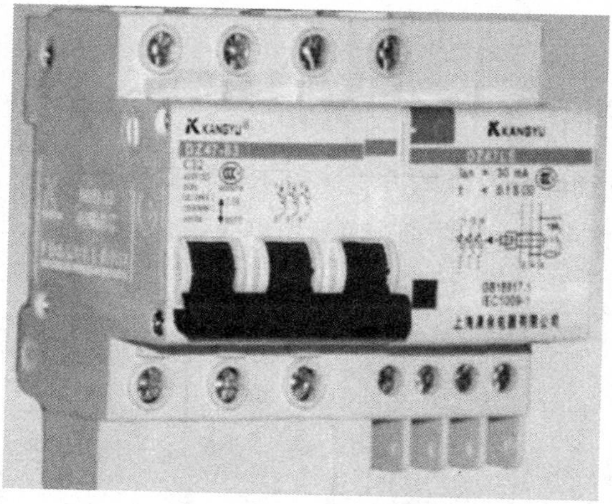

图 5-25　三极式漏电保护器

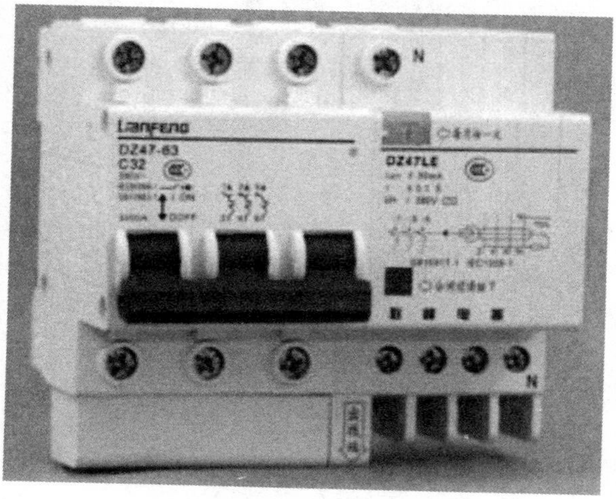

图 5-26　三极四线式漏电保护器

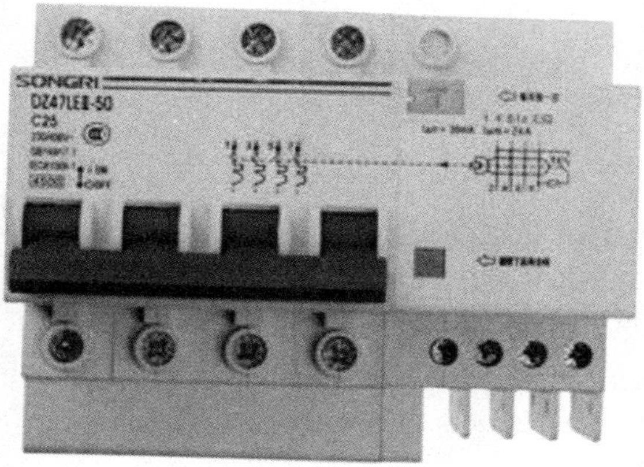

图 5-27　四极四线式漏电保护器

最大值的2倍。

③ 漏电保护器的额定电压、额定电流、短路分断能力、额定漏电电流、分断时间应满足被保护供电线路和电气设备的要求。

(3) 选用漏电保护器时应遵循的主要原则

① 购买漏电保护器时应购买具有生产资质的厂家产品，且产品质量检测合格。在这里要提醒大家：市场上销售的漏电保护器有不少是不合格品。2009年10月20日，国家质检总局公布漏电保护器产品质量抽查结果，有20%左右的产品不合格，其主要问题为：有的不能正常分断短路电流，消除火灾隐患；有的起不到人身触电的保护作用；还有一些不该跳闸时跳闸，影响正常用电。

② 应根据保护范围、人身设备安全和环境要求确定漏电保护器的电源电压、工作电流、漏电电流及动作时间等参数。

③ 电源要求漏电保护器作分级保护时，应满足上、下级开关动作的选择性。一般上一级漏电保护器的额定漏电电流不小于下一级漏电保护器的额定漏电电流，这样既可以灵敏地保护人身和设备安全，又能避免越级跳闸，缩小事故检查范围。

④ 手持式电动工具（除Ⅲ类外）、移动式生活用家电设备（除Ⅲ类外）、其他移动式机电设备，以及触电危险性较大的用电设备，必须安装漏电保护器。

⑤ 建筑施工场所、临时线路的用电设备，应安装漏电保护器。这是《施工现场临时用电安全技术规范》（JGJ46—88）中明确要求的。

⑥ 机关、学校、企业、住宅建筑物内的插座回路，宾馆、饭店及招待所的客房内插座回路，也必须安装漏电保护器。

⑦ 安装在水中的供电线路和设备以及潮湿、高温、金属占有系数较大及其他导电良好的场所，如机械加工、冶金、纺织、电子、食品加工等行业的作业场所，以及锅炉房、水泵房、食堂、浴室、医院等场所，必须使用漏电保护器进行保护。

⑧ 固定线路的用电设备和正常生产作业场所，应选用带漏电保护器的动力配电箱。临时使用的小型电气设备，应选用漏电保护插头（座）或带漏电保护器的插座箱。

⑨ 漏电保护器作为直接接触防护的补充保护时（不能作为唯一的直接接触保护），应选用高灵敏度、快速动作型漏电保护器。

一般环境选择动作电流不超过30mA，动作时间不超过0.1s，这两个参数保证了人体如果触电时，不会使触电者产生病理性生理危险效应。

在浴室、游泳池等场所漏电保护器的额定动作电流不宜超过10mA。

在触电后可能导致二次事故的场合，应选用额定动作电流为6mA的漏电保护器。

⑩ 对于不允许断电的电气设备，如公共场所的通道照明、应急照明、消防设备的电源、用于防盗报警的电源等，应选用报警式漏电保护器接通声、光报警信号，通知管理人员及时处理故障。

5.3.2 漏电保护器的安装与运行

① 安装漏电保护器除应遵守常规的电气设备安装规程外，还应注意以下几点：

a. 漏电保护器的安装应符合生产厂家产品说明书的要求。

b. 标有电源侧和负荷侧的漏电保护器不得接反。如果接反，会导致电子式漏电保护器的脱扣线圈无法随电源切断而断电，因长时间通电而烧毁。

c. 安装漏电保护器不得拆除或放弃原有的安全防护措施，漏电保护器只能作为电气安全防护系统中的附加保护措施。

d. 安装漏电保护器时，必须严格区分中性线和保护线。使用三极四线式和四极四线式漏电保护器时，中性线应接入漏电保护器。经过漏电保护器的中性线不得作为保护线。

e. 工作零线不得在漏电保护器负荷侧重复接地，否则漏电保护器不能正常工作。

f. 采用漏电保护器的支路，其工作零线只能作为本回路的零线，禁止与其他回路工作零线相连，其他线路或设备也不能借用已采用漏电保护器后的线路或设备的工作零线。

g. 安装完成后，要按照《建筑电气工程施工质量验收规范》（GB 50303—2002）3.1.6条款，即“动力和照明工程的漏电保护器应做模拟动作试验”的要求，对完工的漏电保护器进行试验，以保证其灵敏度和可靠性。试验时可操作试验按钮三次，带负荷分合三次，确认动作正确无误，方可正式投入使用。

② 漏电保护器的运行。漏电保护器的安全运行要靠一套行之有效的管理制度和措施来保证。除了做好定期的维护外，还应定期对漏电保护器的动作特性（包括漏电动作值及动作时间、漏电不动作电流值等）进行试验，做好检测记录，并与安装初始时的数值相比较，判断其质量是否有变化。

在使用中要按照使用说明书的要求使用漏电保护器，并按规定每月检查一次，即操作漏电保护器的试验按钮，检查其是否能正常断开电源。在检查时应注意操作试验按钮的时间不能太长，一般以点动为宜，次数也不能太多，以免烧毁内部元件。

漏电保护器在使用中发生跳闸，经检查未发现开关动作原因时，允许试送电一次，如果再次跳闸，应查明原因，找出故障，不得连续强行送电。

漏电保护器一旦损坏不能使用时，应立即请专业电工进行检查或更换。如果漏电保护器发生误动作和拒动作，其一方面是由漏电保护器本身引起；另一方面是来自线路，应认真地具体分析，不要私自拆卸和调整漏电保护器的内部器件。

5.4 日光灯照明线路的工作原理与安装

5.4.1 日光灯照明线路的工作原理

日光灯是一种荧光灯，在真空的玻璃管里装有水银，两端各有一个灯丝做电极，管的内壁涂有荧光粉。在日常生活中日光灯的使用也是极广的。

当开关闭合后，电源把电压加在启辉器的两极之间，使氖气放电而发出辉光，辉光产生的热量使U形动触片膨胀伸长，跟静触片接通，于是镇流器线圈和灯管中的灯丝就有电流通过。电路接通后，启辉器中的氖气停止放电（启辉器分压少、辉光放电无法进行，不工作），U形片冷却收缩，两个触片分离，电路自动断开。在电路突然断开的瞬间，由于镇流器电流急剧减小，会产生很高的自感电动势，方向与原来的电压方向相同，两个自感电动势与电源电压加在一起，形成一个瞬时高压，加在灯管两端，使灯管中的气体开始放电，于是日光灯成为电流的通路开始发光。日光灯开始发光时，由于交变电流通过镇流器的线圈，线圈中就会产生自感电动势，它总是阻碍电流变化的，这时镇流器起着降压限流的作用，保证日光灯正常工作。

日光灯正常发光后，其镇流器的线圈由于存在交流电流，线圈两端产生自感电动势，而自感电动势阻碍线圈中的电流变化，这样镇流器就使电流稳定在灯管的额定电流范围内，灯管两端电压也稳定在额定工作电压范围内。此时额定工作电压低于启辉器的电离电压，所以并联在两端的启辉器也就不再起作用了。

5.4.2 日光灯照明线路的安装

① 要安装新日光灯管，请将灯管引脚插入灯座并转动灯管使其固定。如果灯管变暗、闪烁或忽明忽暗时，请更换灯管。

② 通过更换就可以很轻松地维修日光灯。如果怀疑某一部件可能有故障，请使用新部件更换。首先从日光灯管或灯泡开始，可以安装新灯管，如果不确定灯管是否烧毁，请在另一日光灯中测试旧灯管，可以通过转动旧灯管将其从灯具插座中拆下。按照相同方法安装新灯管——将灯管引脚插入插座并转动灯管使其固定。

③ 要在日光灯中安装启辉器，只需将启辉器插进其插座，并旋紧它使其固定。

④ 如果灯管没有故障，那么请尝试更换启辉器。日光灯启辉器按功率分级，因此针对灯具中的灯管使用正确的启辉器至关重要。拆下旧启辉器的方法与拆下旧灯管的方法相同，通过转动将其拿出灯具插座。安装新启辉器时，只需将其插入插座并转动以锁定到位即可。

⑤ 镇流器也是根据功率分级的，与备用的启辉器一样，备用的镇流器必须与灯管的功率和灯具的类型相匹配。镇流器是发生故障可能性最小的部件，并且也最难更换，因此在开始更换部件时请将镇流器留在最后。如果灯管和启辉器都没有故障，则问题一定在于镇流器。要更换故障的镇流器，请先将电路断电，拆开灯具，然后把电线从旧镇流器转接至新镇流器（每次一根以避免连接错误），最后重新组装灯具。

⑥ 如果灯管、启辉器和镇流器全部工作正常，但日光灯却仍然不亮，那么请检查开关是否有故障。如果日光灯由墙壁开关控制，请更换开关。如果日光灯使用按钮开关，那可以使用相同类型的新开关更换旧开关。在对开关进行操作前要使电路断电，请拆下电路保险丝或使断路器跳闸。

注意事项

在多数情况下，开关是螺接在电灯内部带螺纹的安装螺母上的，来自开关的两根电线连接（通常使用接线螺母）到来自日光灯管的四根电线上。拆开灯具至可以操作开关背后的部分为止，然后使用螺钉固定新开关，并将电线从旧开关转接到新开关（每次一根以避免连接错误）。重新组装灯具，然后使电路重新通电。如果您想安装一个新镇流器或新开关，请考虑使用全新的灯具。

5.4.3 常见故障的排除方法

(1) 接通电源，灯管完全不发光

① 日光灯供电线路开路或附件接触不良。可以参照表5-4中日光灯常见故障及排除方法。

② 启辉器损坏或与底座接触不良。拔下启辉器用短导线，将两触点接通，如果这时灯管两端发红，取掉短路线时灯管即启辉（有时一次不行，需要几次），则可以证明启辉器损坏或与底座接触不良。可以检查启辉器与底座部分是否有较厚的氧化层、脏物或接触点簧片弹性不足。如果接触不良故障消除后，灯管仍不启辉，则说明是启辉器损坏，需要更换。

③ 对新装日光灯，可能是接线错误。应对照线路图，仔细检查，若是接线错误，应更正。

④ 灯丝断开或灯管漏气。判断灯丝是否断路，可取下灯管，用万用表电阻挡分别检测两端灯丝。若指针不动，表明灯丝已经断开。如果灯管漏气，刚通电时管内就产生白雾，灯丝也立即被烧断。

⑤ 灯脚与灯座接触不良。除去灯脚与灯座接触面上的氧化物，再插入通电试用。

⑥ 镇流器内部线圈开路，接头松动或灯管不配套。可用一个在其他日光灯线路上正常工作而又与该灯管配套的镇流器代替。如灯管正常工作，则证明镇流器有问题，应更换。

⑦ 电源电压太低或线路电压降太大，可用万用表交流挡检查日光灯电源电压。

(2) 启辉困难，灯管两端不断闪烁，中间不启辉

① 启辉器不配套。应调换与灯管配套的启辉器。

② 电源电压太低。

③ 环境温度太低。

④ 镇流器与灯管不配套。应更换配套镇流器。

⑤ 灯管陈旧。

(3) 灯管发光后立即熄灭

① 接线错误，烧断灯丝。应检查线路，改进接线，并更换新灯管。

② 镇流器内部短路，使灯管两端电压太高，将灯丝烧断。用万用表相应电阻挡检测直流电阻，如果电阻明显小于正常值，则有短路故障，应更换镇流器。

(4) 灯管两头发红但不能启辉

① 启辉器中纸介质电容击穿或氖泡内动、静片粘连。这两种情况均可用万用表电阻挡检查启辉器两接线引脚。若表针偏转，应更换启辉器。若系纸介质电容器击穿，可将其剪除，启辉器仍可以暂时使用。

② 电源电压太低或线路电压降太大。

③ 气温太低。可给灯管加罩，不让冷风直吹灯管。

④ 灯管陈旧。这时灯管两端发黑，应更换灯管。

5.5 其他灯具的安装

5.5.1 白炽灯的安装

白炽灯的安装有室外的，也有室内的，室内白炽灯的安装通常有吸顶式、壁式和悬吊式三种。下面重点介绍日常生活中最常用的软线悬吊式的安装方法，对其他两种形式的安装仅作一般介绍。

(1) 圆木的安装

先在准备安装吊线盒的地方打孔，预埋木枕或膨胀螺钉。然后在圆木底面用电工刀刻两条槽，圆木中间钻三个小孔。最后将两根电源线端头分别嵌入圆木两边小孔穿出，通过中间小孔用木螺钉将圆木紧固在木枕上。

(2) 安装吊线盒

先将圆木上的电线从吊线盒底座孔中穿出，用木螺钉把吊线盒紧固在圆木上。接着将电线的两个线头剥去2cm左右长的绝缘皮，然后将线头分别旋紧在吊线盒的接线柱上。最后按灯的安装高度（离地面2.5m），取一股软电线作为吊线盒的灯头连接线，上端接吊线盒的接线柱，下端接灯头。在离电线上端约5cm处打一个结，使结正好卡在吊线盒盖的线孔里，以便承受灯具重量，将电线下端从吊线盒盖孔中穿过，盖上吊线盒盖就行了。如果使用的是瓷吊线盒，软电线上先打结，两根线头分别插过瓷吊线盒两棱上的小孔固定，再与两条电源线直接相接，然后分别插入吊线盒底座平面上的两个小孔，其他操作步骤不变。

(3) 安装灯头

旋下灯头盖子，将软线下端穿入灯头盖孔中，在离线头3cm处照上述方法打一个结，把两个线头分别接在灯头的接线柱上，然后旋上灯头盖子，如果是螺口灯头，相线应接在中心铜片相连的接柱上，否则容易发生触电事故。

(4) 安装拉线开关

控制白炽灯的开关，应串接在通往灯头的相线上，也就是相线通过开关才进灯头。一般拉线开关的安装高度距地面2.5m，扳把开关距地面1.4m，安装扳把开关时，开关方向要一致，一般向上接为“合”，向下扳为“断”。

安装拉线开关（或扳把开关）的步骤与做法跟安装吊线盒的步骤与做法大致相同。首先在准备安装开关的地方打孔，预埋木枕或膨胀螺钉；再安装圆木（将圆木刻两道槽，钻三个小孔，把两根电线嵌入槽，经两旁小孔穿出，用木螺钉固紧在木枕上），然后在圆木上安装开关底座，最后将相线接头、灯头与开关连接的那头分别接在开关底座的两个接线柱上，旋上灯头盖就行了。经过以上四个步骤，白炽灯的安装就基本完成了。

5.5.2 吊灯

大的吊灯安装于结构层上，如楼板、屋架下弦和梁上，小的吊灯常安装在搁栅上或补强搁栅上，无论单个吊灯或组合吊灯，都由灯具厂一次配套生产，所不同的是，单个吊灯可直接安装，组合吊灯要在组合后安装或安装时组合。对于大面积和条带形照明，多采用吊杆悬吊灯箱和灯架的形式。

吊灯的安装一般分为三个大的步骤：材料工具准备，吊杆、吊索与结构层的连接，吊杆、吊索与搁栅、灯箱连接。

(1) 材料工具准备

在安装大型组合吊灯时要准备支撑构件材料、装饰构件材料、其他配件材料和施工工具。

① 支撑构件材料：木材（不同规格的木方、木条、木板）、铝合金（板材、型材）、钢材（型钢、扁钢、钢板）。

② 装饰构件材料：铜板、外装饰贴面和散热板、塑料、有机玻璃板、玻璃隔片。

③ 其他配件材料：如螺丝、铁钉、铆钉、成品灯具、胶黏剂等。

④ 吊灯安装过程中需要使用到的如钳子、电动曲线锯、螺丝刀、直尺、锤子、电锤、手据、漆刷等。

(2) 吊杆、吊索与结构层的连接

具体连接方法：在连接的过程中预埋件和过渡件的连接是重点。

① 首先在结构层中预埋铁件或者木砖（木砖承重除外）。

② 在预埋的铁件或木砖上安装过渡连接件。

③ 将吊杆、吊索与过渡连接件连接。

(3) 将吊杆或吊索与搁栅、灯箱连接

这是安装吊灯的最后一步，将吊杆或者吊索固定在搁栅上，然后下面连接灯箱，检查是否牢靠，确认安全后即安装完成。

注意事项

① 在结构层中预埋铁件或木砖时，埋设位置应准确，并留有足够的调整余地。

② 安装时如有多个吊灯，应注意它们的位置、长短关系，这样就可以有效地节省时间和人力，在安装的同时就将吊灯安装好，若有误差，可以方便地调整吊灯的位置。

③ 吊杆出顶棚面板虽有直接出法和加套管两种方法可选，可是采用加套管法的更多，因为加套管法更加有利于安装，吊灯可保证顶棚面板完整，仅在需要出管的位置钻孔即可。而直接法在开孔时找到正位的难度相对较大，极有可能对吊顶天花板造成极大的影响，影响整体美观度。

④ 固定吊灯的吊杆时最好保留调节高度，最好是保留一定长度的螺纹，以调节方便。悬吊灯箱时，要仔细检查连接是否可靠。

5.5.3 吸顶灯的安装

吸顶灯的灯体直接安装在房顶上，适合作整体照明用，通常用于卧室、餐厅和会客厅等。

(1) 选好位置

安装吸顶灯首先要做的就是确定吸顶灯的安装位置。例如客厅、饭厅、厨房的吸顶灯最好安装在正中间，这样的话各位置光线较为平均。而卧室的话，考虑到蚊帐和光线对睡眠的影响，所以吸顶灯尽量不要安装在床的上方。

此外，吸顶灯需要选取砖石结构等能承受吸顶灯重量的墙面或吊顶进行安装，尽量不要选择木质墙面，以免时间长了有掉落的危险。

(2) 拆吸顶灯面罩

将吸顶灯面罩拆下，一般情况下，吸顶灯面罩有旋转和卡扣卡住两种固定的方式，拆的时候要注意，以免将吸顶灯弄坏，把面罩取下来之后顺便将灯管也取下，防止在安装时打碎灯管。

(3) 安装底座

底座放在预定安装位置，用铅笔在墙面做标记，然后拿走底座，用电钻在标记位置钻孔，接着在孔内安装固定底座用的膨胀螺栓，注意钻孔直径和埋设深度要与螺栓规格相符。之后把底座放回预定位置，固定即可。

(4) 连接电线

固定好底座后，就可以将电源线与吸顶灯的接线座进行连接，需注意的是，与吸顶灯电源线连接的两个线头，电气接触应良好，还要分别用黑胶布包好，并保持一定的距离，如果有可能尽量不将两线头放在同一块金属片下，以免短路，发生危险。

(5) 安装面罩、吊饰

接好电线后，可试通电，假如一切正常，便可关闭电源，装上吸顶灯的面罩。客厅吸顶灯还需要装上一系列的吊饰，因为每一款吸顶灯吊饰都不一样，所以具体安装方法可参考产品说明书。吊饰一般都会剩余，安装后可存放好，日后有需要时也能换上。

注意事项

① 在安装的时候，请务必确认电源处于关闭状态。

② 与吸顶灯电源进线连接的两个线头，电气接触应良好，还要分别用黑胶布包好，并保持一定的距离，以免短路，发生危险。

③ 层较高或天花板有震动的房间适宜安装吸顶灯。

④ 当采用膨胀螺栓固定时，应按吸顶灯尺寸的技术要求选择螺栓规格，其钻孔直径和埋设深度要与螺栓规格相符。

⑤ 安装时要特别注意灯具与安装连接的可靠性，连接处必须能够承受相当于灯具4倍重量的悬挂物悬挂而不变形。

5.5.4 LED灯带的安装

LED灯带因为轻、节能省电、柔软、寿命长、安全等特性，逐渐在装饰行业中崭露头角。LED灯带应用范围不仅仅只在装饰行业中，在家具、汽车、广告、照明、轮船等行业都经常见到。LED灯带的安装主要有室内安装和室外安装两种形式。

第一种：LED灯带室内安装。LED灯带用于室内装饰时，由于不必经受风吹雨打，安装需要考虑美观大方，LED灯带安装对现有的工程场所起到修饰作用，所以安装就非常简单。每款LED灯带的背后都贴有自黏性3M双面胶。安装时可以直接撕去3M双面胶表面的贴纸，然后把灯条固定在需要安装的地方，用手按平就好了。LED灯带是以3个LED为一组的串并联方式组成的电路结构，每3个LED可以剪断单独使用，如果有的地方需要转角或者是LED灯带长了，直接剪去就好了，注意要在焊盘那个地方剪去。

第二种：LED灯带户外安装。LED灯带户外安装更注重的是灯带的防水和安装的牢固。之所以这样进行LED灯带安装，主要是由于它会经受风吹雨淋，如果采用3M胶固定的话时间一久就会造成3M胶黏性降低而致使LED灯带脱落，因此户外安装常采用卡槽固定的方式，需要剪切和连接的地方，方法和室内安装一样，只是需要另外配备防水胶，以巩固连接点的防水效果。然后用专用的固定卡子固定，可以用电锤打眼，用塑料胀管加螺钉固定卡子。

下面介绍一下室外LED灯带的安装方法。

(1) 首先确定一下要安装的长度，然后取整数截取

因为这种灯带是1m一个单元，只有从剪口截断才不会影响电路，如果随意剪断，会造成一个单元不亮。例如，如果需要7.5m的长度，灯带就要剪8m。

(2) 连接插头

LED本身是二极管，由直流电驱动，所以是有正负极的，如果正负极反接，就处于绝缘状态，灯带不亮。如果连接插头通电不亮，只需要拆开接灯带的另外一头就可以了。

(3) 灯带的摆放

灯带是盘装包装，新拆开的灯带会扭曲，不好安装，可以先整理平整，再放进灯槽内即可。由于灯带是单面发光，如果摆放不平整就会出现明暗不均匀的现象，特别是拐角处一定要注意。现在市场上有一种专门用于灯槽灯带安装的卡子，叫灯带伴侣，使用之后会大大提高安装速度和效果。

(4) 电源连接方法

LED灯一般电压为直流12V，所以需要使用开关电源供电，电源的大小是根据LED灯的功率和连接长度来定的。可以购买一个功率比较大的开关电源做总电源，可以避免每条LED灯都用一个电源来控制。最后把所有的LED灯输入电源全部并联起来，统一由总开关电源供电。这样就可以集中控制，但缺点是不能实现单个LED灯的点亮效果和开关控制。

(5) 控制器连接方式

LED跑马灯带和RGB全彩灯带需要使用控制器来实现变换效果，因为每个控制器的控制距离不一样，所以一般简易控制器的控制距离为10～15m，遥控控制器的控制距离为15～20m，最长可以控制到30m距离。如果LED灯的连接距离较长，而控制器不能控制那么长的灯带，那么就需要使用功率放大器来进行分接。

注意事项

一般来说，3528系列的LED灯带，其连接距离最长为20m，5050系列的LED灯带，最长连接距离为15m。如果超出了这个连接距离，LED灯就会很容易发热，从而缩短LED灯的使用寿命。所以安装的时候一定要按照厂家的要求进行安装。

5.5.5 壁灯的安装

壁灯多装于阳台、楼梯、走廊过道以及卧室，适宜作长明灯。变色壁灯多在节日、喜庆之时采用；床头壁灯大多数都是装在床头的左上方，灯头可万向转动，光束集中，便于阅读；镜前壁灯多装饰在盥洗间镜子附近使用。壁灯安装高度应略超过视平线1.8m高左右。

壁灯安装步骤如下。

(1) 安装位置确定

壁灯一般安装在公共建筑楼梯、门厅、浴室、厨房、楼卧室等部位。

① 一般壁灯的高度，距离工作面（指距离地面80～85cm的水平面）为1440～1850mm，即距离地面2240～2650mm。卧室的壁灯距离地面可以近些，为1400～1700mm。

② 壁灯与墙面的距离为95～400mm。

(2) 确定壁灯的安装方法

壁灯的安装方法比较简单，待位置确定好后，往往采用预埋件或打孔的方法，将壁灯固定在墙壁上。一般采用涂胶施工，虽然涂胶方法较多，但常用的有以下几种。

① 刷涂法。用毛刷把胶黏剂涂刷在粘接面上，这是最简单易行也是最常用的方法。此法适用于单件或小批量生产和施工。

② 喷涂法。对于低黏度的胶黏剂，可以采用普通油漆喷枪进行喷涂。对于那些活性期短、清洗困难的高黏度胶黏剂，可以采用增强塑料工业中的从伯特喷枪。喷涂法的优点是涂胶均匀，工效高；缺点是胶液损失大（约20%～40%），溶剂散失在空气中污染环境。

③ 自流法。采用淋雨式自动装置。此法非常适用于扁平的板状零件，工效很高，适用于大批量生产。为使胶液不至于堵塞喷嘴，所用胶液必须有适当的黏度和流动性。

④ 滚涂法。将胶辊的下半部浸入胶液中，上半部露在外面直接或通过印胶辊间接与工作面接触，通过工件等带动胶辊转动把胶液涂在粘接面上。欲达到不同的涂胶效果，胶辊表面可以开出不同的沟槽和花纹，也可以用改变胶辊压力的方法或用刮板控制涂胶量。胶辊可以用橡胶、木材、毛毡或金属制造。

⑤ 刮涂法。对于高黏度的膏状胶黏剂及对于像地板类的粘接件等，可利用胶板进行涂胶。胶板可用1～1.5mm厚弹性钢板、硬聚氯乙烯板等材料制作。

⑥ 其他涂胶法。如浸渍涂胶法、注胶法等。

(3) 晾置和陈放

将胶黏剂涂刷在粘接面上以后，为使胶黏剂易于扩散、浸润、渗透和使溶剂蒸发，任其暴露在空气中静置一段时间。将从涂胶完开始，直到将两个粘接面贴合时为止的这段静置工艺过程叫晾置。

两个粘接面在经涂胶、晾置之后，将其互相贴合，但不加压紧力，而令其静止存放一段时间。将从粘接面互相贴合（装配）时开始，直至人为的加上预定压紧力为止的这段静止存放的工艺过程叫作陈放（或称闭合陈放、闭锁堆积）。在存放时间内胶黏剂的水分（或溶剂）基本停止蒸发。但是，扩散、浸润和渗透作用还在缓慢进行。

(4) 压紧

压紧力大小与胶黏剂的种类和被粘材料的种类等因素有关，一般在0.2～1.5MPa的较宽范围内，压紧时间取决于胶黏剂的种类和固化温度。施加压紧力一般是以贴合或陈放之后开始，直至胶黏剂完全固化或基本固化之后才卸除压力。一般对压紧操作的要求是：压紧力大小适当，压力分布均匀，压紧时间足够，不可使被粘体受压变形（特殊情况例外）等。

(5) 固化

固化是胶黏剂通过溶剂蒸发或化学反应由胶态转变为固态粘接层，同时产生粘接作用的物理化学过程。固化质量与固化条件（温度、时间和压紧力等）有重要关系。必须满足各胶黏剂所要求的固化条件，这是保证粘接质量重要的一环。

注意事项

① 壁灯的款式规格要与安装场所协调。

② 壁灯的色泽要与安装墙壁的颜色协调。

③ 壁灯的薄厚要与安装地点环境协调。

④ 壁灯光源功率要与使用目的一致。

⑤ 壁灯安装高度以略高于人头为宜。

5.5.6 各种灯具安装工艺

(1) 照明灯具的安装工艺

① 安装前，灯具及其配件应齐全，并无机械损伤、变形、油漆剥落和灯罩破裂等缺陷。

② 根据灯具的安装场所及用途，引向每个灯具的导线线芯最小截面应符合有关规程规范的规定。

③ 当在砖石结构中安装电气照明装置时，应采用预埋吊钩、螺栓、螺钉、膨胀螺栓、尼龙塞或塑料塞固定，严禁使用木楔。当设计无规定时，上述固定件的承载能力应与电气照明装置的重量相匹配。

④ 在危险性较大及特殊危险场所，当灯具距地面高度小于2.4m时，应使用额定电压为36V及以下的照明灯具或采取保护措施。灯具不得直接安装在可燃物件上，当灯具表面高温部位接近可燃物时，应采取隔热、散热措施。在变电所内，高压、低压配电设备及母线的正上方，不应安装灯具。室外安装的灯具，距地面的高度不宜小于3m；当在墙上安装时，距地面的高度不应小于2.5m。

(2) 灯具螺口灯头的安装工艺

① 接线应接在中心触点的端子上，零线应接在螺纹的端子上。

② 灯头的绝缘外壳不应有破损和漏电。

③ 对带开关的灯头，开关手柄不应有裸露的金属部分。

对装有白炽灯泡的吸顶灯具，灯泡不应紧贴灯罩。当灯泡与绝缘台之间的距离小于5mm时，灯泡与绝缘台之间应采取隔热措施。

(3) 灯具的安装工艺

① 采用钢管作为灯具的吊杆时，钢管内径不应小于10mm，钢管壁厚度不应小于1.5mm。

② 吊链灯具的灯线不应受拉力，灯线应与吊链编在一起。

③ 软线吊灯的软线两端应作保护扣，两端芯线应搪锡。

④ 同一室内或场所成排安装的灯具，其中心线偏差不应大于5mm。

⑤ 日光灯和高压汞灯及其附件应配套使用，安装位置应便于检查和维修。

⑥ 灯具固定应牢固。每个灯具固定用的螺钉或螺栓不应少于2个；当绝缘台直径为75mm及以下时，可采用1个螺栓或螺钉固定。

5.6 两地控制照明线路的安装

每个家庭中的照明基本上都会用双控功能，也就是通常所说的两地控制一盏灯。双控开关在电梯中应用十分广泛。

下面单独拿两个双控开关和一个照明灯来具体介绍其接线方法。双控开关接线柱一般标有“L”、“L1”、“L2”，如图5-28所示。当L端进线时，L1和L2有一端和L接通，按动开关后，L1和L2的另一端和L接通。

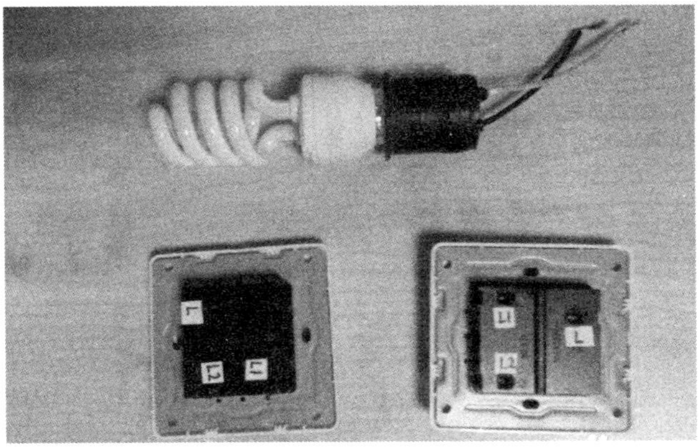

图5-28 双控开关接线柱

① 先用斜口钳将线剥好皮，注意不要留有太长线头，以免触碰到，如图5-29所示。

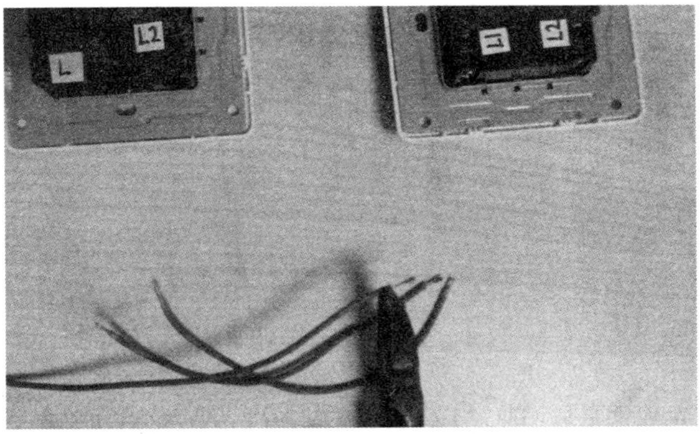

图5-29 斜口钳剥线

② 以左端开关的L作为火线输入，两个开关的L1和L2对应接线，然后将右边开关L

接至照明灯一端，照明灯另一端接零线，如图 5-30 所示。

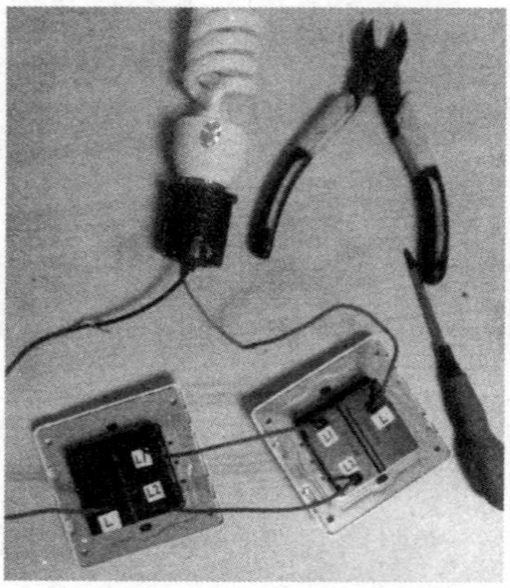

图 5-30 接线要求

③ 接好线后一定注意将照明灯两侧的线头用绝缘胶带包裹好，防止漏电，如图 5-31 所示。

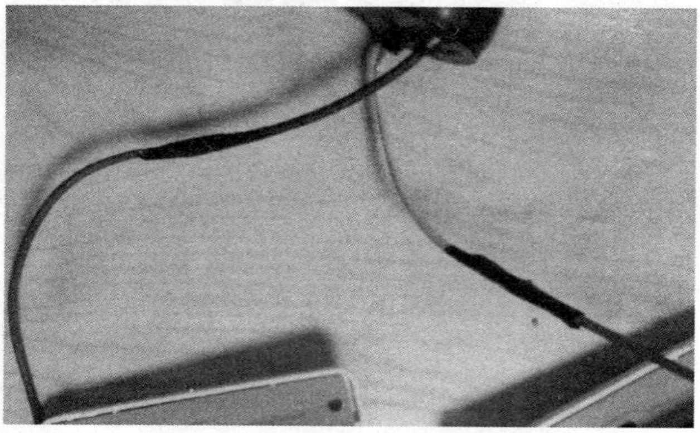

图 5-31 绝缘胶带包裹线头

④ 最后留出的火线与零线接上插头就完成了整个双控开关的接线，如图 5-32 所示。

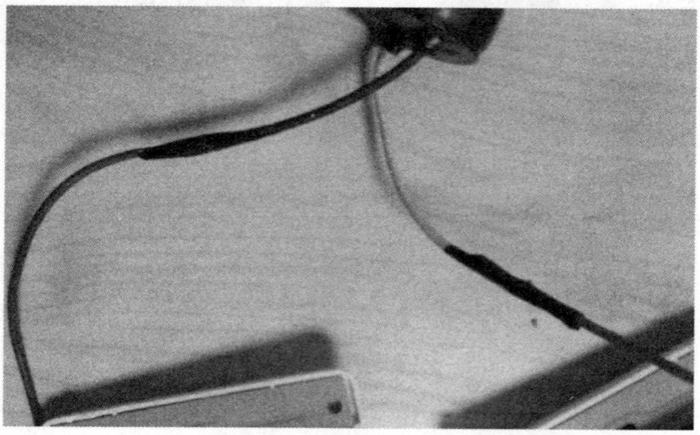

图 5-32 接插头

两地控制一盏灯电路的原理图如图5-33所示。A、B两根线，分别接两地双联开关，双联开关打上或打下，公共端均分别连接A或B线，其中一只双联开关的公共端接火线，另一只双联开关的公共端接电灯的其中一条线（可称作电灯进线），灯的另一条线（可称作电灯出线）接零线。

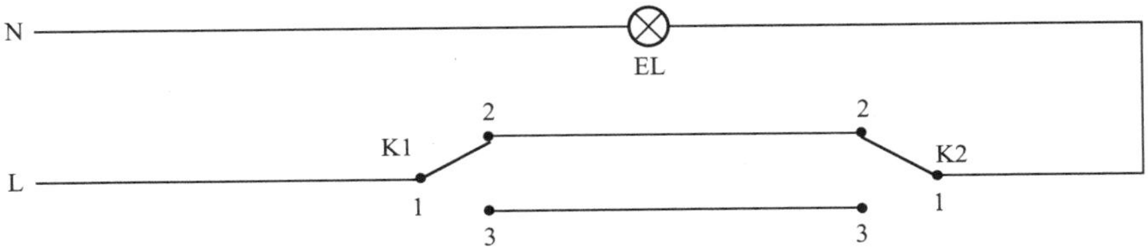

图5-33 两地控制一盏灯电路原理图

5.7 室内照明线路的故障排除

(1) 照明电路的常见故障

照明电路的常见故障主要有断路、短路和漏电三种。

① 断路。相线、零线均可能出现断路。断路故障发生后，负载将不能正常工作。三相四线制供电线路负载不平衡时，如零线断线会造成三相电压不平衡，负载大的一相相电压降低，负载小的一相相电压增高，如负载是白炽灯，则会出现一相灯光暗淡，而接在另一相上的灯又变得很亮，同时零线断路负载侧将出现对地电压。

产生断路的原因：主要是熔丝熔断、线头松脱、断线、开关没有接通、铝线接头腐蚀等。

断路故障的检查：如果一个灯泡不亮而其他灯泡都亮，应首先检查是否灯丝烧断；若灯丝未断，则应检查开关和灯头是否接触不良、有无断线等。为了尽快查出故障点，可用验电器测灯座（灯头）的两极是否有电。若两极都不亮说明相线断路；若两极都亮（带灯泡测试），说明中性线（零线）断路；若一极亮一极不亮，说明灯丝未接通。对于日光灯来说，应对启辉器进行检查。如果几盏电灯都不亮，应首先检查总保险是否熔断或总闸是否接通，也可按上述方法及验电器判断故障。

② 短路。短路故障表现为熔断器熔丝爆断；短路点处有明显烧痕、绝缘炭化，严重的会使导线绝缘层烧焦甚至引起火灾。造成短路的原因：

a. 用电器具接线不好，以致接头碰在一起。

b. 灯座或开关进水，螺口灯头内部松动或灯座顶芯歪斜碰及螺口，造成内部短路。

c. 导线绝缘层损坏或老化，并在零线和相线的绝缘处碰线。

当发现短路打火或熔丝熔断时应先查出发生短路的原因，找出短路故障点，处理后更换保险丝，恢复送电。

③ 漏电。漏电不但造成电力浪费，还可能造成人身触电伤亡事故。

产生漏电的原因：主要有相线绝缘损坏而接地、用电设备内部绝缘损坏使外壳带电等。

漏电故障的检查：漏电保护装置一般采用漏电保护器。当漏电电流超过整定电流值时，漏电保护器动作切断电路。若发现漏电保护器动作，则应查出漏电接地点并进行绝缘处理后再通电。照明线路的接地点多发生在穿墙部位和靠近墙壁或天花板等部位。查找接地点时，应注意查找这些部位。

a. 判断是否漏电：在被检查建筑物的总开关上接一块电流表，接通全部电灯开关，取下所有灯泡，进行仔细观察。若电流表指针摇动，则说明漏电。指针偏转的多少，取决于电流表的灵敏度和漏电电流的大小。若偏转多则说明漏电大，确定漏电后可按下一步继续进行检查。

b. 判断漏电类型：是火线与零线间的漏电，还是相线与大地间的漏电，或者是两者兼而有之。以接入电流表检查为例，切断零线，观察电流的变化：电流表指示不变，是相线与大地之间漏电；电流表指示为零，是相线与零线之间的漏电；电流表指示变小但不为零，则表明相线与零线、相线与大地之间均有漏电。

c. 确定漏电范围：取下分路熔断器或拉下开关闸刀，电流表若不变化，则表明是总线漏电；电流表指示为零，则表明是分路漏电；电流表指示变小但不为零，则表明总线与分路均有漏电。

d. 找出漏电点：按前面介绍的方法确定漏电的分路或线段后，依次拉断该线路灯具的开关，当拉断某一开关时，电流表指针回零或变小，若回零则是这一分支线漏电，若变小则除该分支漏电外还有其他漏电处。若所有灯具开关都拉断后，电流表指针仍不变。则说明是该段干线漏电。

(2) 照明设备的常见故障及排除

① 开关的常见故障及排除。开关常见故障及排除方法见表 5-2。

表 5-2 开关常见故障及排除方法

故障现象	产生原因	排除方法
开关操作后电路不通	接线螺钉松脱，导线与开关导体不能接触	打开开关，紧固接线螺钉
	内部有杂物，使开关触片不能接触	打开开关，清除杂物
	机械卡死，拨不动	给机械部位加润滑油，机械部分损坏严重时，应更换开关
接触不良	压线螺钉松脱	打开开关盖，压紧压线螺钉
	开关触点上有污物	断电后清除污物
	拉线开关触点磨损、打滑或烧毛	断电后修理或更换开关
开关烧坏	负载短路	处理短路点，并恢复供电
	长期过载	减轻负载或更换容量大一级的开关
漏电	开关防护盖损坏或开关内部接线头外露	重新配全开关盖，并接好开关的电源连接线
	受潮或受雨淋	断电后进行烘干处理，并加装防雨措施

② 插座的常见故障及排除。插座常见故障及排除方法见表 5-3。

表 5-3　插座常见故障及排除方法

故障现象	产生原因	排除方法
插头插上后不通电或接触不良	插头压线螺钉松动，连接导线与插头片接触不良	打开插头，重新压接导线与插头的连接螺钉
	插头根部电源线在绝缘皮内部折断，造成时通时断	剪断插头端部一段导线，重新连接
	插座口过松或插座触片位置偏移，使插头接触不上	断电后，将插座触片收拢一些，使其与插头接触良好
	插座引线与插座压接导线螺钉松开，引起接触不良	重新连接插座电源线，并旋紧螺钉
插座烧坏	插座长期过载	减轻负载或更换容量大的插座
	插座连接线处接触不良	紧固螺钉，使导线与触片连接好并清除生锈物
	插座局部漏电引起短路	更换插座
插座短路	导线接头有毛刺，在插座内松脱引起短路	重新连接导线与插座，在接线时要注意将接线毛刺清除
	插座的两插口相距过近，插头插入后碰连引起短路	断电后，打开插座修理
	插头内部接线螺钉脱落引起短路	重新把紧固螺钉旋进螺母位置，固定紧
	插头负载端短路，插头插入后引起弧光短路	消除负载短路故障后，断电更换同型号的插座

③ 日光灯的常见故障及排除。日光灯常见故障及排除方法见表 5-4。

表 5-4　日光灯常见故障及排除方法

故障现象	产生原因	排除方法
日光灯不能发光	停电或保险丝烧断导致无电源	找出断电原因，检修好故障后恢复送电
	灯管漏气或灯丝断	用万用表检查或观察荧光粉是否变色，如确认灯管坏，可换新灯管
	电源电源过低	不必修理
	新装日光灯接线错误	检查线路，重新接线
	电子镇流器整流桥开路	更换整流桥
日光灯灯光抖动或两端发红	接线错误或灯座灯脚松动	检查线路或修理灯座
	电子镇流器谐振，电容器容量不足或开路	更换谐振电容器
	灯管老化，灯丝上的电子发射将尽，放电作用降低	更换灯管
	电源电压过低或线路电压降过大	升高电压或加粗导线
	气温过低	用热毛巾对灯管加热
灯光闪烁或管内有螺旋滚动光带	电子镇流器的大功率晶体管开焊，接触不良或整流桥接触不良	重新焊接
	新灯管暂时现象	使用一段时间，会自行消失
	灯管质量差	更换灯管
灯管两端发黑	灯管老化	更换灯管
	电源电压过高	调整电源电压至额定电压
	灯管内水银凝结	灯管工作后即能蒸发，或将灯管旋转 180°

续表

故障现象	产生原因	排除方法
灯管光度降低或色彩转差	灯管老化	更换灯管
	灯管上积垢太多	清除灯管积垢
	气温过低或灯管处于冷风直吹位置	采取遮风措施
	电源电压过低或线路电压降得太大	调整电压或加粗导线
灯管寿命短或发光后立即熄灭	开关次数过多	减少不必要的开关次数
	新装灯管接线错误将灯管烧坏	检修线路，改正接线
	电源电压过高	调整电源电压
	受剧烈振动，使灯丝振断	调整安装位置或更换灯管
断电后灯管仍发微光	荧光粉余辉特性	过一会将自行消失
	开关接到了零线上	将开关改接至相线上
灯管不亮，灯丝发红	高频振荡电路不正常	检查高频振荡电路，重点检查谐振电容器

④ 白炽灯常见故障及排除方法。白炽灯常见故障及排除方法见表 5-5。

表 5-5　白炽灯常见故障及排除方法

故障现象	产生原因	排除方法
灯泡不亮	灯泡钨丝烧断	更换灯泡
	灯座或开关触点接触不良	把接触不良的触点修复，无法修复时，应更换完好的触点
	停电或电路开路	修复线路
	电源熔断器熔丝烧断	检查熔丝烧断的原因，并更换新熔丝
灯泡强烈发光后瞬时烧毁	灯丝局部短路(俗称搭丝)	更换灯泡
	灯泡额定电压低于电源电压	换用额定电压与电源电压一致的灯泡
灯光忽亮忽暗，或忽亮忽熄	灯座或开关触点(或接线)松动，或因表面存在氧化层(铝质导线、触点易出现)	修复松动的触点或接线，去除氧化层后重新接线，或去除触点的氧化层
	电源电压波动(通常附近有大容量负载经常启动引起)	更换配电所变压器，增加容量
	熔断器熔丝接头接触不良	重新安装，或加固压紧螺钉
	导线连接处松散	重新连接导线
开关合上后熔断器熔丝烧断	灯座或接线盒连接处两线头短路	重新连接线头
	螺口灯座内中心铜片与螺旋铜圈相碰、短路	检查灯座并扳准中心铜片
	熔丝太细	正确选配熔丝规格
	线路短路	修复线路
	用电器发生短路	检查用电器并修复

续表

故障现象	产生原因	排除方法
灯光暗淡	灯泡内钨丝挥发后积聚在玻璃壳内表面，透光度降低，同时由于钨丝挥发后变细，电阻增大，电流减小，光通量减小	正常现象
	灯座、开关或导线对地严重漏电	更换完好的灯座、开关或导线
	灯座、开关接触不良，或导线连接处接触电阻增加	修复接触不良的触点，重新连接接头
	线路导线太长太细，线路压降太大	缩短线路长度，或更换较大截面的导线
	电源电压过低	调整电源电压

⑤ 漏电断路器的常见故障分析。漏电断路器的常见故障及产生原因见表5-6。

表5-6 漏电断路器常见故障及产生原因

故障现象	产生原因
拒动作	漏电动作电流选择不当。选用的保护器动作电流过大或整定值过大，而实际产生的漏电值没有达到规定值，使保护器拒动作
	接线错误。在漏电保护器后，如果把保护线(即PE线)与中性线(N线)接在一起，发生漏电时，漏电保护器将拒动作
	产品质量低劣，零序电流互感器二次电路断路、脱扣元件故障
	线路绝缘阻抗降低。线路中的部分电击电流设有沿配电网进行工作接地，或沿漏电保护器后方的绝缘阻抗经保护器返回电源
误动作	接线错误，误把保护线(PE线)与中性线(N线)接反
	在照明和动力合用的三相四线制电路中，错误地选用三极漏电保护器，负载的中性线直接接在漏电保护器的电源侧
	漏电保护器后方有中性线与其他回路的中性线连接或接地，或后方有相线与其他回路的同相相线连接，接通负载时会造成漏电保护器误动作
	漏电保护器附近有大功率电器，当其开合时产生电磁干扰，或附近装有磁性元件或较大的导磁体，在互感器铁芯中产生附加磁通量而导致误动作
	当同一回路的各相不同步合闸时，先合闸的一相可能产生足够大的泄漏电流
	漏电保护器质量低劣，元件质量不高或装配质量不好，降低了漏电保护器的可靠性和稳定性，导致误动作
	环境温度、相对湿度、机械振动等超过漏电保护器设计条件

漏电断路器的常见故障有拒动作和误动作。拒动作是指线路或设备已发生预期的触电或漏电时漏电保护装置拒绝动作；误动作是指线路或设备未发生触电或漏电时漏电保护装置的动作。

本章小结

本章我们主要学习了室内照明线路基础知识，各种开关，插座的分类与安装，漏电保护器的选择与安装，日光灯照明线路的安装，白炽灯、吊灯、吸顶灯、LED灯带等常用灯具的安装方法，在上述内容基础上，重点学习了两地控制照明线路的安装，并介绍了常见室内照明线路的故障排除方法。

思考与练习

1. 室内照明线路工艺练习：

(1) 一只单联开关控制一盏灯并另接一只插座的线路工艺。

(2) 两只双联开关在两地控制一盏灯的线路工艺。

2. 常用照明灯的线路和安装工艺练习：

(1) 白炽灯的线路和安装工艺。

(2) 吸顶灯的线路和安装工艺。

第6章 常用低压电器

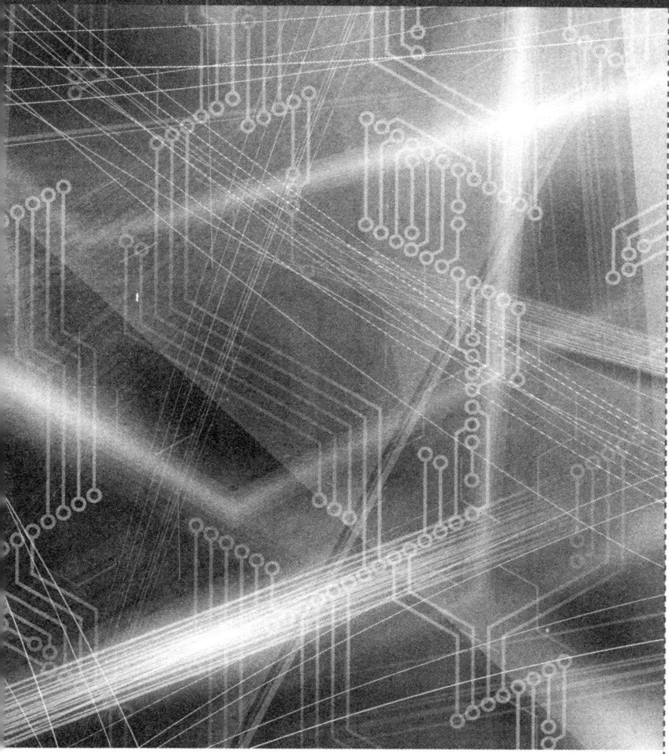

学习指导

本章主要介绍在电力拖动系统和自动控制系统中常用的且发挥重要作用的一些低压电器，主令电器、接触器、继电器、低压开关等的结构、工作原理、选用原则、维修及故障处理等内容，以便为学习电气控制系统及可编程控制器控制系统打下基础。

6.1 低压电器的基本知识

低压电器对电能生产、输送、分配和使用起控制、调节、检测、转换及保护作用，是多有电工器械的简称。我国将工作在 50Hz、额定电压 1200V 及以下和直流额定电压 1500V 及以下电路中的电器称为低压电器。低压电器广泛应用在发电厂、变电所、工矿企业、交通运输和国防工业等电力输配电系统和电力拖动控制系统中。

低压电器能根据外界信号（机械力、电动力和其他物理量），自动或手动接通和断开电路。其作用是实现对电路或非电对象的切换、控制、保护、检测和调节。低压电器可分为手动低压电器和自动低压电器。随着电子技术、自动控制技术和计算机技术的飞速发展，自动电器越来越多，不少传统低压电器将被电子线路所取代。然而，即使是在以计算机为主的工业控制系统中，继电-接触器控制技术仍占有相当重要的地位，因此低压电器是不可能完全被替代的。

6.1.1 低压电器的分类

低压电器的用途广泛、种类繁多、功能多样，其规格、工作原理也各不相同。低压电器可按工作电压和按用途等方法分类，按用途可分为以下几类：

① 控制电器。用于各种控制电路和控制系统的电器。对这类电器的主要技术要求是有一定的通断能力，操作频率要高，电器的机械寿命要长。如接触器、继电器、启动器和各种控制器等。

② 主令电器。用于发送控制指令的电器。对这类电器的主要技术要求是操作频率要高，抗冲击，电器的机械寿命要长。如按钮、主令开关、行程开关和万能转换开关等。

③ 保护电器。用于对电路和用电设备进行保护的电器。对这类电器的主要技术要求是有一定的通断能力，可靠性要高，反应要灵敏。如熔断器、热继电器、电压继电器和电流继电器等。

④ 执行电器。用于完成某种动作和传动功能的电器。如电磁铁、电磁离合器等。

⑤ 配电电器。在供电系统中进行电能输送和分配的电器。对这类电器的主要技术要求是分断能力强，限流效果好，动稳定性能及热稳定性能好。如低压断路器、隔离开关、刀开关、自动开关等。

低压电器还可按使用场合分为一般工业用电器、特殊工矿用电器、安全电器、农用电器和牵引电器等；按操作方式可分为手动电器和自动电器；按工作原理分为电磁式电器、非电量控制电器等。电磁式低压电器是采用电磁现象完成信号检测及工作状态转换的。电磁式低压电器是低压电器中应用最广泛、结构最典型的一类。

6.1.2 低压电器的主要技术参数

(1) 额定电流

① 额定工作电流是在规定的条件下保证电器正常工作的电流。

② 约定发热电流是在规定 8h 工作制下，各部件温度不超过极限值时所承受的最大电流值。

③ 额定持续电流是在规定条件下，电器在长期工作制下，各部件的温升不超过规定极限值时所承受的最大电流值。

(2) 额定电压

① 额定工作电压是在规定的条件下保证电器正常工作的电压。

② 额定绝缘电压是用来衡量电器及其部件绝缘强度、电气间隙和漏电距离的标称电压值。

③ 额定脉冲耐受电压反应电器在其所在系统发生最大过电压时所能耐受的能力。额定绝缘电压和额定脉冲耐受电压共同决定了电器的绝缘水平。

(3) 绝缘强度

绝缘强度是指电气元件的触点处于断开状态时，动静触点之间耐受的电压值。

(4) 耐潮湿性能

耐潮湿性能是指保证电器可靠工作的允许环境潮湿条件。

(5) 极限允许温度

电器的导电部件通过电流时将引起发热和温升。极限允许温度指为防止过度氧化和烧熔而规定的最高温度。

(6) 操作频率和通电持续率

操作频率是指开关电器每小时内可实现的最高操作循环次数。通电持续率是指电器工作与断续周期工作制时负载时间与工作周期之比。

6.2 电磁机构及触点系统

各类电磁式低压电器在结构和工作原理上基本相同。从结构上来看，主要由两部分组成，电磁机构（检测部分）、触点系统（执行部分）。

6.2.1 电磁机构

电磁机构是电磁式低压电器的关键部分，其作用是将电磁能转换成机械能。电磁机构由线圈、铁芯和衔铁组成，其作用是通过电磁感应原理将电磁能转换成机械能，带动触点动作，完成接通或断开电路。电磁式低压电器的触点在线圈未通电状态时有常开（动合）和常闭（动断）两种状态，分别称为常开（动合）触点和常闭（动断）触点。当电磁线圈有电流通过，电磁机构动作时，触点改变原来的状态，常开（动合）触点将闭合，使与其相连电路接通；常闭（动断）触点将断开，使与其相连电路断开。根据衔铁相对铁芯的运动方式，电磁机构可分为直动式和拍合式两种，如图 6-1 所示为直动式电磁机构，图 6-2 所示为拍合式电磁机构，拍合式电磁机构又包括衔铁沿棱角转动和衔铁沿轴转动两种。

吸引线圈的作用是将电能转换为磁场能，按通入电流种类不同吸引线圈可分为直流和交

图 6-1　直动式电磁机构

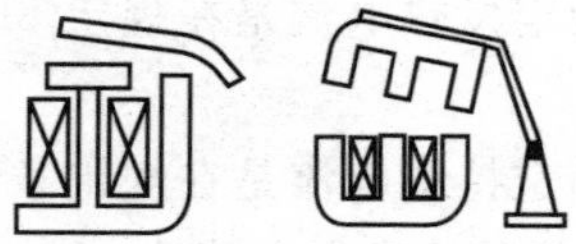

图 6-2　拍合式电磁机构

流线圈。直流线圈一般做成无骨架、高而薄的瘦高型，使线圈与铁芯直接接触，以便散热。交流线圈由于铁芯存在涡流和磁滞损耗，铁芯也会发热，为了改善线圈和铁芯的散热条件，线圈设有骨架，使铁芯与线圈隔离，并将线圈制成短而厚的矮胖型。另外，线圈根据在电路中的连接形式，可分为串联型和并联型。串联型主要用于电流检测类电磁式电器中，大多数电磁式低压电器线圈都按照并联接入方式设计。为了减少对电路的分压作用，串联线圈采用粗导线制造，匝数少，线圈的阻抗较小。并联型为了减少电路的分流作用，需要较大的阻抗，一般线圈的导线细，而匝数多。

(1) 铁芯

直流电磁机构和交流电磁机构的铁芯有所不同。直流电磁机构的铁芯为整体结构，可以增加磁导率和增强散热；交流电磁机构的铁芯采用硅钢片叠制而成，目的是减少铁芯中产生的涡流。交流电磁机构的铁芯有短路环，以防止电流过零时电磁吸力不足使衔铁振荡。

(2) 线圈

① 电流线圈。电流线圈通常串联在主电路中，采用扁铜条带或粗铜线绕制，匝数少，电阻小。衔铁动作与否取决于线圈中电流的大小，衔铁动作不改变线圈中电流的大小。

② 电压线圈。电压线圈通常并联在电路中，采用细铜线绕制，匝数多，阻抗大，流过线圈电流小。

③ 直流电磁机构的线圈。直流电磁机构的线圈形状为瘦高型。

④ 交流电磁机构的线圈。交流电磁机构的线圈形状为矮胖型。

(3) 工作原理

当线圈中有工作电流通过时，通电线圈产生磁场，于是电磁吸力克服弹簧的反作用力使衔铁与铁芯闭合，由连接机构带动相应的触点动作。

(4) 短路环的作用

交流电磁机构一般都有短路环，其作用是将磁通分相，使合成后的吸力在任意时刻都大于反力，消除振动和噪声，如图 6-3 所示。

6.2.2　触点系统

触点是电磁式电器的执行机构，电器就是通过触点的动作来接通或断开被控制电路的，所以要求触点导电导热性能要好。电接触状态就是触点闭合并有工作电流通过时的状态，这时触点的接触电阻大小将影响其工作情况。接触电阻大时触点易发热，温度升高，从而使触点易产生熔焊现象，这样既影响工作的可靠性，又降低了触点的寿命。触点接触电阻的大小主要与触点的接触形式、接触压力、触点材料及触点的表面状况有关。触点的结构形式主要有两种：桥式触点和指形触点。触点的接触形式有点接触、线接触和面接触 3 种。

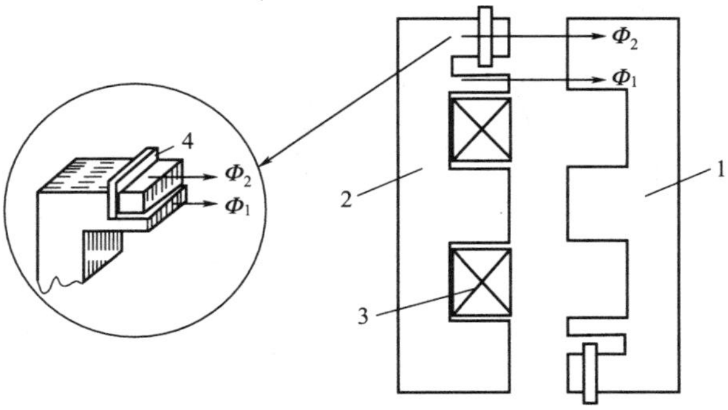

图 6-3　交流电磁铁的短路环

1—衔铁；2—铁芯；3—线圈；4—短路环

(1) 触点的结构形式

如图 6-4 所示为触点的结构简图，图 6-4(a)、图 6-4(b) 为桥式常开（动合）触点的结构。电磁式电器通常同时具有常开（动合）和常闭（动断）两种触点，桥式常闭（动断）触点与桥式常开触点结构及动作对称，一般在常开触点闭合时，常闭触点断开。图中静触点的两个触点串于同一条电路中，当衔铁被吸向铁芯时，与衔铁固定在一起的动触点也随着移动，当与静触点接触时，便使与静触点相连的电路接通。电路的接通与断开由两个触点共同完成，触点的接触形式多为点接触和面接触形式。

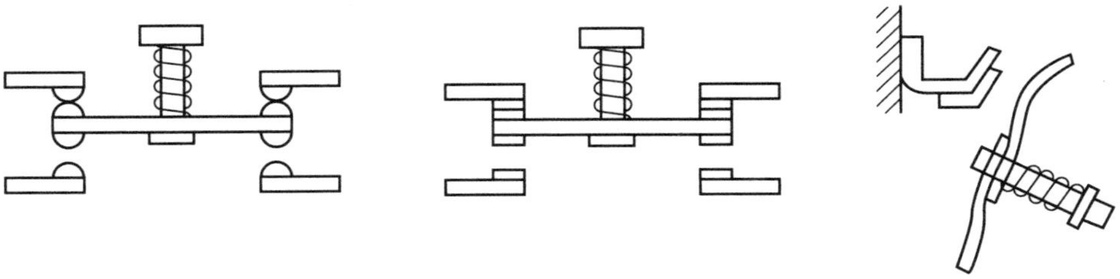

图 6-4　触点的结构形式

如图 6-4(c) 所示为指形触点，触点接通或断开时产生滚动摩擦，能去掉触点表面的氧化膜。触点的接触形式一般为线接触。

(2) 触点的接触形式

触点的接触形式有点接触、线接触和面接触 3 种，如图 6-5 所示。点接触适用于电流不大，触点压力小的场合；线接触适用于接通次数多，电流大的场合；面接触适用于大电流的场合。为了减小接触电阻，可使触点的接触面积增加，从而减小接触电阻。一般在动触点上安装一个触点弹簧。选择电阻系数小的材料，材料的电阻系数越小，接触电阻也越小。改善触点的表面状况，尽量避免或减少触点表面氧化物形成，注意保持触点表面清洁，避免聚集尘埃。

(3) 灭弧原理及装置

触点在通电状态下动、静触点脱离接触时，由于电场的存在，触点表面的自由电子大量

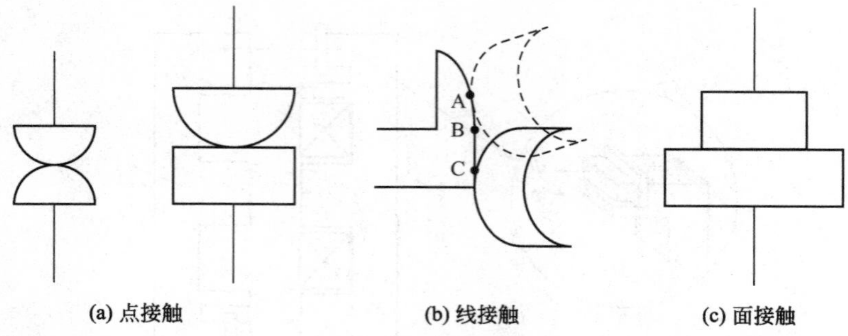

图 6-5 触点的接触形式

溢出，在强电场的作用下，电子运动撞击空气分子，使之电离，阴阳离子的加速运动使触点温度升高而产生热游离，进而产生电弧。电弧的存在既使触点金属表面氧化，降低电气寿命，又延长电路的断开时间，所以必须迅速熄灭电弧。根据电弧产生的机制，迅速使触点间隙增加，拉长电弧长度，降低电场强度，同时增大散热面积，降低电弧温度，使自由电子和空穴复合（即消电离过程）运动加强，可以使电弧快速熄灭。使电弧与冷却介质接触，带走电弧热量，也可使复合运动得以加强，从而使电弧熄灭。常用的灭弧装置有以下几种。

① 电动力吹弧。桥式触点在断开时具有电动力吹弧功能。当触点打开时，在断口中产生电弧，同时也产生如图 6-6 所示的磁场。根据左手定则，电弧电流要受到一个指向外侧的力 F 的作用，使其迅速离开触点而熄灭。这种灭弧方法多用于小容量交流接触器中。

② 磁吹灭弧。如图 6-7 所示，在触点电路中串入吹弧线圈。该线圈产生的磁场由导磁夹板引向触点周围，其方向由右手定则确定，触点间的电弧所产生的磁场，其方向用⊕和⊙表示。在电弧下方两个磁场方向相同（叠加），在电弧上方方向相反（相减），所以弧柱下方的磁场强于上方的磁场。在下方磁场作用下，电弧受力的方向为 F 所指的方向，在 F 的作用下，电弧被吹离触点，经引弧角引进灭弧罩，使电弧熄灭。

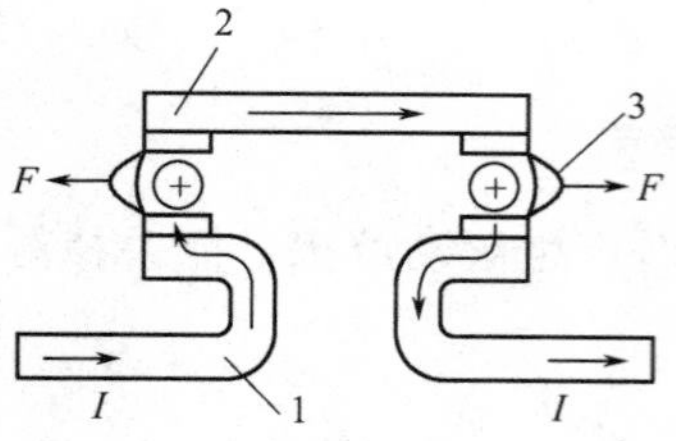

图 6-6 双断口结构的电动力吹弧效应图

1—静触点；2—动触点；3—电弧

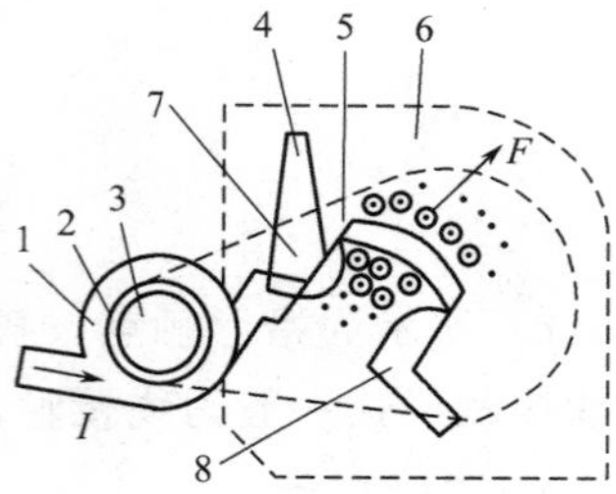

图 6-7 磁吹灭弧示意图

1—磁吹线圈；2—绝缘线圈；3—铁芯；
4—引弧角；5—导磁夹板；6—灭弧罩；
7—静触点；8—动触点

③ 栅片灭弧。如图 6-8 所示，灭弧栅是一组薄钢片，它们彼此间相互绝缘。当电弧进入栅片时被分割成一段一段串联的短弧，而栅片就是这些短弧的电极，这样就使每段短弧上的电压达不到燃弧电压。同时每两片灭弧片之间都有 150～250V 的绝缘强度，使整个灭弧栅的绝缘强度大大加强，以致外加电压无法维持，电弧迅速熄灭。此外，栅片还能吸收电弧

热量，使电弧迅速冷却。基于上述原因，电弧进入栅片后就会很快熄灭。由于栅片灭弧装置的灭弧效果在电流为交流时要比直流时强得多，因此在交流电器中常采用栅片灭弧。

④ 窄缝灭弧。窄缝灭弧室的断面如图 6-9 所示，它是利用灭弧罩的窄缝来实现灭弧的。灭弧罩内有一个或数个纵缝，缝的下部宽上部窄。当触点断开时，电弧在电动力的作用下进入缝内，窄缝可将电弧柱分成若干直径较小的电弧，同时可将电弧直径压缩，使电弧同缝紧密接触，加强冷却和去游离作用，加快电弧的熄灭速度。灭弧罩通常用耐热陶土、石棉水泥或耐热塑料制成。

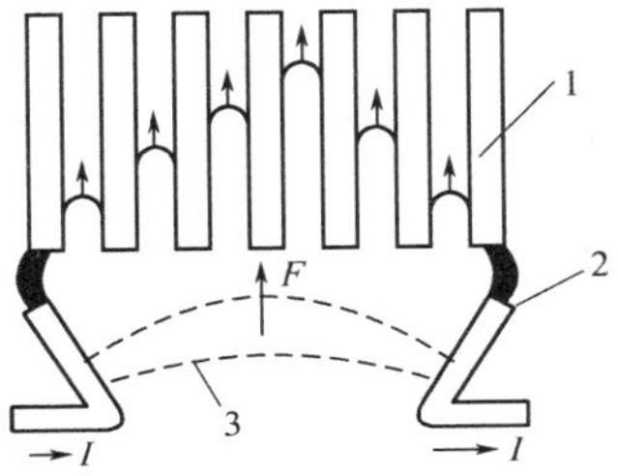

图 6-8　栅片灭弧示意图
1—灭弧栅片；2—触点；3—电弧

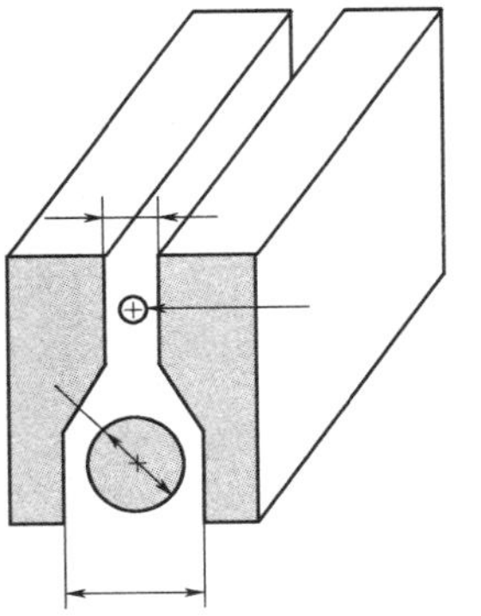
图 6-9　窄缝灭弧室的断面

6.3 主令电器

用来发布命令的电器称为主令电器。主令电器在控制电路中，通过接通或断开控制电路以达到对生产过程控制的目的。使用较多的主令电器有按钮、行程开关和万能转换开关等。

(1) 按钮

人通过按钮发布各种控制命令，使被控装置的状态发生变化。例如启动、停止等。按钮种类繁多，结构形式也各不相同，操作方式各种各样。按钮如图 6-10 所示。按钮被做成各

图 6-10　按钮

种颜色，红色按钮一般用于停止或紧急事故处理，绿色按钮一般用于启动，黄色按钮则一般在系统出现不正常时用于干预等。

（2）行程开关

行程开关的结构与按钮基本相同，不同之处在于其触点是利用机构运行部件来操作的。行程开关根据其动作特点有直动式和旋转式，有自动复位和不能自动复位之分。行程开关如图 6-11 所示。

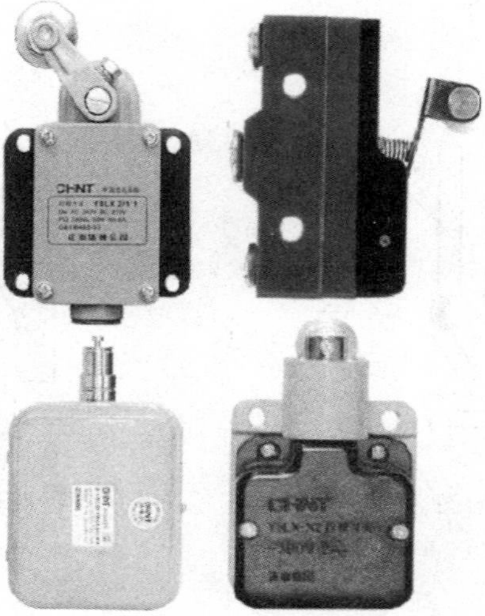

图 6-11　行程开关

（3）万能转换开关

一个系统往往同时存在有多种控制方式可供选择，但其工作时只能是在某一方式下工作，因此就存在一个控制方式切换的问题。在控制系统中这种功能切换通常用转换开关或万能转换开关来完成，万能转换开关如图 6-12 所示，其触点的电流容量都较小，一般不会超过 20A，额定电压一般在 500V 以内。最为常见的 LW6 系列万能转换开关主要适用于交流 50Hz、电压至 380V，直流电压至 220V 的机床控制电路中，用于控制和转换线路。也可用于其他场合控制线路的转换，例如电磁线圈，电气测量仪表等。LW6 系列万能转移开关如图 6-13 所示。

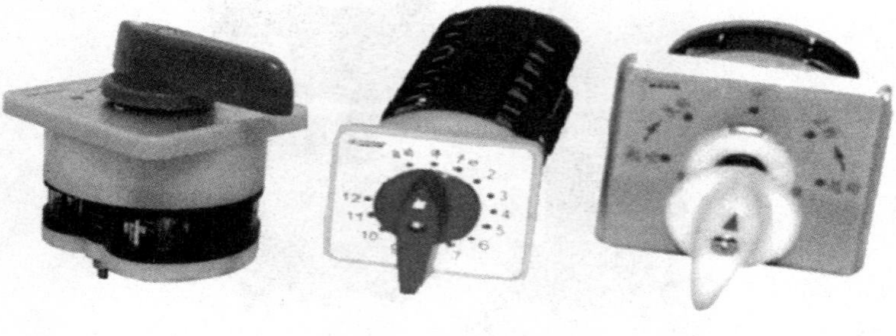

图 6-12　万能转换开关

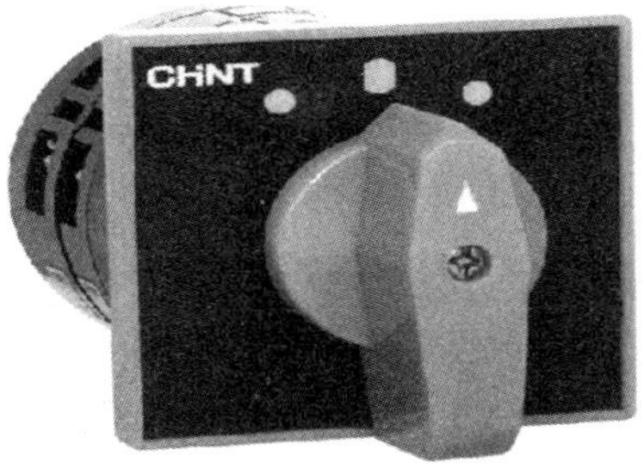

图 6-13　LW6 系列万能转换开关

6.4 低压开关

低压开关在电路中主要用作电源隔离、线路保护与控制等。主要有刀开关、组合开关、低压断路器等。

（1）低压刀开关

刀开关也称为闸刀，是一种结构简单用途广泛的手动电器。在低压电路中作为不频繁接通与分断电路之用，或用来将电路与电源隔离（隔离开关）。

刀开关形式很多。图 6-14 中有两款老式刀开关产品，一款叫开启式负荷开关（简称闸刀），另一款叫封闭式负荷开关（简称铁壳开关）。

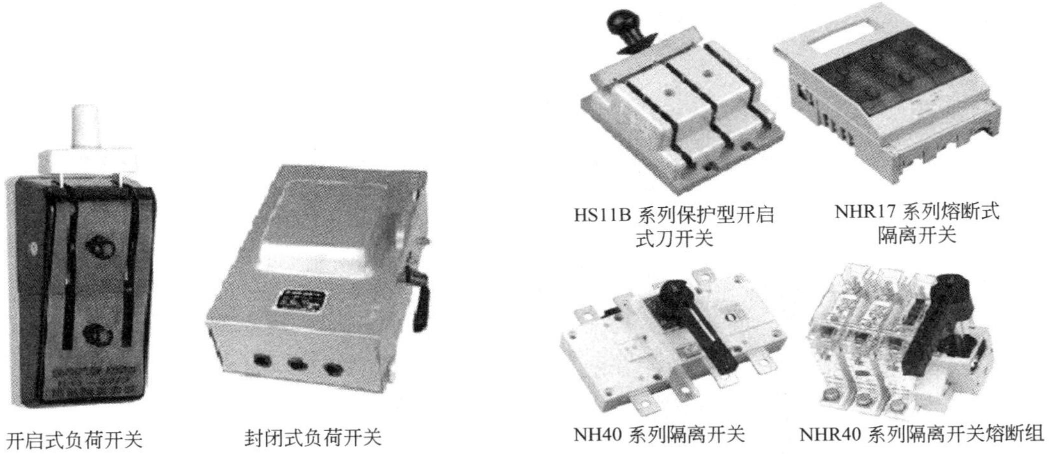

图 6-14　刀开关

① 开启式负荷开关适用于交流 50Hz，额定电压为单相 220V，三相 380V 及以下，额定电流最大至 100A。可作为电路与电源隔离之用，也可用于电灯、电热器以及小功率电动机的不频繁地接通和分断操作，一般自带有熔断器作短路保护之用。

② 封闭式负荷开关适用于额定工作电压 380V，额定工作电流至 600A，频率为 50Hz 的交流电路中，可作手动不频繁地接通分断有负载的电路使用，并对电路有过载和短路保护作

用。其操作机构带有储能合断闸机构，因此动作速度快。

目前常用的新型刀开关种类繁多，常用的如图 6-14 所示。

① HS11B 系列单投和双投保护型刀开关主要用于低压配电设备中，作不频繁地手动接通和切断、隔离电源之用。

② NHR17 系列熔断器式隔离开关额定工作电压至 690V，额定工作电流至 630A，额定频率为 50Hz，适用于有高短路电流的配电电路和电动机电路中，用作电源开关、隔离开关和应急开关，并作电路保护之用，但一般不作为直接开闭单台电动机之用。

③ NH40 系列隔离开关，适用于交流 50Hz，交流额定电压 660V 及以下，直流额定电压 440V 及以下，额定电流至 3150A。在工业企业配电设备中，可供不频繁手动接通和分断电路及隔离电源用。1000A 及以上仅作隔离电源，不能带负载分断电路。

④ NHR40 系列隔离开关熔断器组，适用于交流 50Hz，交流额定电压 660V 及以下，直流额定电压 440V 及以下，额定电流至 630A。在工业企业配电设备中，主要用于有高短路电流的配电电路和电动机电路，可供不频繁手动接通和分断正常负载及隔离电源用。不适合作为启动和断开电动机开关用。

（2）低压断路器

低压断路器也称为空气开关，它既能带负荷通断电路，又能在失压、短路和过载等情况下自动跳闸，在低压配电电路和控制电路中它是一种重要的保护电器。低压断路器的结构形式很多，常见有塑壳式、框架式两大类。框架式主要用于配电电路，在电气控制中通常使用塑壳式断路器，如图 6-15 所示。

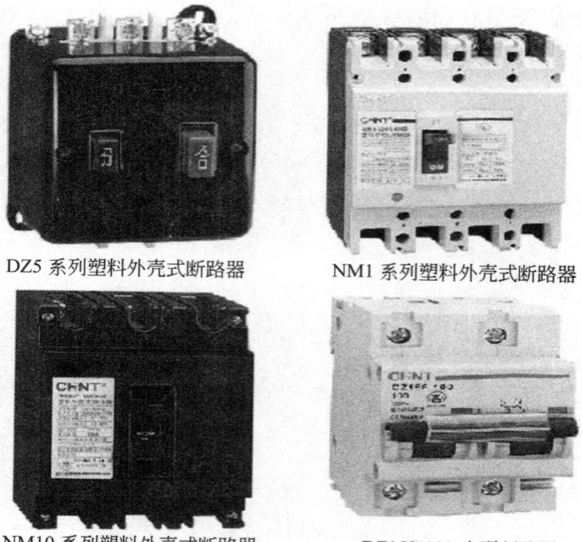

DZ5 系列塑料外壳式断路器　　NM1 系列塑料外壳式断路器

NM10 系列塑料外壳式断路器　　DZ158-100 小型断路器

图 6-15　低压断路器

① DZ5 系列塑料外壳式断路器适用于交流 50Hz、380V，额定电流 0.15～50A 的电路中。保护电动机用断路器用来保护电动机的过载和短路，配电用断路器在配电网络中用来分配电能和作线路及电源设备的过载及短路保护之用，亦可分别作为电动机不频繁启动及线路的不频繁转换之用。

② NM1系列塑料外壳式断路器额定绝缘电压800V，适用于交流50Hz或60Hz，额定工作电压至690V，额定工作电流6～1250A的配电网络电路中，用来分配电能和保护线路及电源设备免受过载、短路、欠电压等故障的损坏。同时也能作为电动机的不频繁启动及过载、短路、欠电压保护。该断路器具有体积小、分断能力高、飞弧短（或无飞弧）等特点。

③ NM10系列塑料外壳式断路器主要适用于不频繁操作的交流50Hz、额定工作电压至380V，额定电流至600A配电网的电路中作接通和分断电路之用，断路器具有过载及短路保护作用，以保护电缆和线路等设备不因过载而损毁。

④ DZ158-100小型断路器具有外形美观小巧，重量轻，性能优良可靠，分断能力较强，脱扣迅速，导轨安装，壳体和部件采用高阻燃及耐冲击塑料，使用寿命长等特点，主要用于交流50Hz，单极、两极230/400V，三、四极400V线路的过载、短路保护，同时也可以在正常情况下不频繁地通断电器装置和照明线路。

6.5 接触器

接触器是一种用来频繁地接通和断开（交、直流）负荷电流的电磁式自动切换电器，主要用于控制电动机、电焊机、电容器组等设备，具有低压释放的保护功能，适用于频繁操作和远距离控制，是电力拖动自动控制系统中使用最广泛的电气元器件之一。

接触器按其分断电流的种类可分为直流接触器和交流接触器；按其主触点的极数可分为单极、双极、三极、四极、五极几种，单极、双极多为直流接触器。

接触器按流过主触点电流性质的不同，可分为交流接触器和直流接触器；而按电磁结构的操作电源不同，可分为交流励磁操作和直流励磁操作的接触器两种。

6.5.1 接触器的结构及工作原理

（1）交流接触器的结构

交流接触器主要由电磁机构、触点系统、灭弧装置和其他辅助部件四大部分组成。结构示意图如图6-16所示。

① 电磁机构。电磁机构由线圈、铁芯和衔铁组成，用于产生电磁吸力，带动触点动作。

② 触点系统。触点分为主触点及辅助触点。主触点用于接通或断开主电路或大电流电路，一般为三极。辅助触点用于控制电路，起控制其他元件接通或断开及电气联锁作用，常用常开、常闭各两对。主触点容量较大，辅助触点容量较小。辅助触点结构上通常常开和常闭是成对的。当线圈得电后，衔铁在电磁吸力的作用下吸向铁芯，同时带动动触点移动，使其与常闭触点的静触点分开，与常开触点的静触点接触，实现常闭触点断开，常开触点闭合。辅助触点不能用来断开主电路。主、辅触点一般采用桥式双断点结构。

③ 灭弧装置。容量较大的接触器都有灭弧装置。对于大容量的接触器，常采用窄缝灭弧及栅片灭弧，对于小容量的接触器，采用电动力吹弧、灭弧罩等。

④ 其他辅助部件。包括反力弹簧、缓冲弹簧、触点压力弹簧、传动机构、支架及底

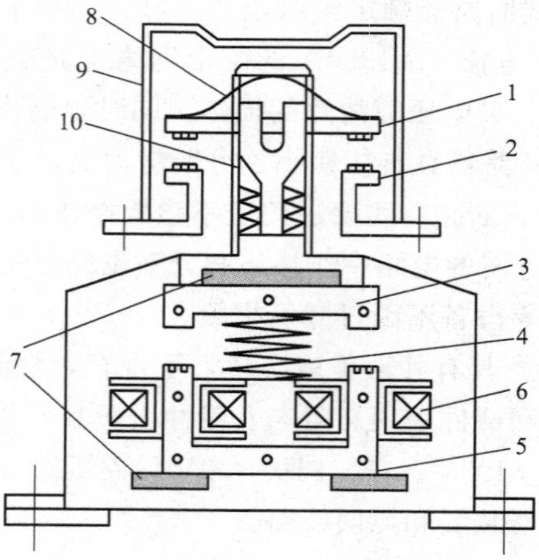

图 6-16　CJ20 系列交流接触器结构示意图

1—动触点；2—静触点；3—衔铁；4—弹簧；5—线圈；6—铁芯；
7—垫毡；8—触点弹簧；9—灭弧罩；10—触点压力弹簧

座等。

(2) 交流接触器的工作原理

接触器的工作原理是：当吸引线圈得电后，线圈电流在铁芯中产生磁通，该磁通对衔铁产生克服复位弹簧反力的电磁吸力，使衔铁带动触点动作。触点动作时，常闭触点先断开，常开触点后闭合。当线圈中的电压值降低到某一数值时（无论是正常控制还是欠电压、失电压故障，一般降至线圈额定电压的 85%），铁芯中的磁通下降，电磁吸力减小，当减小到不足以克服复位弹簧的反力时，衔铁在复位弹簧的反力作用下复位，使主、辅触点的常开触点断开，常闭触点恢复闭合。这也是接触器的失压保护功能。

6.5.2 接触器的型号及主要技术数据

目前，我国常用的交流接触器主要有 CJ20、CJX1、CJX2 和 CJ24 等系列；引进产品应用较多的有德国 BBC 公司的 B 系列，西门子公司的 3TB 和 3TF 系列，法国 TE 公司的 LC1 和 LC2 系列等；常用的直流接触器有 CZ18、CZ21、CZ22、CZ10 和 CZ2 等系列。

CJ20 系列交流接触器的型号含义：

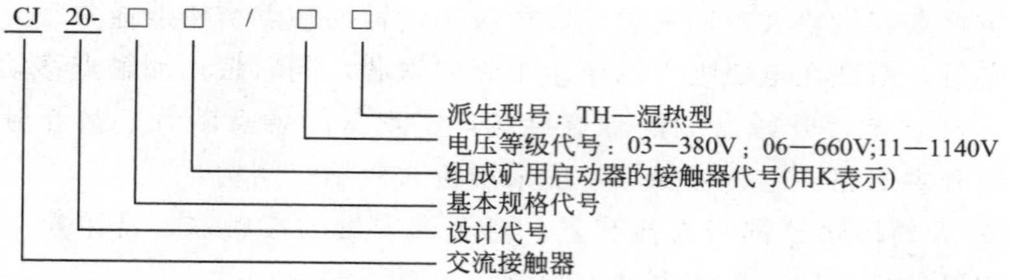

CZ18 系列直流接触器的型号含义：

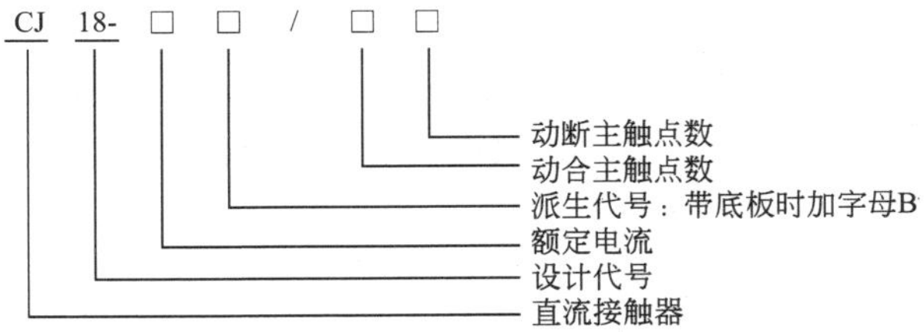

① 额定电压。接触器铭牌上标注的额定电压是指主触点的额定电压。交流接触器常用的额定电压等级有 110V、220V、380V、500V 等；直流接触器常用的额定电压等级有 110V、220V 和 440V。

② 额定电流。接触器铭牌上标注的额定电流是指主触点的额定电流，即允许长期通过的最大电流。交流接触器常用的额定电流等级有 5A、10A、20A、40A、60A、100A、150A、250A、400A 和 600A。

③ 线圈的额定电压。交流接触器线圈常用的额定电压等级有 36V、110V、220V 和 380V；直流接触器线圈常用的额定电压等级有 24V、48V、220V 和 440V。

④ 额定操作频率。指每小时的操作次数（次/h）。交流接触器最高为 600 次/h，而直流接触器最高为 1200 次/h。操作频率直接影响到接触器的电寿命和灭弧罩的工作条件，对于交流接触器还影响到线圈的温升。选用时一般交流负载用交流接触器，直流负载用直流接触器，但交流负载在频繁动作时可采用直流线圈的交流接触器。

⑤ 接通和分断能力。指主触点在规定条件下能可靠地接通和分断电流的值。在此电流值下，接通时主触点不应发生熔焊；分断时主触点不应发生长时间燃弧。电路中超出此电流值的分断任务则由熔断器、自动开关等保护电器承担。另外，接触器还有使用类别的问题，这是由于接触器用于不同负载时，对主触点的接通和分断能力的要求不一样，而接触器类别是根据其不同控制对象（负载）的控制方式所规定的。根据低压电器基本标准的规定，接触器的使用类别比较多，其中，在电力拖动控制系统中，接触器常见的使用类别及其典型用途见表 6-1。

表 6-1　接触器的使用类别及典型用途

电流种类	使用类别代号	典型用途
AC	AC-1 AC-2 AC-3 AC-4	无感或微感负载、电阻炉 绕线式电动机的启动和中断 笼型电动机的启动和中断 笼型电动机的启动、反接制动、反向和点动
DC	DC-1 DC-3 DC-5	无感或微感负载、电阻炉 并励电动机的启动、反接制动、反向和点动 串励电动机的启动、反接制动、反向和点动

接触器的使用类别代号通常标注在产品的铭牌或工作手册中。表 6-1 中要求接触器主触点达到的接通和分断能力为：AC-1 和 DC-1 类允许接通和分断额定电流；AC-2、DC-3 和 DC-5 类允许接通和分断 4 倍的额定电流；AC-3 类允许接通 6 倍的额定电流和分断额定电流；AC-4 类允许接通和分断 6 倍的额定电流。

6.5.3 接触器的图形符号和文字符号

接触器的图形符号和文字符号如图 6-17 所示，要注意的是，在绘制电路图时同一电器必须使用同一文字符号。

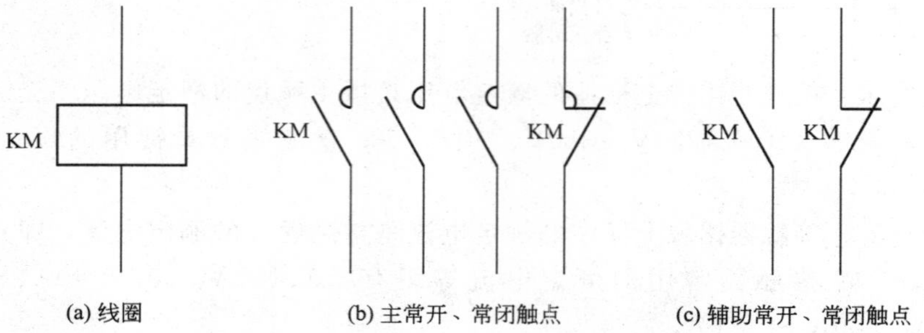

图 6-17 接触器的符号

6.5.4 接触器的选择

① 接触器的类型选择。根据接触器所控制负载的轻重和负载电流的类型，来选择交流接触器或直流接触器。

② 额定电压的选择。接触器的额定电压应大于或等于负载回路的电压。

③ 额定电流的选择。接触器的额定电流应大于或等于被控回路的额定电流。

④ 吸引线圈的额定电压选择。吸引线圈的额定电压应与所接控制电路的额定电压相一致。对简单控制电路可直接选用交流 380V、220V 电压，对复杂、使用电器较多者，应选用 110V 或更低的控制电压。

⑤ 接触器的触点数量、种类选择。接触器的触点数量和种类应根据主电路和控制电路的要求选择。如辅助触点的数量不能满足要求时，可通过增加中间继电器的方法解决。接触器安装前应检查线圈额定电压等技术数据是否与实际相符，并将铁芯极面上的防锈油脂或粘接在极面上的锈垢用汽油擦净，以免多次使用后被油垢粘住，造成接触器断电时不能释放。然后再检查各活动部分（应无卡阻、歪曲现象）和各触点是否接触良好。另外，接触器一般应垂直安装，其倾斜角不得超过 5°。注意不要把螺钉等其他零件掉落到接触器内。

6.6 继电器

继电器是一种根据某种输入信号的变化来接通或断开控制电路，实现自动控制和保护的电器。其输入量可以是电压、电流等电气量，也可以是温度、时间、速度、压力等非电气量。继电器种类很多，常用的有电压继电器、电流继电器、功率继电器、时间继电器、速度继电器、温度继电器等。本节仅介绍电力拖动和自动控制系统常用的继电器。

电磁式继电器是应用得最早、最多的一种继电器，其结构和工作原理与接触器大体相同，也由铁芯、衔铁、线圈、复位弹簧和触点等部分组成。其典型结构如图 6-18 所示。

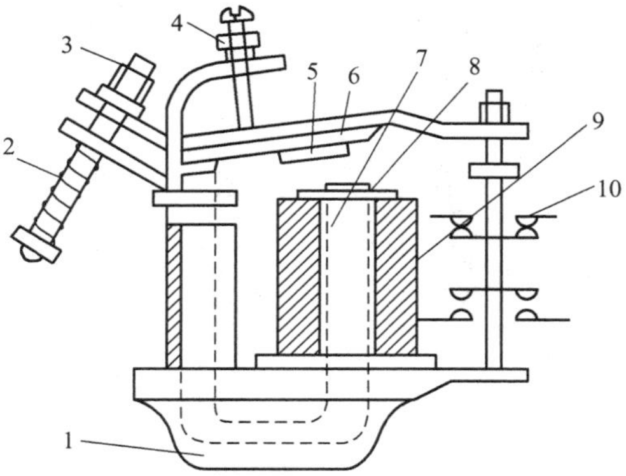

图 6-18 电磁式继电器的典型结构

1—底座；2—反力弹簧；3,4—调节螺钉；5—非磁性垫片；6—衔铁；
7—铁芯；8—极靴；9—电磁线圈；10—触点系统

电磁式继电器按输入信号的性质可分为电磁式电流继电器、电磁式电压继电器和电磁式中间继电器。

(1) 电磁式电流继电器

触点的动作与线圈的电流大小有关的继电器称为电流继电器，如图 6-19 所示，电磁式电流继电器的线圈工作时与被测电路串联，以反应电路中电流的变化而动作。为降低负载效应和对被测量电路参数的影响，其线圈匝数少，导线粗，阻抗小。电流继电器常用于按电流原则控制的场合。如电动机的过载及短路保护、直流电动机的磁场控制及失磁保护。电流继电器又分为过电流继电器和欠电流继电器。

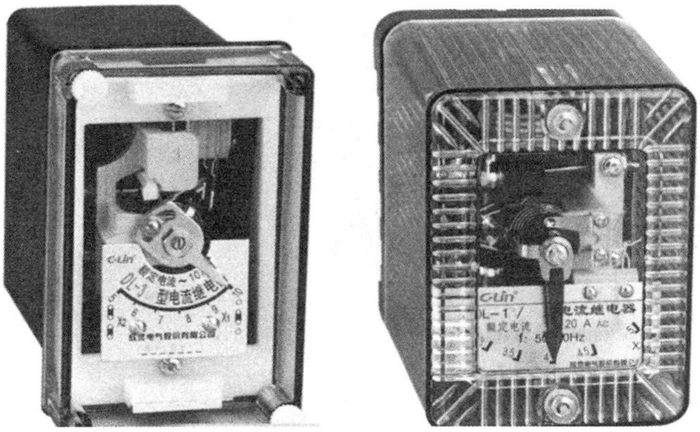

图 6-19 电磁式电流继电器

(2) 电磁式电压继电器

触点的动作与线圈的电压大小有关的继电器称为电压继电器，如图 6-20 所示，主要用于电力拖动系统中的电压保护和控制，使用时电压继电器的线圈与负载并联，其线圈的匝数多、线径细、阻抗大。按线圈电流的种类可分为交流型和直流型；按吸合电压相对额定电压的大小又分为过电压继电器和欠电压继电器。

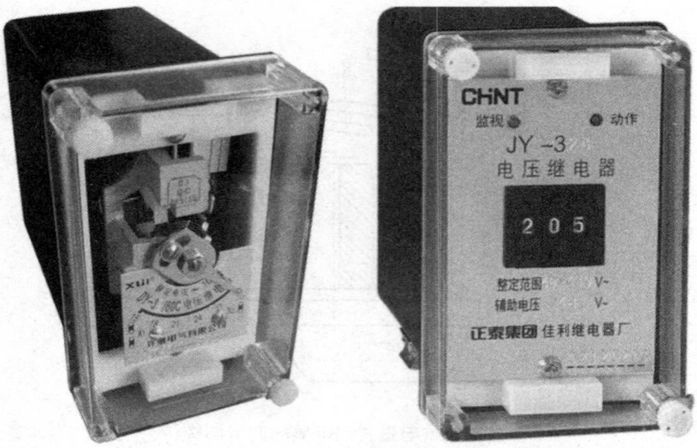

图 6-20 电磁式电压继电器

(3) 电磁式中间继电器

中间继电器的吸引线圈属于电压线圈，但它的触点数量较多（一般有 4 对常开、4 对常闭），触点容量较大（额定电流为 5～10A），且动作灵敏，如图 6-21 所示。其主要用途是当其他继电器的触点数量或触点容量不够时，可借助中间继电器来扩大触点容量（触点并联）或触点数量，起到中间转换的作用。电磁式继电器在运行前，须将它的吸合值和释放值调整到控制系统所要求的范围内。

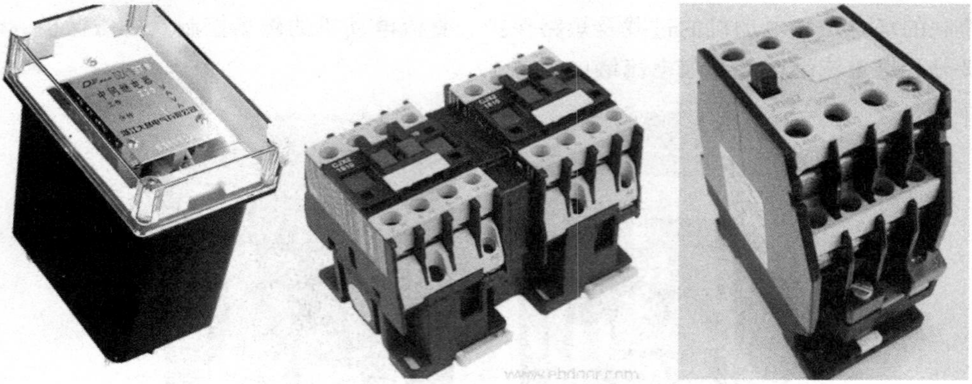

图 6-21 电磁式中间继电器

(4) 电磁式时间继电器

时间继电器如图 6-22 所示，是一种当加上或除去输入信号时，其输出部分（一般为触点）需要经过延时或限时到规定的时间才闭合或断开其被控线路的继电器，有通电延时与失电延时之分。电磁式时间继电器在运行前，须将它的动作时限调整到整定值。

(5) 速度继电器

速度继电器如图 6-23 所示，它是利用电磁感应原理工作的感应式电器，其触点根据转速的大小动作，常常用于电机的反接制动，如车床主轴、铣床主轴等。因此有时也将其称为反接制动继电器。

图 6-22 电磁式时间继电器

图 6-23 速度继电器

感应式速度继电器工作原理如图 6-24 所示。它是靠电磁感应原理实现触点动作的。从结构上看，与交流电机相类似，速度继电器主要由定子、转子和触点三部分组成。定子的结构与笼型异步电动机相似，是一个笼型空心圆环，由硅钢片冲压而成，并装有笼型绕组。转子是一个圆柱形永久磁铁。速度继电器的轴与电动机的轴相连接。转子固定在轴上，定子与轴同心。当电动机转动时，速度继电器的转子随之转动，绕组切割磁场产生感应电动势和电流，此电流和永久磁铁的磁场作用产生转矩，使定子向轴的转动方向偏摆，通过定子柄拨动触点，使常闭触点断开、常开触点闭合。当电动机转速下降到接近零时，转矩减小，定子柄在弹簧力的作用下恢复原位，触点也复原。速度继电器有两对常开、常闭触点，分别对应于

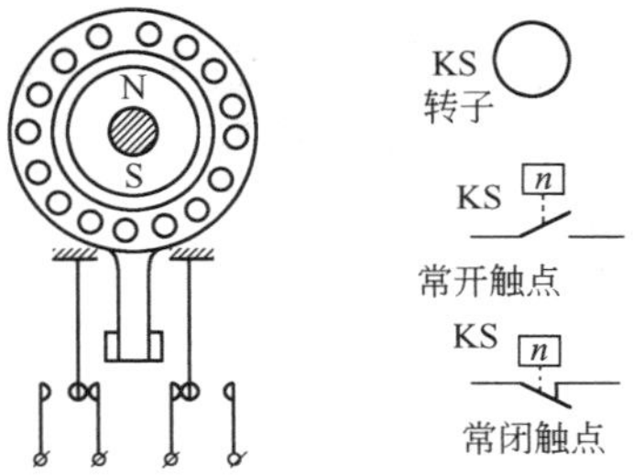

图 6-24 速度继电器结构

被控电动机的正、反转运行。一般情况下，速度继电器的触点在转速达 120r/min 时能动作，100r/min 左右时能恢复正常位置。

(6) 压力继电器

压力继电器用于机械设备的液压或气压控制系统中，它能根据压力的变化情况决定触点的接通或断开。压力继电器主要用于安全保护、控制执行元件的顺序动作、泵的启闭、泵的卸荷等。

压力继电器种类较多，有柱塞式、膜片式、弹簧管式和波纹管式四种。如图 6-25 所示为柱塞式压力继电器结构示意图。柱塞式压力继电器由柱塞、调节旋钮、微动开关和弹簧等组成，当进油口进入的液体压力达到调定压力值时推动柱塞移动，此移动位移经过杠杆放大后推动微动开关动作。通过调节旋钮可以改变弹簧的压缩量，从而达到调节继电器的动作压力的目的。

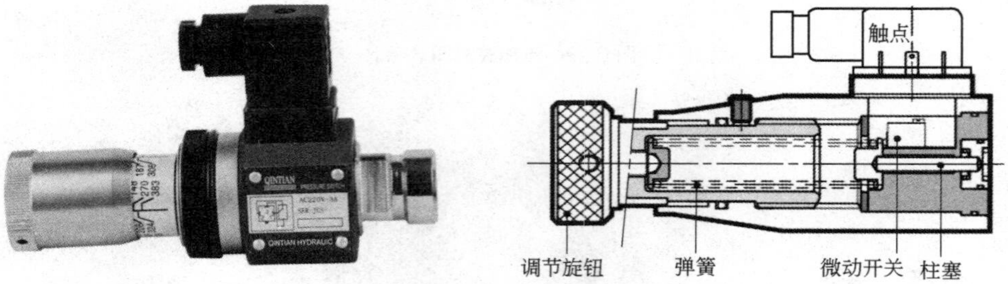

图 6-25　压力继电器

(7) 热继电器

热继电器如图 6-26 所示，可对连续运行的电动机实施过载及断相保护，可防止因过热而损坏电动机的绝缘材料。由于热继电器中发热元件有热惯性，在电路中不能作瞬时过载保护，更不能作短路保护，因此，它不同于过电流继电器和熔断器。热继电器按相数来分，有单相、两相和三相 3 种类型，每种类型按发热元件的额定电流又有不同的规格和型号。三相式热继电器常用于三相交流电动机的过载保护。按功能三相式热继电器可分为带断相保护和不带断相保护两种类型。

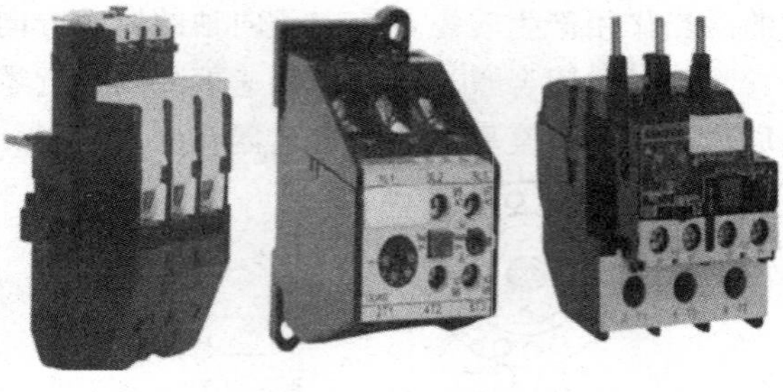

图 6-26　热继电器

(8) 电磁式继电器

电磁式继电器一般图形符号和文字符号如图 6-27 所示。

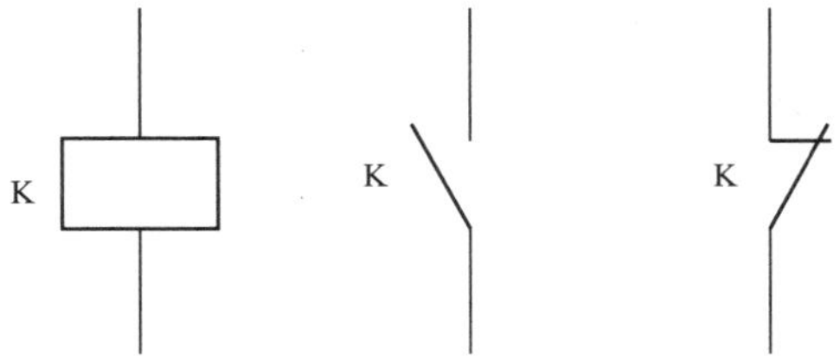

(a) 线圈　(b) 常开触点　(c) 常闭触点

图 6-27　电磁式继电器图形及文字符号

6.7 常用低压电器的维修及故障处理

(1) 触点故障维修及调整

触点故障一般有触点过热、磨损、熔焊。

① 开外盖，检查触点表面氧化情况，注意其内有无污垢。

a. 由于银触点的氧化层的导电率和纯银不相上下，所以银触点氧化时可不作处理。

b. 铜触点如有氧化层，要用小刀轻轻地刮去其表面上的氧化层。

c. 如触点沾有污垢，要用汽油或四氯化碳将其清洗干净。

② 观察触点表面有无灼伤烧毛现象。如有烧毛现象，要用小刀或什锦锉整修毛面。整修时不必将触点表面修整得过分光滑，因为过分光滑会使触点接触面减小，不允许用砂布或砂纸来整修触点的毛面。

③ 触点如有熔焊，应更换触点。如因触点容量不够而产生熔焊，更换时应选容量大一些的电器。

④ 检查触点的磨损情况，若磨损到原厚度的 1/3～1/2 时应更换触点。

⑤ 检查触点有无机械损伤使弹簧变形，造成压力不够。若有情况，应调整其压力，使触点接触良好。

用纸条测定压力，将一条比触点稍宽一些的稿件纸条放在动静触点之间，若纸条很容易拉出，说明触点的压力不够，如果通过调整仍达不到压力要求，则要更换弹簧。

(2) 电磁系统的故障维修

① 衔铁噪声大：修理时，应拆下线圈，检查动、静铁芯之间的接触面是否平整，有无污染。若不平整应锉平或磨平，如有油污要进行清洗。

若动铁芯歪斜或松动，应加以校正或紧固。

检查短路环有无断裂，如出现断裂应按原尺寸用铜块制好换上，或将粗铜丝敲成方截面，按原尺寸做好，在接口处气焊修平即可。

② 线圈故障检修：线圈的主要故障是由于所通过的电流过大导致过热或烧损。

这类故障通常是由于线圈绝缘损坏，或受机械损伤形成匝间短路或接地；对于交流类控制电器，电源电压过低，动静铁芯接触不紧密，也能使线圈电流过大。

a. 衔铁吸不上：当线圈接通电源后，衔铁不能被铁芯吸合时，应立即切断电源，以免线圈烧毁。

b. 若线圈通电后无振动和噪声，要检查线圈引出线连接处有无脱落，用万用表检查线圈是否断线或烧毁。

c. 通电后若有振动和噪声，应检查活动部分是否被卡住，静动铁芯之间是否有异物，电源电压是否过低。

（3）常用电器故障的检修

① 接触器的故障检修

a. 触点断相：由于某相触点接触不好或连接螺钉松脱，使电动机缺相运行，此时电动机虽能转动，但发出嗡嗡声。

b. 触点熔焊：当按下“停止”按钮，电动机不停，并发出嗡嗡声，此类故障是由于两相或三相触点因过载电流大而引起的熔焊现象。

c. 接触器的维护：要定期检查接触器各部件的工作情况，零部件如有损坏要及时更换或修理；接触器的可动部分不卡住，活动要灵活，紧固件无松脱；接触器的触点表面烧毛时，要及时修整，触点严重磨损时，应及时更换。

d. 灭弧罩如有破裂，应及时更换，原来带有灭弧罩的接触器决不允许不带灭弧罩使用，以防止短路故障。

② 热继电器的故障。热继电器的故障主要有热元件烧毁、误动作和不动作。

a. 热元件烧断 ：若电动机不启动或启动时有嗡嗡声，可能是热继电器的电阻丝烧掉。发生此类故障的原因是热继电器的动作频率过高，或负载侧发生短路，在此情况时，应切断电源，检查电路，排除短路故障后，更换热继电器。更换后要重新调整整定值。

b. 热继电器误动作：这种故障原因一般有以下几种，整定值偏小，以致未过载就动作；电动机启动时间过长，使热继电器在启动过程中动作；热继电器操作频率太高，使用热继电器经常受冲击电流的冲击；使用场合有较强振动，使其动作机构松动而脱扣。

c. 热继电器不动作：这种故障通常是电流整定值偏大，以致过载很久，仍不动作。处理方法是根据负载工作电流重新整定动作电流值。

d. 热继电器的维护：热继电器要定期整定，校验其可靠性；热继电器动作脱扣，应待双金属片冷却后再复位，按复位按钮用力不能过猛，否则会损坏操作规程机构。

③ 时间继电器故障检修

a. 故障原因：由于空气室经过拆卸再重装时，密封不严或漏气，会使其动作时间缩短，甚至不延时；若通气道进入了灰尘，造成堵塞，时间继电器的动作会延长。

b. 处理方法：前者要重新装配空气室，如橡皮膜损坏或老化则应予以更换；后者要拆开气室，清除空气内灰尘，故障即可排除。

④ 自动开关故障及处理。故障现象 ：手动操作自动开关，触点不闭合。

a. 失压脱扣器无电压或线圈断路。检查线路电压，更换线圈。

b. 储能弹簧变形。触点闭合力不够，更换储能弹簧。

c. 反作用弹簧力过大，重新调整。

⑤ 继电器常见的故障类型及诊断

a. 触点电蚀。触点切换的负载多是感性的，在断开感性负载的瞬间，它积蓄的磁能会在触点两端产生很高的反电势，击穿触点间的气隙形成火花，产生电蚀，造成接触面凹陷，引起接触不良，或是将两触点粘在一起不能分离，从而造成短路。防止触点间的电蚀可以采用设置电阻灭火花电路、设置阻容灭火花电路等措施实现。

b. 触点积尘。灰尘、污垢会在继电器的触点上沉积，会使触点表面生成一层黑色的氧化膜，导致继电器接触不良，因此需要定期对触点进行清洗，可以采用四氯化碳液体，这样能够保证触点的良好接触性能。

本章小结

本章主要介绍在电力拖动系统和自动控制系统中常用的且发挥重要作用的一些低压电器，主令电器、接触器、继电器、低压开关等的结构、工作原理、选用原则、维修及故障处理等内容，以便为学习电气控制系统及可编程控制器控制系统打下基础。

思考与练习

1. 常开与常闭触点如何区分？

2. 既然在电动机的主电路中装有熔断器，为什么还要装热继电器？装有热继电器是否就可以不装熔断器？为什么？

3. 接触器的作用是什么？根据结构特征如何区分交流、直流接触器？

4. 是否可以用过电流继电器作电动机的过载保护？为什么？

第7章

变压器

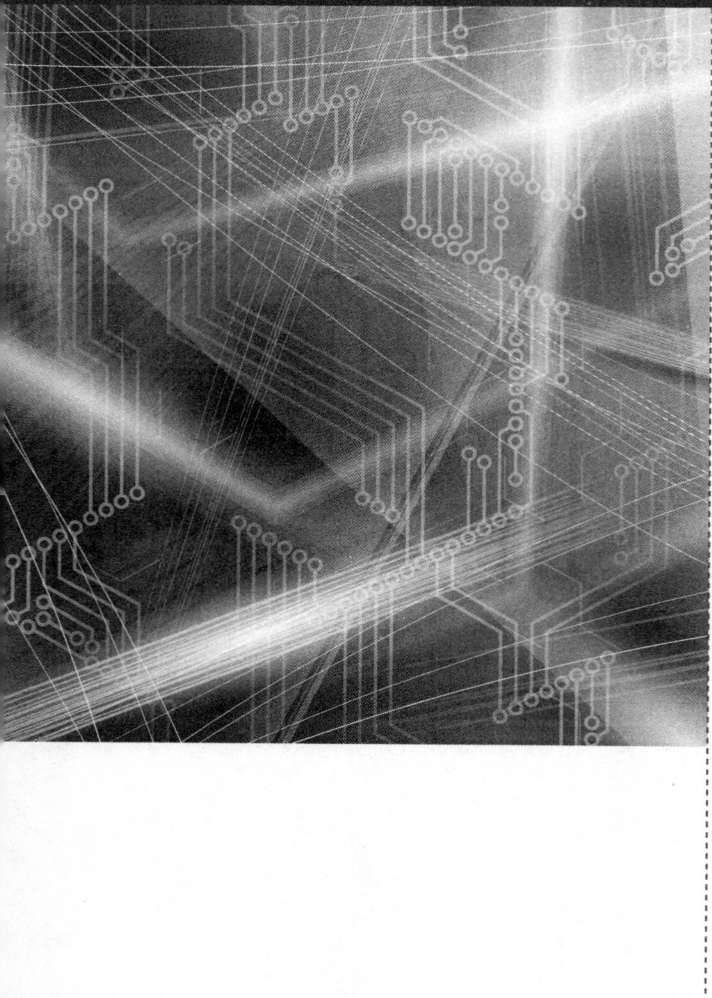

学习指导

变压器是一种静止的电气设备，它利用电磁感应原理变换电能。按用途，变压器可分为电力变压器、特种变压器和仪用互感器。

本章主要介绍电力变压器的结构与工作原理，电力变压器的运行，互感器的作用及使用注意事项等，使读者能较全面地学习变压器的相关知识和技能。

7.1 电力变压器

电力变压器是变电所中最关键的设备，它利用电磁感应原理将一种电压等级的交流电转变成同频率的另一种电压等级的交流电。

7.1.1 电力变压器的结构与工作原理

(1) 电力变压器的结构

电力变压器的典型结构如图 7-1、图 7-2、图 7-3 所示。

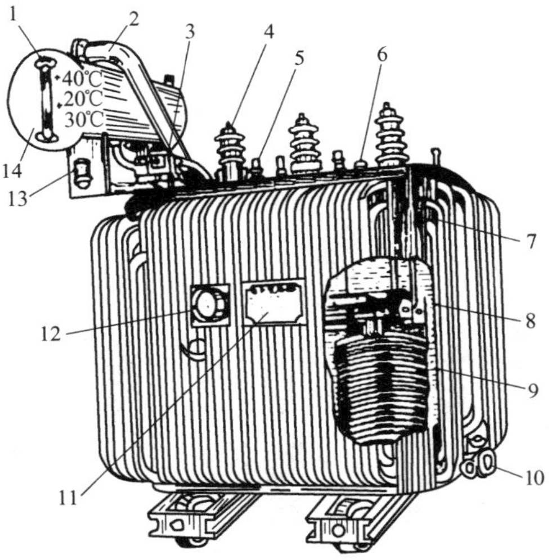

图 7-1 老式中小型油浸式电力变压器

1—油位计；2—安全气道；3—气体继电器；4—高压套管；5—低压套管；6—分接开关；7—油箱；8—铁芯；9—绕组及绝缘；10—放油阀门；11—铭牌；12—信号式温度计；13—吸潮器；14—储油柜

① 铁芯

a. 铁芯结构。铁芯是变压器的磁路部分，由铁芯柱和铁轭两部分组成，绕组套装在铁芯柱上，铁轭用来使整个磁路闭合。铁芯的结构一般分为心式和壳式两类。我国电力变压器主要采用心式铁芯，只有一些特种变压器（如电炉变压器）采用壳式铁芯。近年来，大量节能型配电变压器均采用卷铁芯结构，如图 7-4 所示。

b. 铁芯材料。由于铁芯是变压器的磁路，故要求其材料导磁性能好，铁损小。变压器铁芯采用硅钢片叠制而成。国产变压器均采用冷轧硅钢片。冷轧硅钢片的厚度有 0.35mm、0.30mm、0.27mm 等多种。

② 绕组。绕组是变压器的电路部分，一般用绝缘纸包的铜线绕制而成。按照高、低压绕组排列方式的不同，绕组分为同心式、交叠式两种。对于同心式绕组，为便于绕组和铁芯

(a) 全密封变压器

1—油位计； 2—分接开关； 3—套管；
4—防爆阀； 5—散热片； 6—油箱

(b) 普通变压器

1—油枕； 2—气体继电器； 3—套管； 4—散热片

图 7-2 新式中小型油浸式电力变压器

图 7-3 大型电力变压器

1—电容型套管；2—冷却风扇；3—潜油泵

绝缘，通常将低压绕组靠近铁芯柱。对于交叠式绕组，为减小绝缘距离，通常将低压绕组靠近铁轭。

③ 绝缘。变压器内部的绝缘材料有变压器油、绝缘纸板、电缆纸、皱纹纸等。

④ 分接开关。为保证输出电压质量，要求电力变压器必须具有电压调整功能。

目前，变压器调整电压的方法是在其某一侧绕组上设置分接，通过切除或增加该侧绕组的匝数改变电压比，从而进行有级电压调整的方法。这种变换分接以进行调压所采用的开关，称为分接开关。

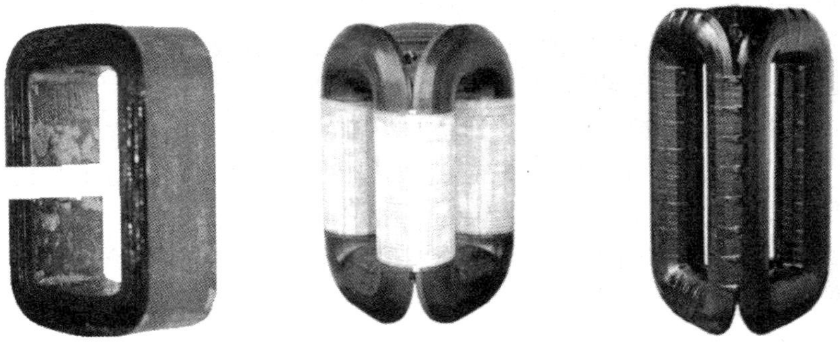

(a) 单相卷铁芯　　(b) 三相卷铁芯（三角形）

图 7-4　卷铁芯结构

一般情况下是在高压绕组上抽出适当的分接。这是因为高压绕组常套在外面，引出分接方便；同时高压侧电流小，分接引线和分接开关的载流部分截面小，开关接触触点也较容易制造。

变压器二次不带负载，一次也与电网断开的调压，称为无励磁调压或无载调压；带负载进行变换绕组分接的调压，称为有载调压。

⑤ 油箱。油箱是油浸式变压器的外壳，变压器的器身置于油箱内，箱内灌满变压器油。根据变压器的大小，油箱结构分为吊器身式和吊箱壳式两种。

吊器身式油箱多用于 6300kV·A 及以下的变压器，其箱沿设在顶部，检修时将器身吊起。吊箱壳式油箱多用于 8000kV·A 及以上的变压器，其箱沿设在下部，上节箱身做成钟罩形，故又称钟罩式油箱，检修时无须吊起器身，将上节箱身吊起即可。

⑥ 冷却装置。变压器的冷却装置主要起散热作用，根据变压器容量大小不同，采用不同的冷却装置。

a. 对于小容量的变压器，绕组和铁芯所产生的热量经过变压器油与油箱内壁的接触，以及油箱外壁与外界冷空气的接触而自然地散热冷却，无需任何附加的冷却装置。

b. 若变压器容量稍大些，可以在油箱外壁上焊接散热管，以增大散热面积。

c. 对于容量更大的变压器，则应安装冷却风扇，以增强冷却效果。

d. 当变压器容量在 50000kV·A 及以上时，采用强迫油循环水冷却器或强迫油循环风冷却器。

⑦ 储油柜（又称油枕）。储油柜位于变压器油箱上方，通过气体继电器与油箱相通。

当变压器的油温变化时，其体积会膨胀或收缩。储油柜的作用就是保证油箱内总是充满油，并减小油面与空气的接触面，从而减缓油的老化。一般变压器在正常运行时，储油柜油位应该在油位计 1/4～3/4 之间的位置。对于全密封变压器就不再设储油柜了，只在油箱盖上装油位管以监视油位。

⑧ 防爆管（或防爆阀）。防爆管位于变压器的顶盖上，其出口用玻璃防爆膜封住。当变压器内部发生严重故障，而气体继电器失灵时，油箱内部的气体便冲破防爆膜从安全气道喷出，保护变压器不受严重损害。

由于玻璃式防爆管易碎，不利于维护，近年来已逐步淘汰，取而代之的是防爆阀，又称压力释放阀。

⑨ 吸湿器。为使储油柜内的上部空气保持干燥和避免工业粉尘的污染，油枕通过吸湿器与大气相通。吸湿器内装有用氯化钙或氯化钴浸渍过的硅胶，它能吸收空气中的水分。当它受潮到一定程度时，其颜色由淡蓝变为白色、粉红色。

⑩ 气体继电器。气体继电器位于储油柜与箱盖的连通管之间。在变压器内部发生故障（如绝缘击穿、相间短路、匝间短路、铁芯事故等）产生气体时，接通信号或跳闸回路，进行报警或跳闸，以保护变压器。

⑪ 绝缘套管。变压器内部的高、低压引线是经绝缘套管引到油箱外部的，它起着固定引线和对地绝缘的作用。

(2) 电力变压器的工作原理

变压器是根据电磁感应原理工作的。图 7-5 是单相变压器的原理图。

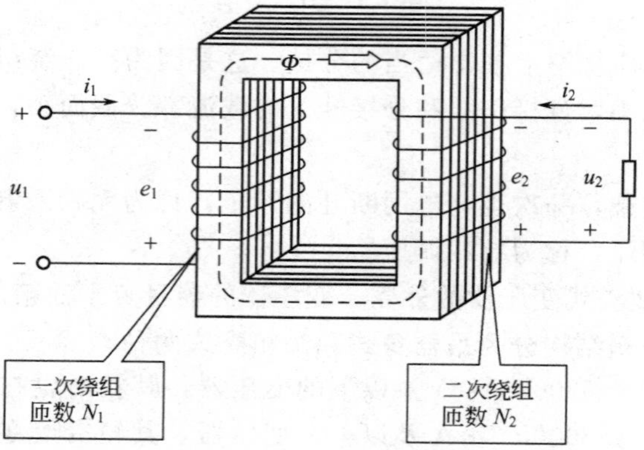

图 7-5 单相变压器原理图

根据电磁感应定律可得：

一次侧绕组感应电势为：
$$E_1=4.44fN_1\Phi_m \tag{7-1}$$

二次侧绕组感应电势为：
$$E_2=4.44fN_2\Phi_m \tag{7-2}$$

于是
$$\frac{E_1}{E_2}=\frac{N_1}{N_2} \tag{7-3}$$

由于变压器一、二次侧的漏电抗和电阻较小，电流流过时产生的漏电抗压降和电阻压降也比较小，可忽略不计，故可近似认为：$U_1=E_1$，$U_2=E_2$。于是：

$$\frac{U_1}{U_2}=\frac{E_1}{E_2}=\frac{N_1}{N_2}=K \tag{7-4}$$

式中，K 为变压器的变比。

变压器一、二次侧电压之比与绕组的匝数比成正比，绕组匝数多的一边电压高，匝数少的一边电压低。

如忽略变压器的内部损耗，可认为电压器的二次输出功率与一次输入功率相等，即

$$U_1I_1=U_2I_2 \tag{7-5}$$

式中，I_1、I_2 为变压器一、二次侧电流的有效值。于是可得

$$\frac{I_1}{I_2}=\frac{U_2}{U_1}=\frac{N_2}{N_1}=\frac{1}{K} \tag{7-6}$$

由式（7-6）可见，变压器一、二次电流之比与一、二次绕组的匝数比成反比，即变压

器绕组匝数多的一侧电流小，匝数少的一侧电流大。

(3) 电力变压器的型号与技术参数

① 类型。电力变压器按功用分，有升压变压器和降压变压器两大类，发电厂通常采用升压变压器，用户变电所都采用降压变压器。

电力变压器按相数分，有单相和三相两大类，用户变电所通常都采用三相变压器，当单台变压器容量太大，制造和运输不便时则采用单相变压器。

电力变压器按绕组导体材质分，有铜绕组变压器和铝绕组变压器两大类。用户变电所以往大多采用价格较低的铝绕组变压器，如 SL7 型，现在一般采用更为节能的 S9、SC9 等系列铜绕组变压器。

电力变压器按绕组形式分，有双绕组变压器、三绕组变压器和自耦变压器三类。

电力变压器按绕组绝缘分，有油浸式、树脂绝缘干式和充气式（SF6）变压器等。用户变电所大多采用油浸式变压器，近年来，树脂绝缘干式变压器应用也日益增多，高层建筑中的变电所一般采用干式变压器或充气式变压器。充气（SF6）变压器一般用于成套变电所。

电力变压器按结构性能分，有普通变压器、全密封变压器和防雷变压器等。用户变电所大多采用普通变压器。全密封变压器具有全密封结构，维护安全方便，在高层建筑中应用较广。防雷变压器，适用于多雷地区用户变电所使用。

② 额定电压 U_N。电力变压器的额定电压指线电压（有效值），它应与所连接的电力线路电压相符合。

电力变压器一次额定电压分两种情况：a. 当变压器直接与发电机相连时，其一次额定电压与发电机额定电压相同，即高于同级电网额定电压 5%；b. 当变压器不与发电机相连时，可视为线路用电设备，其一次额定电压与相连线路的额定电压相同。

电力变压器二次额定电压也分两种情况：a. 变压器二次供电线路较长时，其二次额定电压比相连线路的额定电压高 10%；b. 变压器二次供电线路不长时，其二次额定电压比相连线路的额定电压高 5%。

③ 额定容量 S_N。电力变压器的额定容量是指在规定的环境温度条件下，规定的使用年限内，变压器能连续输出的最大视在功率（kV·A）。对于三相变压器，额定容量为三相容量之和，$S_N=3U_PI_P=\sqrt{3}U_NI_N$。

④ 额定电流 I_N。电力变压器的额定电流为通过绕组线端的电流，即为线电压（有效值）。

对于单相变压器，一、二次侧额定电流为：

$$I_N=\frac{S_N}{U_N} \tag{7-7}$$

式中，S_N 为变压器的额定容量；U_N 分别为变压器一、二次额定电压。

对于三相变压器，一、二次侧额定电流为：

$$I_N=\frac{S_N}{\sqrt{3}U_N} \tag{7-8}$$

三相变压器绕组为 Y 连接时，线电流为绕组相电流；D 连接时，线电流为$\sqrt{3}$倍的绕组相电流。

⑤ 变压器的极性。在使用变压器时，要注意绕组的正确连接方式，否则变压器不仅不

能正常工作，甚至可能被烧坏。因此，要确定绕组（线圈）的同极性端，以便对绕组正确连接。所谓绕组的同极性端，是指当电流从两个线圈的同极性端流入或流出时，产生的磁通方向相同。

⑥ 变压器的连接组别。电力变压器的连接组别，指变压器一、二次绕组因采取不同的连接方式而形成一、二次侧对应线电压之间的不同相位关系。常用的连接组别有 Yyn0、Dyn11、Yzn11（防雷变压器）、Yd11、YNd11 等。

6～10kV 配电变压器（二次侧电压为 220/380V）有 Yyn0 和 Dyn11 两种常用的连接组别。

a. Yyn0，如图 7-6 所示。

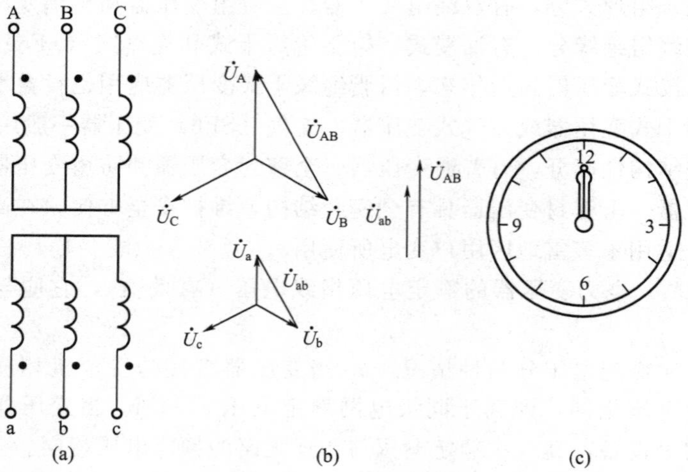

图 7-6　Yyn0 接线图

其一次绕组采用星形连接，二次绕组为带中性线的星形连接，线路中可能会有 $3n$（$n=1$、2、3…）次谐波电流注入公共的高压电网中；其中性线的电流规定不能超过相线电流的 25%。

b. Dyn11，如图 7-7 所示。

采用 Dyn11 的优点：

(a) 有利于抑制高次谐波，尤其是 $3n$ 次谐波（其一次绕组为△形连接，$3n$ 次谐波电流在△绕组中形成环流，不致注入公共电网）。

(b) 零序阻抗小，有利于低压侧单相接地短路的保护和切除。

(c) 允许中性线电流达到相线电流的 75%以上，扩大了低压配电的范围。

c. Yzn11 防雷变压器，如图 7-8 所示。

其一次绕组采用星形连接，二次绕组分成两个匝数相同的绕组，并采用曲折形（Z）连接，在同一铁芯柱上的两半个绕组的电流正好反相，磁动势相互抵消。若雷电过电压沿二次侧线路侵入时，此过电压不会感应到一次侧线路上；同样的，如雷电过电压沿一次侧线路侵入，二次侧也不会出现过电压。

⑦ 调压范围。

无载调压：调压范围为额定电压的±5%或±2×2.5%。

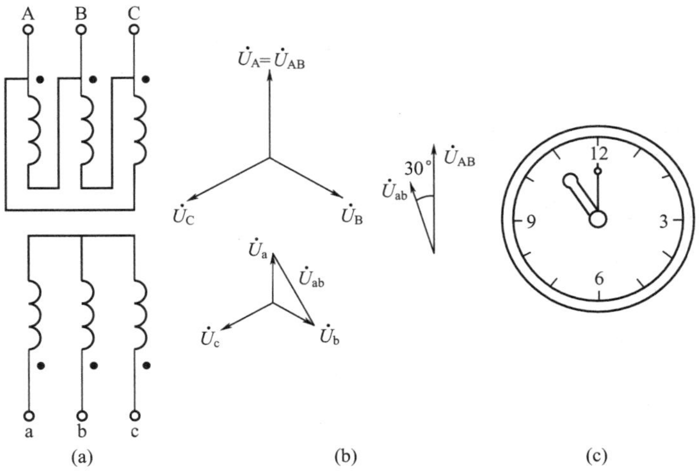

图 7-7 Dyn11 接线图

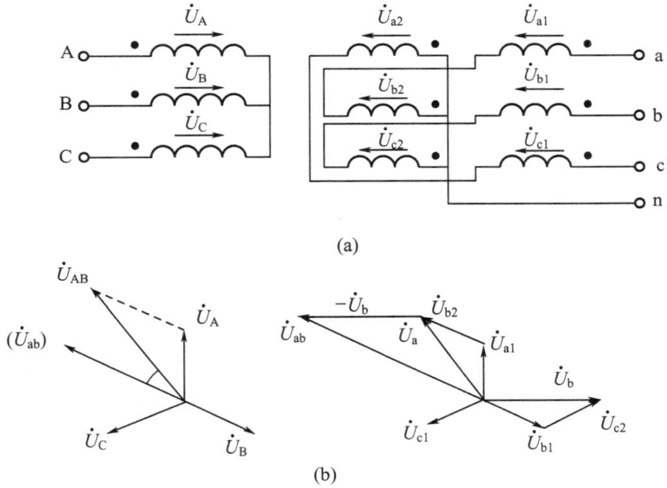

图 7-8 Yzn11 接线图

有载调压：调压范围为额定电压的±3×2.5%或±4×2.5%。

⑧ 空载电流。当变压器二次绕组开路，一次绕组施加额定频率的额定电压时，一次绕组中所流过的电流。为空载电流变压器空载合闸时有较大的冲击电流。

⑨ 阻抗电压和短路损耗。当变压器二次侧短路，一次绕组施加电压使一次电流达到额定值，此时所施加的电压称为阻抗电压。变压器从电源吸取的功率即为短路损耗。

⑩ 电压调整率。电压调整率表明了变压器二次电压变化的程度大小，是衡量变压器供电质量的数据。其定义为：在给定负载功率因数下（一般为0.8），二次空载电压U_{2N}和二次负载电压U_2之差与二次额定电压U_{2N}的比，即

$$\Delta U\%=\frac{U_{2N}-U_2}{U_{2N}}\times100\% \tag{7-9}$$

式中，U_{2N}为二次额定电压，亦即二次空载电压。

⑪ 效率 η。变压器的效率 η 为输出的有功功率与输入的有功功率之比的百分数。一般中小型变压器的效率约为 90%以上，大型变压器的效率在 95%以上。

7.1.2 电力变压器的运行

(1) 电力变压器的容量和负荷能力

① 变压器的负荷能力。变压器的负荷能力系指在一定条件下短时间内所能输出的超过额定值的功率。负荷能力的大小和持续时间决定于：

a. 变压器的电流和温度不要超过规定的限值。

b. 运行期间，变压器的绝缘老化不超过正常值，即不损害正常的预期寿命。

为保证变压器的安全和正常的预期寿命，国际电工标准（IEC）规定了变压器过负荷运行时不要超过表 7-1 的限值。

表 7-1 适用于过负荷时的温度和电流的限值

负荷类型	配电变压器	中型变压器	大型变压器
负荷电流(标幺值)	1.5	1.5	1.3
热点温度及与绝缘材料接触的金属部件的温度/℃	140	140	120
顶层油温/℃	105	105	105
负荷电流(标幺值)	1.8	1.5	1.3
热点温度及与绝缘材料接触的金属部件的温度/℃	150	140	130
顶层油温/℃	115	115	115
负荷电流(标幺值)	2.0	1.8	1.5
热点温度及与绝缘材料接触的金属部件的温度/℃	—	160	160
顶层油温/℃	—	115	115

② 变压器发热时的特点。

a. 发热元件如铁芯、高低压绕组等所产生的热量都传递给油，其发热过程是独立的，只与其本身的损耗有关。

b. 在散热过程中，引起的各部分温度差别很大。沿变压器的高度方向，绕组的温度最高，最大热点大约在高度方向的 70%～75%处；沿截面方向（径向），温度最高处位于线圈厚度的 1/3 处。

c. 变压器主要有两个散热区段：一段是热量由绕组和铁芯表面以对流方式传递到变压器油中，这部分约占总温升的 20%～30%；另一段是热量由油箱壁以对流方式和辐射方式扩散到周围空气中，这部分约占总温升的 60%～70%。

③ 变压器的绝缘老化。指绝缘受热或其他物理、化学作用而逐渐失去其机械强度和电气强度的现象。其主要原因是温度、湿度、氧气以及油中劣化产物的影响，其中高温是促成绝缘老化的直接原因。在实际运行中，绝缘介质的工作温度越高，氧化作用及其他化学反应进行得越快，引起机械强度及电气强度丧失得就越快，即绝缘老化速度越快，变压器的使用寿命也越短。在 80～140℃的范围内基本按指数变化。

各不同温度下的相对老化率见表 7-2。

表 7-2　各不同温度下的相对老化率

绕组最热点温度/℃	80	86	92	98	104	110	116	122	128	134	140
相对老化率 ν	0.125	0.25	0.5	1.0	2.0	4.0	8.0	16.0	32.0	64.0	128.0

④ 变压器的正常过负荷。变压器正常运行时，日负荷曲线的负荷率大多小于1。根据等值老化原则，只要使变压器在过负荷期间所多损耗的寿命和在欠负荷期间所少损耗的寿命相互补偿，则仍可获得规定的使用年限。变压器的正常过负荷能力就是以不牺牲其正常寿命为原则而制定的。即在整个时间间隔内，只要做到变压器绝缘老化率小于或等于1即可，且满足以下条件：

a. 过负荷期间，绕组最热点的温度不得超过140℃，上层油温不得超过95℃；

b. 变压器的最大过负荷不得超过额定负荷的50%。

⑤ 变压器的事故过负荷。当系统发生故障时，首要任务是设法保证不间断供电，而变压器绝缘的老化加速则是次要的，事故过负荷是以牺牲变压器的寿命为代价的。绝缘老化率允许比正常过负荷时高得多。事故过负荷也称急救过负荷，是在较短的时间内，让变压器多带一些负荷，以作急用。为保证可靠性，在确定变压器事故过负荷的允许值时，一般事故过负荷时绕组最热点的温度也不得超过140℃，负荷电流不得超过额定值两倍。事故过负荷允许值和允许时间由制造厂规定，或参考表7-3。

表 7-3　自然油循环变压器允许的事故过负荷

允许时间/min	120	80	45	20	10
允许过负荷值/%	30	45	60	75	100

(2) 电力变压器的并列运行

① 变压器并列运行的优点。在发电厂和变电所中，通常将两台或数台变压器并列运行，并列运行与一台大容量变压器单独运行相比优点有：

a. 提高供电可靠性。当一台退出运行时，其他变压器仍可照常供电。

b. 提高运行经济性。在低负荷时，可停运部分变压器，从而减少能量损耗，提高系统的运行效率，并改善系统的功率因数，保证经济运行。

c. 减小备用容量。为保证供电，必需设置备用容量，变压器并列运行后可互为备用，从而做到减小备用容量。

② 变压器并列运行的条件。变压器并列运行时，通常希望它们之间无平衡电流；负荷分配与额定容量成正比，与短路阻抗成反比；负荷电流的相位相互一致，即：

a. 所有并列变压器的额定一、二次侧电压必须对应相等（允许差值±0.5%）；

b. 所有并列变压器的阻抗电压必须相等（允许差值±10%）；

c. 所有并列变压器的连接组别必须相同。

此外，所有并列变压器的容量应相近，容量比不宜超过3∶1。

(3) 变压器运行巡视检查

① 变压器投运前的检查。

a. 新投运的变压器应按规程进行必要的预防性试验（见高电压试验）。

b. 投运时，应先投冷却装置后投变压器；停运时顺序相反。

c. 中性点接地系统，变压器投运前必须将中性点接地。

d. 备用变压器应可随时投入运行。

e. 长期停运的变压器定期充电，同时投入冷却装置。

② 变压器正常巡视。

a. 检查储油柜和充油套管内油的高度，封闭处有无渗漏油的现象以及油标管内油的颜色。

b. 检查变压器上层油温，正常时一般在85℃以下；强迫循环水冷却变压器为75℃以下。

c. 检查变压器的响声，正常时为均匀的嗡嗡声（正常噪声，如铁芯、励磁、零件、绕组等引起的振动），可采用工具“听音棒”检查。

d. 检查绝缘套管是否清洁，有无破损、裂纹和放电烧伤的痕迹。

e. 检查母线及接线端子等连接点的接触是否良好。

f. 额定容量在630kV·A以上且无人值班的变压器应每周巡视一次；额定容量在630kV·A以下的变压器可适当延长巡视周期，但拉、合闸前后均应检查一次。

g. 有人值班变电所每班都应检查变压器的运行状态。

h. 强迫油循环水冷变压器不论有无人值班都应每小时巡视一次。

i. 负载急剧变化或变压器发生短路故障后都应增加特殊巡视。

③ 变压器常见异常及事故处理。

a. 声音异常及处理。

严重过负荷——“嗡嗡”声沉重；

内部接触不良——“吱吱”声；

局部放电——“劈啪”声；

短路故障——“水沸腾”声（冲击绝缘油、重瓦斯动作）；

内部表面击穿——“爆裂”声；

处理：内部击穿和零件松动应停电处理。

b. 油温异常及处理。

理论上，绝缘为A级时油温极限为105℃，老化率为1时绕组最热点为98℃。一般顶层油温规定在85℃以下。

温升：变压器顶层油温与周围空气温度的差值。

过负荷引起油温升高——减负荷；

内部故障（匝间短路、层间短路）引起的——停电检修；

冷却系统不正常或故障引起的——维护冲洗；

c. 油位异常及处理。

油位过高时——适量放油；

油位过低时——关闭散热器并及时补充油；

假油位：温度变化正常而油标管内变化不正常或不变。

检查油标管是否堵塞；检查油枕呼吸器是否堵塞；防爆管通气孔是否堵塞；检查变压器的油枕是否存有空气。

d. 外观异常。

防爆管的防爆膜破裂——查处产品质量（未经压力试验、玻璃未经退火处理、加工工艺不合格或操作不慎）；

压力释放阀报警——迅速查处原因（大中型变压器已用此代替防爆管）；

套管闪络放电——停电检修（制造不良或表面污垢）；

渗漏油——加强巡视，报告调度（阀门系统、密封胶垫、绝缘子等破裂或设计制造不良）。

e. 颜色、气味异常。

导线连接部位过热——红外测温，试温蜡片检查是否超过 70℃；

套管绝缘子放电——臭氧味；

硅胶变为粉红色——（正常为淡蓝色）受潮，变色硅胶超过总量的 2/3 时应更换；

电源、线路绝缘老化放电——臭氧味。

7.2 互感器

互感器是一种特殊的变压器，分为电压互感器和电流互感器两大类，它们是供配电系统中测量、保护、监控用的重要设备。其接线原理图如图 7-9 所示。

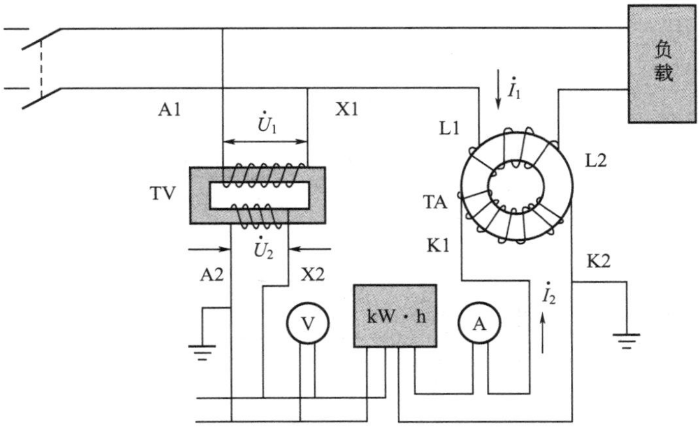

图 7-9　互感器接线原理图

7.2.1　互感器的作用

① 将一次回路的大电压和大电流变换成适合仪表、继电器工作的标准低电压（100V 或 $100/\sqrt{3}$V）和标准小电流（1A 或 5A）。

② 使低压二次设备与高压一次系统绝缘。

③ 扩大仪表、继电器等二次设备的应用范围。

7.2.2　电流互感器（TA 或 CT）

电流互感器结构见图 7-10。

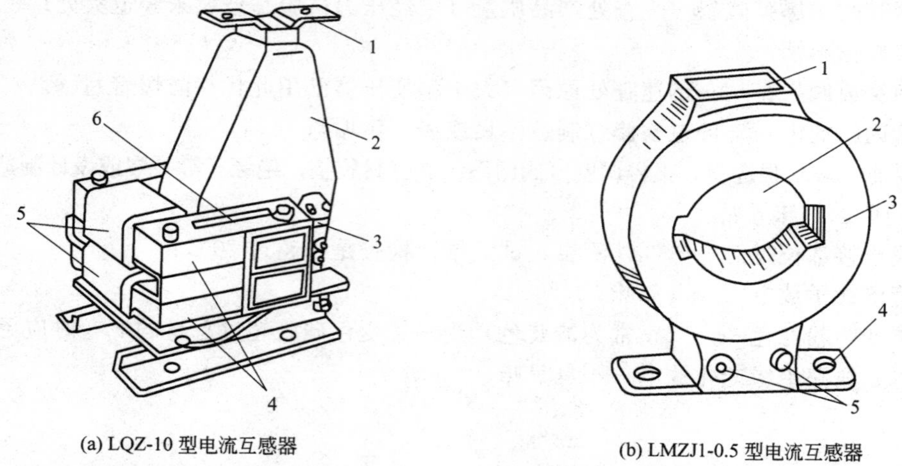

(a) LQZ-10 型电流互感器

1—一次接线端；2—一次绕组；3—二次接线端；
4—铁芯；5—二次绕组；6—警示牌

(b) LMZJ1-0.5 型电流互感器

1—铭牌；2—二次母线穿孔；3—铁芯；
4—安装板；5—二次接线端

图 7-10 电流互感器结构图

（1）接线方式

① 一相式接线，如图 7-11 所示。通常用于三相负荷平衡的低压动力线路，供测量电流或过负荷保护装置用。

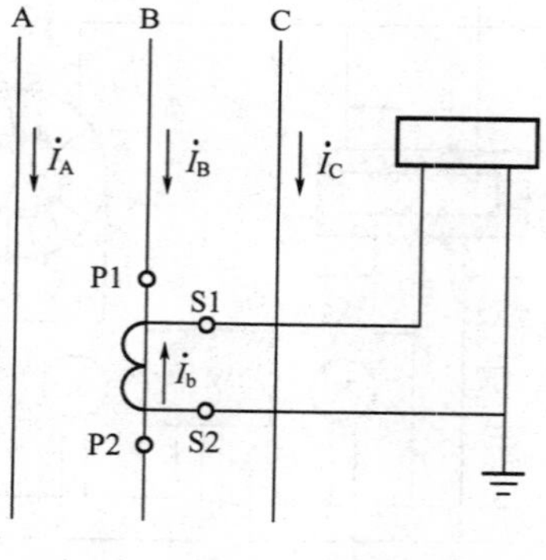

图 7-11 电流互感器一相式接线图

② 两相 V 形接线（也称两相两继电器），如图 7-12 所示。用于中性点不接地系统中，供测量三相电流、电能及作过电流继电保护用。适用于中小型变电所。

③ 两相电流差式接线（又叫两相一继电器接线），如图 7-13 所示。流过电流继电器线圈的电流为 $\dot{I}_a-\dot{I}_c$，由相量图 4-16 可知其量值是相电流的$\sqrt{3}$倍。这种结线适用于中性点不接地的三相三线制系统中，作过电流继电保护用。

④ 三相星形接线，如图 7-14 所示。广泛用于三相负荷不平衡的 110kV 以上变电所，作三相电流、电能测量及过电流继电保护用。

（2）使用注意事项

① 电流互感器在工作时二次侧不得开路。如果开路，二次侧可能会感应出危险的高电压，危及人身和设备安全；同时，由于铁芯磁通剧增而过热，产生剩磁，降低准确度级。

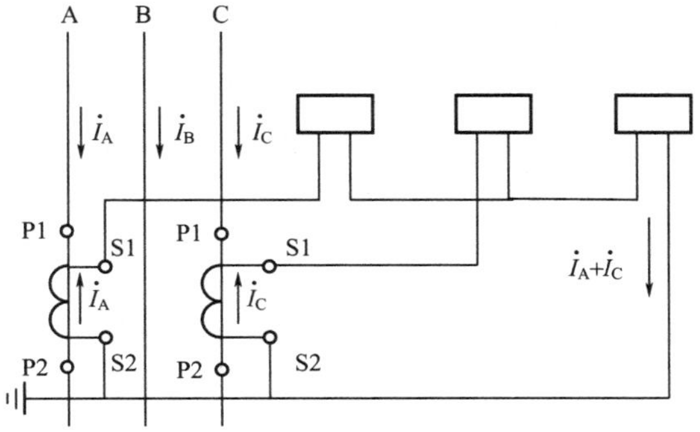

图 7-12　电流互感器两相 V 形接线图

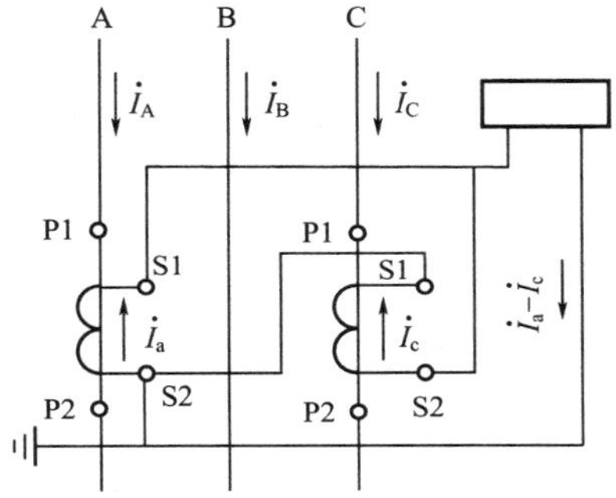

图 7-13　电流互感器两相电流差式接线图

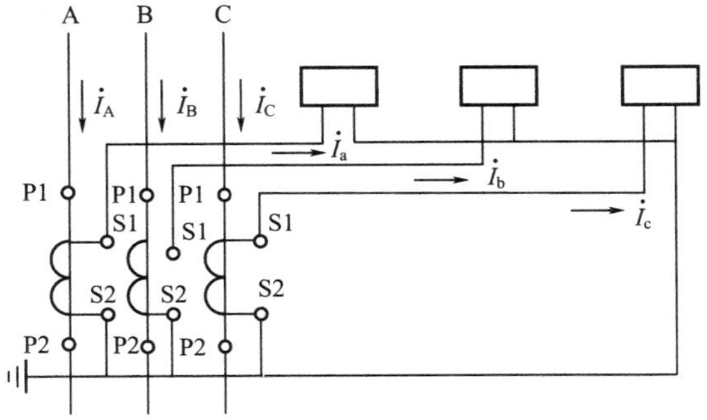

图 7-14　电流互感器三相星形接线图

② 电流互感器二次侧有一端必须接地。这是为了防止一、二次绕组间绝缘击穿时，一次侧高电压窜入二次侧，危及设备和人身安全。

③ 电流互感器在接线时，要注意其端子的极性。

(3) 电流互感器的误差

① 电流误差（比差）f_i。指电流互感器测量推算值 K_iI_2 与一次电流实际值 I_1 之差，占 I_1 的百分数。

② 角误差 δ_i。指旋转 180°的二次电流 $-I_2'$ 与一次电流 I_1 之间的相位角。规定 $-I_2'$ 超前于 I_1 时，δ_i 为正，反之为负。

7.2.3 电压互感器（TV或PT）

（1）接线方式

① 一个单相电压互感器，如图7-15所示。适用于电压对称的三相线路，如作备用线路的电压监视。

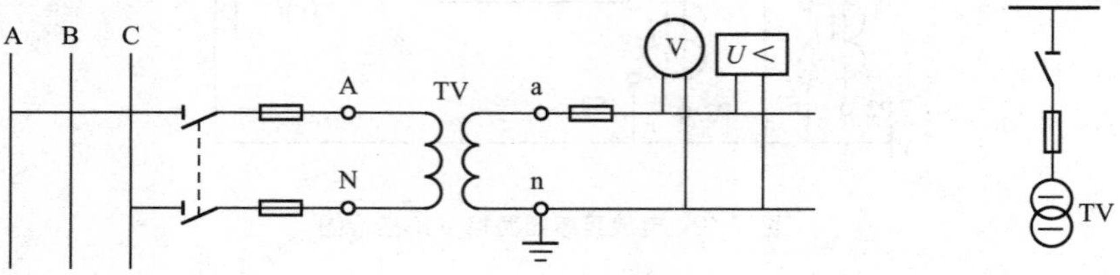

图7-15 一个单相电压互感器接线图

② 两个单相电压互感器接成V/V形，如图7-16所示。仪表和继电器接于线电压，适用于三相三线制系统。

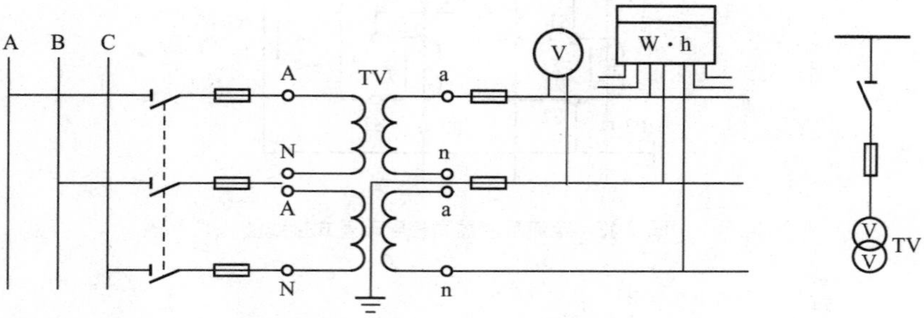

图7-16 两个单相电压互感器V/V形接线图

③ 三个单相电压互感器接成Y0/ Y0形（用于小接地电流系统），如图7-17所示。

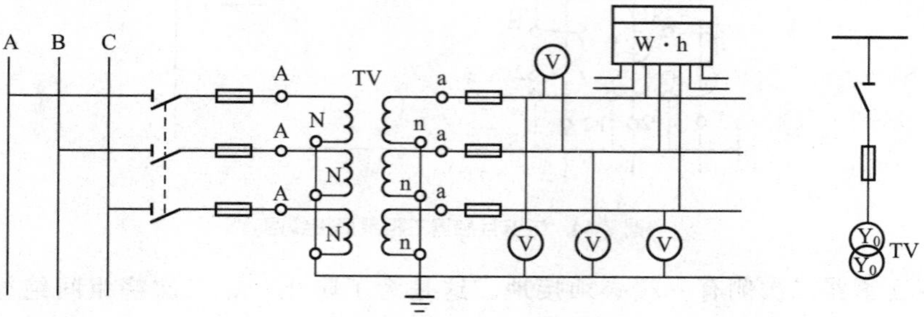

图7-17 三个单相电压互感器Y0/Y0形接线图

④ 三个单相电压互感器或一个三相五柱式TV接成Y0/Y0/⊿形（大接地电流系统），如图7-18所示。

（2）使用注意事项

① 电压互感器工作时二次侧不得短路。二次回路中的负载阻抗较大，其运行状态近于开路，当发生短路时，将产生很大的短路电流，有可能造成电压互感器烧毁；其一次侧并联

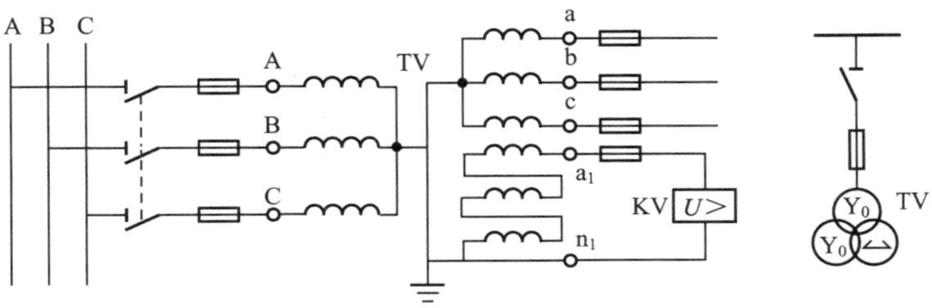

图 7-18 电压互感器 Y0/Y0/⊿形接线图

在主回路中，若发生短路会影响主电路的安全运行。

② 电压互感器二次侧有一端必须接地。

③ 电压互感器在接线时，要注意其端子的极性。

(3) 电压互感器的误差

① 电压误差（比差）f_u。指电压互感器测量推算值 K_uU_2 与一次电流实际值 U_1 之差，占 U_1 的百分数。

② 角误差 δ_u。指旋转 180°的二次电压 $-U_2'$ 与一次电压 U_1 之间的相位角。规定 $-U_2'$ 超前于 U_1 时，δ_u 为正，反之为负。

7.2.4 互感器的运行

(1) 互感器正常巡视检查的项目

① 套管应清洁、无裂痕、放电现象。

② 油色、油位应正常，套管及外壳无渗漏油现象。

③ 各连接部位应接触良好，无过热现。

④ 内部应无异常响声，无异味。

⑤ 外壳接地应良好。

⑥ 无流膏、流胶现象，无喷油。

(2) 电流互感器异常运行分析及事故处理

① 过热、冒烟现象。

原因：由于负荷过大、一次侧接触不良、内部故障，二次回路开路造成。

处理办法：

a. 对于负荷过大应尽量减小一次负荷电流或转移负荷后停电处理。

b. 对于一次测接触不良应及时汇报上级派人处理。

c. 对于内部故障应停用故障电流互感器。

② 声音异常。

原因：铁芯松动、二次开路、严重过负荷造成。

处理办法：

a. 铁芯松动应停电检修。

b. 严重过负荷应尽量减小一次负荷电流或转移负荷后停电处理。

③ 外绝缘破裂放电或内部放电。

处理办法：

a. 本体故障应转移负荷或立即停用。

b. 声音异常等故障轻微，可不立即停用，但要汇报上级安排停电检修，在停电前值班员应加强巡视。

④ 二次回路开路故障。

现象：CT三相电流表指示不一致，功率指示降低，电能计量表计转得慢或停转；差动保护断线或电流回路断线光字牌亮；二次回路端子、元件接头等放电、打火；本体有异常声音或发热、冒烟等。

原因：

a. 电流回路导线端子螺丝松动或振动脱落；

b. 二次回路过流严重发热烧断；

c. 三相电流切换开关接触不良；

d. 设备部件设计制造不良；

e. 端子箱、接线盒进水受潮，端子螺钉垫片锈蚀；

f. 保护盘上端子连接片未放或未接触，保护回路开路。

处理办法：

a. 首先判断故障所在的回路、相别、对保护有无影响。汇报调度，停用可能误动的保护。

b. 减小一次负荷电流或转移负荷后停电处理。

c. 将故障电流互感器二次回路短接。若短接时有火花则短接成功；若无火花则短接无效，说明开路点在短接点之前，应再向前短接。

d. 若为外部元件接头松动、接触不良等造成，可立即处理后投入所退出的保护。

e. 自己无法查明原因或无法处理时，及时汇报上级派人处理。

(3) 电压互感器异常运行分析及事故处理

① 电压互感器本体故障。

电压互感器有下列故障之一时，应立即停用。

a. 高压熔断器熔体连续熔断2～3次（指10～35kV电压互感器）。

b. 内部发热，温度过高。

c. 内部有放电声或其他噪声。

d. 电压互感器严重漏油、流胶或喷油。

e. 内部发出焦臭味，冒烟或着火。

f. 套管严重破裂放电，套管、引线与外壳间有火花放电。

② 电压互感器一次侧高压熔断器熔断。

电压互感器一次侧高压熔断器熔断时，应向调度汇报，停用自动装置，拉开电压互感器的隔离开关，取下二次侧熔丝或断开电压互感器二次小开关。在排除电压互感器本身故障后，调换高压熔丝，投入电压互感器，正常后投上自动装置。

③ 电压互感器二次侧熔丝熔断。

电压互感器二次侧熔丝熔断，应向调度汇报，停用自动装置，及时调换二次熔丝。如果更换后再次熔断则不应再更换，应查明原因后再处理。

本章小结

电力变压器主要用于变换电压，根据实际需要将电力系统中的电压升高或者降低。电压互感器也是用来变换电压，但主要是把一次系统中的高电压变换为统一标准的低电压，以供二次设备使用，其二次侧的电流会很大，因此，使用电压互感器时其二次绕组决不允许短路。电流互感器主要将一次系统中的大电流变换为统一标准的小电流，以供二次设备使用，其二次侧的电压很高，因此，使用电流互感器时其二次绕组决不允许开路。

思考与练习

1. 变压器的作用和工作原理是什么？
2. 变压器由哪些部分组成？其主要作用是什么？
3. 变压器有哪些技术参数？分别代表什么含义？
4. 我国常用的电力变压器连接组别有什么特点？
5. 变压器在什么条件下才能并列运行？
6. 变压器油有什么作用？
7. 变压器运行巡视检查有哪些内容？
8. 干式变压器有哪几种？适用于什么场所？
9. 电压互感器的作用和工作原理是什么？运行注意事项有哪些？
10. 电流互感器的作用和工作原理是什么？运行注意事项有哪些？

第三篇 提高篇

第8章 三相笼式异步电动机典型控制线路

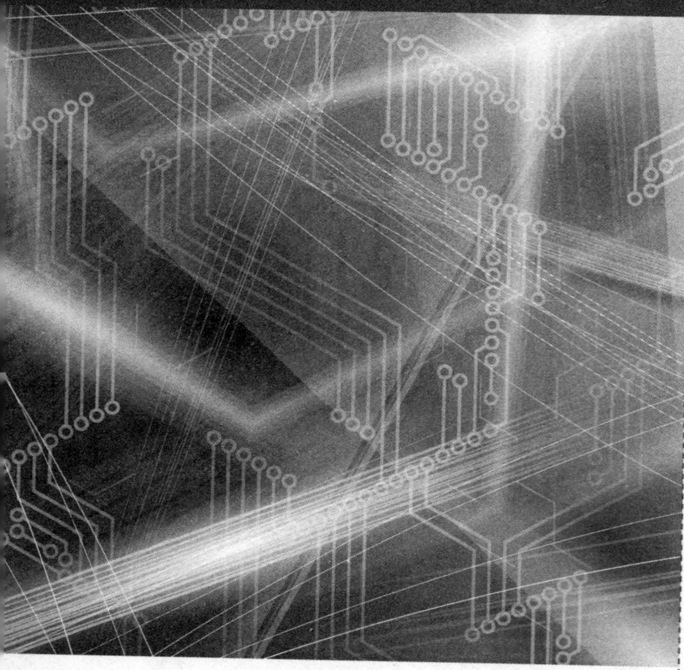

学习指导

在生产实际中，三相交流异步电动机是最常见的动力源，它是如何旋转起来拖动生产机械的呢？又如何控制它的启动、停止、正反转、制动呢？

本章介绍了三相笼式异步电动机的典型控制线路，通过对三相笼式异步电动机直接启动控制线路、正反转控制线路、星-三角降压启动控制线路、反接制动控制线路、顺序控制线路和多地控制线路等典型电机控制线路的详细介绍，可使读者对三相异步电动机的基本控制线路有较全面的认识，为后续学习常用生产机械电气控制线路打好基础。

8.1 三相笼式异步电动机直接启动控制线路

三相异步电动机从接入电源开始转动到稳定运转的过程称为启动。一般要求三相异步电动机启动时启动电流尽量小，以减小对电网的冲击；启动转矩尽量大一些，以加速启动过程，缩短启动时间；启动设备要尽量简单。

三相笼型异步电动机的启动分为直接启动和降压启动。

小知识

三相异步电动机的主要用途与分类

交流电动机在国民经济各行业的生产机械中得到广泛使用，分为同步和异步电动机两大类，其工作原理和运行特性有很大差别。同步电动机转速与电源频率存在着严格不变的同步关系，而异步电动机并无此关系。同步电动机主要用作发电机，也在少数不调速的大中型生产机械（如球磨机、空压机）中应用。异步电动机主要用作电动机，具有结构简单，制造容易、运行可靠、维护方便、成本较低、效率较高等优点，是现代化生产中应用最广泛的一种动力设备。例如，工业方面：中小型轧钢设备、矿山机械、轻工机械、各种金属切割机床等；农业方面：水泵、脱粒机、磨粉机等；民用生活方面：电风扇、空调、冰箱、洗衣机、各种医疗器械等。据统计，在电网的总负载中，异步电动机占总动力负载的85%以上。

异步电动机的种类很多，有以下不同的分类方法：

① 按定子相数分为单相异步电动机、两相异步电动机、三相异步电动机；

② 按转子结构分为笼型异步电动机和绕线式异步电动机；

③ 按外壳的防护形式分为开启式、防护式、封闭式和防爆式。

直接启动是最简单的启动方法。通常中、小容量的异步电动机均采用直接启动方式，启动时将电动机的定子绕组直接接在交流电源上，电动机在额定电压下直接启动。对于一般小型的笼型异步电动机，如果电源容量足够大，应尽量采用直接启动方法。直接启动时，启动电流很大，一般选取熔断器（保险丝）的额定电流为电动机电流的2.5～3.5倍。直接启动的优点是所用电气设备少、线路简单、维修量较小；缺点是启动电流大，会使电网电压降低而影响其他电气设备的稳定运行。

小知识

多大容量的电动机允许直接启动？

对于某一电网，到底多大容量的电动机才允许直接启动，可按下面的经验公式来确定：

$$K_{\mathrm{I}}=\frac{I_{\mathrm{S}}}{I_{\mathrm{N}}}\leqslant\frac{1}{4}\left[3+\frac{\text{电源总容量(kV·A)}}{\text{电动机额定功率(kW)}}\right]$$

电动机的启动电流倍数 K_{I} 需符合上式中电网允许的启动电流倍数，才允许直接启动，否则应采取降压启动。一般10kW以下的电动机都可以直接启动。随电网容量的加大，允许直接启动的电机容量也变大。

8.1.1 单向点动控制

单向点动控制是指按下按钮，电动机就得电运转；松开按钮，电动机就失电停转。电气设备工作时常常需要进行点动调整，如车刀与工件位置的调整，因此需要用点动控制来完成。通过这种简单的电气控制线路的学习，可以熟悉安装控制线路的基本步骤。单向点动控制线路是由按钮、接触器来控制电动机运转的最简单的正转控制线路，电气原理图如图8-1所示。

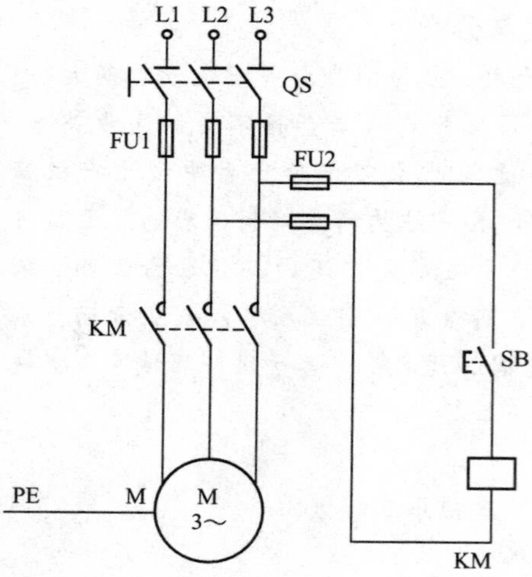

图 8-1 点动控制电气原理图

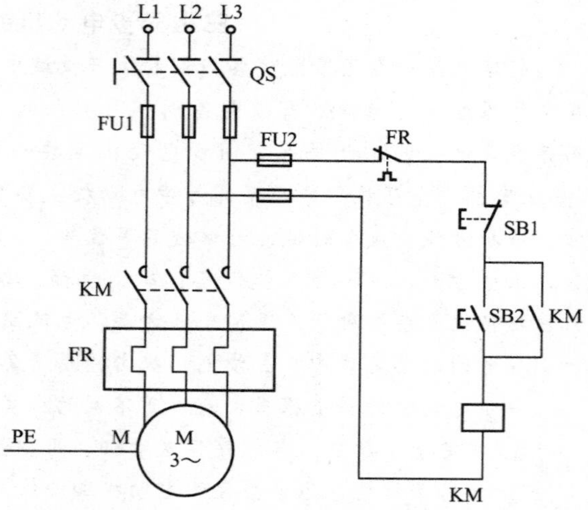

图 8-2 接触器控制的电动机单向连续控制电路

图8-1单向点动控制线路中，组合开关QS作电源隔离开关；熔断器FU1、FU2分别作主电路、控制电路的短路保护；由于电动机只有点动控制，运行时间较短，主电路不需要热继电器，启动按钮SB控制接触器KM的线圈得、失电；接触器KM的主触点控制电动机M的启动与停止。

电路工作原理：先合上电源开关QS，再按下面的提示完成。

启动：按下启动按钮SB→接触器KM线圈得电→KM主触点闭合→电动机启动运转。

停止：松开按钮SB→接触器KM线圈失电→KM主触点断开→电动机M失电停转。

值得注意的是，停止使用时，应断开电源开关QS。

8.1.2 单向连续控制电路

单向连续控制线路常用于只需要单方向运转的小功率电动机的控制，如小型通风机、水泵以及带运输机等机械设备。这就要求电动机启动后连续运转，采用点动正转控制线路显然是不行的。为实现连续运转，可采用如图8-2所示的接触器自锁控制电路。它与点动控制线路相比较，主电路由于电动机连续运行，因此要添加热继电器进行过载保护，而在控制电路中又多串接了一个停止按钮 SB1，并在启动按钮 SB2 的两端并接了接触器 KM 的一对常开辅助触点。电路的工作原理：先合上电源开关 QS，再按下面的提示完成。

启动：按下SB2 → KM线圈得电 → KM主触点闭合 → 电动机通电工作
　　　　　　　　　　　　　　　 → 常开辅助触点KM闭合

当松开 SB2 时，由于 KM 的常开辅助触点闭合，控制电路仍然保持接通，KM 线圈继续得电，电动机 M 实现连续运转。这种利用接触器 KM 本身常开辅助触点而使线圈保持得电的控制方式叫“自锁”（或“自保”）。与启动按钮 SB2 并联起来起自锁作用的常开辅助触点称为“自锁”触点，触点的上下连线称为“自保线”。

停止：按下SB1 → KM线圈断电 → KM主触点断开 → 电动机停止
　　　　　　　　　　　　　　　 → 常开辅助触点KM断开

当松开 SB1 时，其常闭触点恢复闭合，因接触器 KM 的自锁触点在切断控制电路时已断开，接触自锁，SB2 也是断开的，所以接触器 KM 不能得电，电动机 M 也不会工作。

电路所具有的保护环节如下。

① 短路保护。主电路和控制电路分别由熔断器 FU1 和 FU2 实现短路保护。当控制回路和主回路出现短路故障时，能迅速有效地断开电源，实现对电器和电动机的保护。

② 过载保护。由热继电器 FR 实现对电动机的过载保护。当电动机出现过载且超过规定时间时，热继电器双金属片过热变形，推动导板，经过传动机构，使动断辅助触点断开，从而使接触器线圈失电，电机停转，实现过载保护。

③ 欠压保护。当电源电压由于某种原因而下降时，电动机的转矩将显著下降，使电动机无法正常运转，甚至引起电动机堵转而烧毁。采用具有自锁的控制线路可避免出现这种事故。因为当电源电压低于接触线圈额定电压 75%左右时，接触器就会释放，自锁触点断开，同时动合主触点也断开，使电动机断电，起到保护作用。

④ 失压保护。电动机正常运转时，电压可能停电，当恢复供电时，如果电动机自行启动，很容易造成设备和人身事故。采用带自锁的控制线路后，断电时由于自锁触点已经打开，因此恢复供电时电动机不能自行启动，从而避免了事故的发生。

欠压和失压保护作用是按钮、接触器控制连续运行的控制线路的一个重要特点。

注意事项

异步电动机启动时的注意事项

① 合闸后，若电动机不转，应迅速、果断地拉闸，以免烧毁电动机。

② 电动机启动后，应注意观察电动机，若有异常情况，应立即停机。待查明故障并排除后，才能重新合闸启动。

③ 笼型电动机采用直接（全压）启动时，次数不宜过于频繁，一般不超过 3～5 次。对功率较大的电动机要随时注意电动机的温升。

④ 几台电动机由同一台变压器供电时，不能同时启动，应由大到小逐台启动。

8.1.3 点动与连续混合控制线路

生产设备在正常运行时，一般采取连续方式，但有的设备运行前需要先用点动调整工作状态，点动与连续混合控制线路就能实现这样的控制要求。点动与连续混合控制线路如图 8-3 所示，电路中使用 3 个按钮，分别是启动按钮 SB2、停止按钮 SB1 和点动控制 SB3。点动按钮是复合按钮，其常闭触点与接触器自锁触点串接，在按下点动按钮时，分断了自锁电路，使自锁功能不起作用。

点动与连续混合控制线路的工作原理如下。

(1) 连续控制

启动：按下SB2 → KM线圈得电 → KM自锁触点闭合自锁；KM主触点闭合 → 电动机M得电启动运转

停止：按下SB1 → KM线圈失电 → KM自锁触点分断解除自锁；KM主触点分断 → 电动机M失电停转

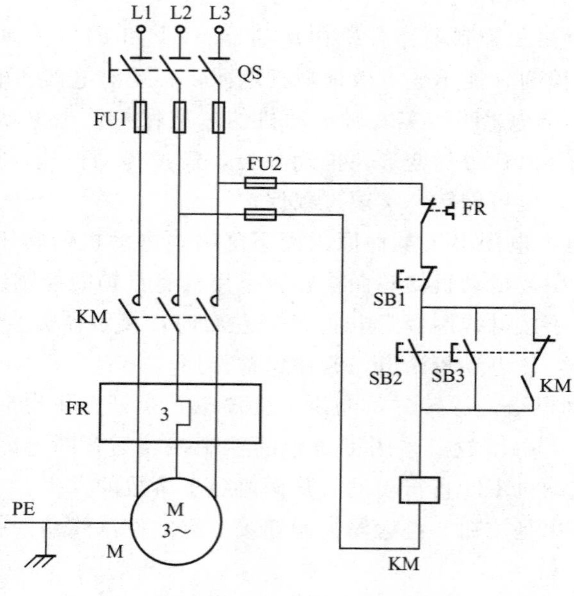

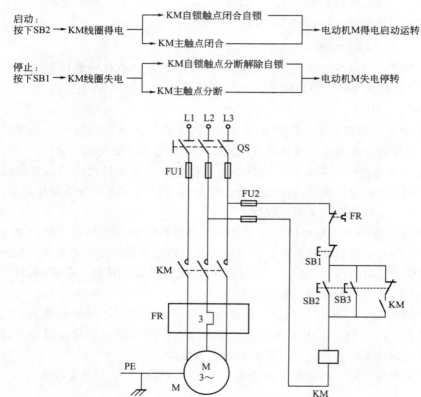

图 8-3 点动与连续混合控制原理图

(2) 点动控制

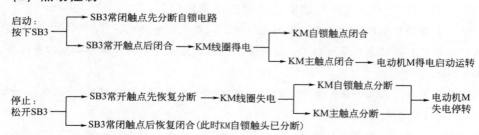

启动：按下SB3 → SB3常闭触点先分断自锁电路；SB3常开触点后闭合 → KM线圈得电 → KM自锁触点闭合；KM主触点闭合 → 电动机M得电启动运转

停止：松开SB3 → SB3常开触点先恢复分断 → KM线圈失电 → KM自锁触点分断；KM主触点分断 → 电动机M失电停转；SB3常闭触点后恢复闭合（此时KM自锁触头已分断）

8.2 三相笼式异步电动机正反转控制线路

8.2.1 不带联锁的三相异步电动机的正反转

三相异步电动机的正转运行通过改变通入电动机定子绕组的三相电源相序，即把三相电源中的任意两相对调接线时，电动机就可以反转。三相异步电动机的正反转电气原理图如图 8-4 所示。

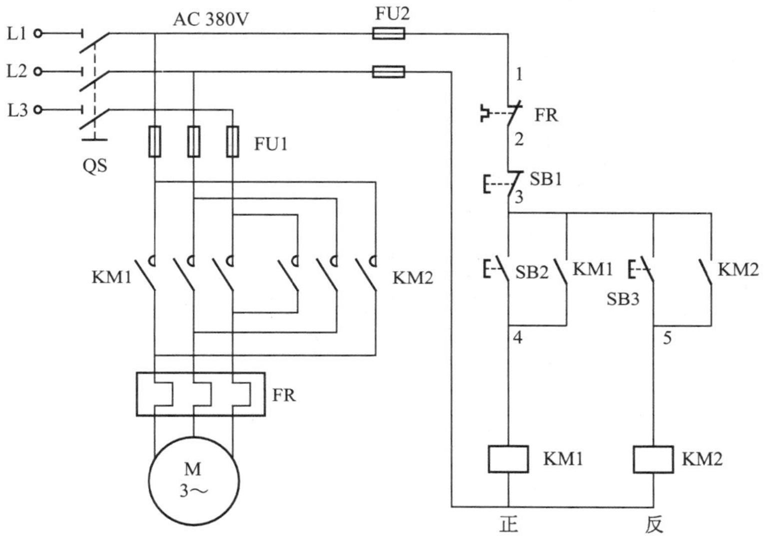

图 8-4 三相异步电动机的正反转电气原理图

在图 8-4 中，KM1 为正转接触器，KM2 为反转接触器，它们分别由 SB2 和 SB3 控制。从主电路中可以看出，这两个接触器的主触点所接通电源的相序不同，KM1 按 U-V-W 相序接线，KM2 则按 W-V-U 相序接线。相应的控制线路有两条，分别控制两个接触器的线圈。

电路工作过程：先合上电源开关 QS，再按下面的提示完成。

(1) 正转控制

正转启动：按下SB2 → KM1线圈得电 → KM1主触点闭合 → 电动机正转
　　　　　　　　　　　　　　　　 → 常开辅助触点KM1闭合

(2) 反转控制

先停止：按下SB1 → KM1线圈断电 → KM1主触点断开 → 电动机停止
　　　　　　　　　　　　　　　 → 常开辅助触点KM1断开

再反转启动：按下SB3 → KM2线圈得电 → KM2主触点闭合 → 电动机反转
　　　　　　　　　　　　　　　　　 → 常开辅助触点KM2闭合

接触器控制正反转操作不便，必须保证在切换电动机运行方向之前先按下停止按钮，然后按下相应的启动按钮，否则将会发生主电源短路的故障，为克服这一不足，提高电路的安全性，需采用联锁控制。

8.2.2 接触器联锁的电动机正反转控制电路

在生产机械中，有的生产机械常要求能正反两个方向运行，如机床工作台的前进与后退，主轴的正转与反转，小型升降机、起重机吊钩的上升与下降等，这就要求电动机必须可以正反转。

(1) 接触器联锁的正反转控制线路

接触器联锁的正反转控制线路如图 8-5 所示。

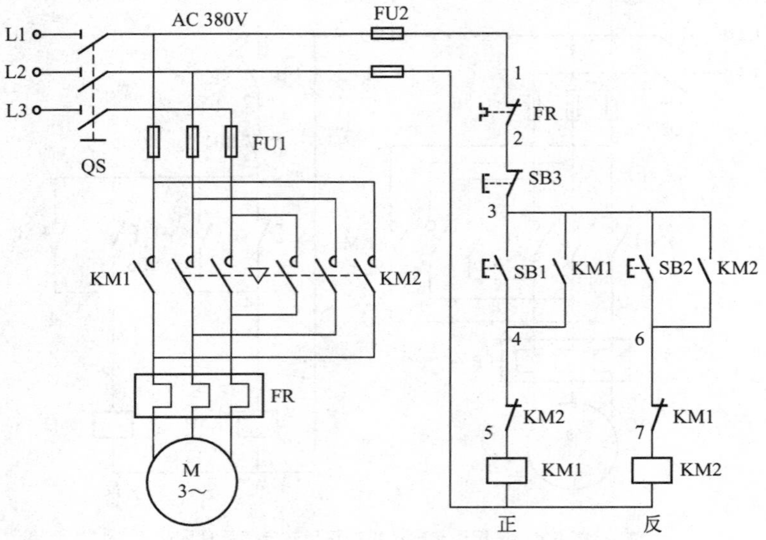

图 8-5 接触器联锁的正反转控制线路

由电动机原理可知，当改变三相交流电动机的电源相序时，电动机便改变转动方向。正反转控制线路中两个接触器引入电源的相序不同，KM1 主触点闭合时，电源相序为 L1、L2、L3，电动机正转；KM2 主触点闭合时，电源相序为 L3、L2 、L1，电动机反转。

正转接触器 KM1 与反转接触器 KM2 不允许同时接通，否则会出现电源短路事故。主电路中的“▽”符号为机械联锁符号，表示 KM1 与 KM2 互相机械联锁，可采用 CJX1/N 系列联锁接触器。在控制电路中，也必须采取接触器联锁措施。联锁的方法是将接触器的常闭触点与对方接触线圈相串联。当正转接触器工作时，其常闭触点断开反转控制电路，使反转接触器线圈无法通电工作。同理，反转接触器联锁控制正转接触器电路。在电路中起联锁作用的触点称为联锁触点。

想一想

什么是互锁？互锁有什么作用？

互锁含义：互锁又称联锁，指将对方的常闭触点串联在自己线圈回路中，同一时间只能由一个接触器得电的控制方式称为互锁或联锁。

互锁作用：互锁电路避免了两个接触器同时得电，从而防止了由于误操作造成的主回路两相短路事故的发生。

---

(2) 工作原理

接触器联锁的正反转控制线路的工作原理如下。

正转控制：

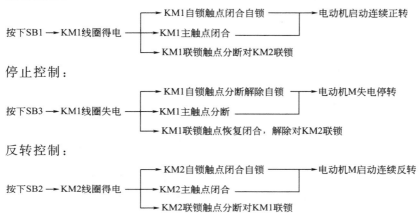

按下SB1 → KM1线圈得电 → KM1自锁触点闭合自锁；KM1主触点闭合 → 电动机启动连续正转
→ KM1联锁触点分断对KM2联锁

停止控制：

按下SB3 → KM1线圈失电 → KM1自锁触点分断解除自锁；KM1主触点分断 → 电动机M失电停转
→ KM1联锁触点恢复闭合，解除对KM2联锁

反转控制：

按下SB2 → KM2线圈得电 → KM2自锁触点闭合自锁；KM2主触点闭合 → 电动机M启动连续反转
→ KM2联锁触点分断对KM1联锁

该线路特点是：安全可靠，不会因接触器主触点熔焊不能脱开而造成短路事故，但改变电动机转向时需要先按下停止按钮，适合于对换向速度无要求的场合。

实践应用篇

接触器联锁的正反转控制线路常见故障及排除方法

故障1： 按下SB1或SB2时，KM1、KM2均能正常动作，但松开按钮时接触器释放。分析研究：故障是由于两个接触器的自锁线路失效引起的，推测KM1、KM2自锁线路接线错误。

检查处理： 核对接线，发现将KM1的自保线错接到KM2常开辅助触点上，KM2的自保线错接到KM1的常开辅助触点上，使两个接触器均不能自锁（自保）。

改正接线，重新试车，故障即可排除。

故障2： 按下SB1接触器KM1剧烈振动，主触点严重起弧，电动机时转时停；松开SB1则KM1释放。按下SB2时，KM2的现象与KM1相同。

分析研究： 由于SB1、SB2分别可以控制KM1、KM2，而且KM1、KM2都可以启动电动机，表明主电路正常，故障是辅助电路引起的，从接触器振动现象看，推测是自锁（自保）、联锁线路有问题。

检查处理： 核对接线，按钮接线盒两个接触器自锁接线均正确，查到联锁线时，发现将KM1线圈上端子引出的5号线错接到KM1联锁触点的7号端子，而将KM2线圈上端子引出的7号线错接到KM2联锁触点的5号端子。当操作任一个按钮时，接触器得电动作后，联锁触点分断，则切断自身线圈通路，造成线圈失电而触点复位，又使线圈得电而动作……接触器将振动。

将接触器联锁触点下端子引线改接到相反转向的接触器线圈上端子，检查后重新通电试车，接触器动作正常且有自锁作用，故障排除。

8.2.3 双重联锁的电动机正反转控制电路

(1) 双重联锁的正反转控制线路

双重联锁的正反转控制线路如图 8-6 所示。

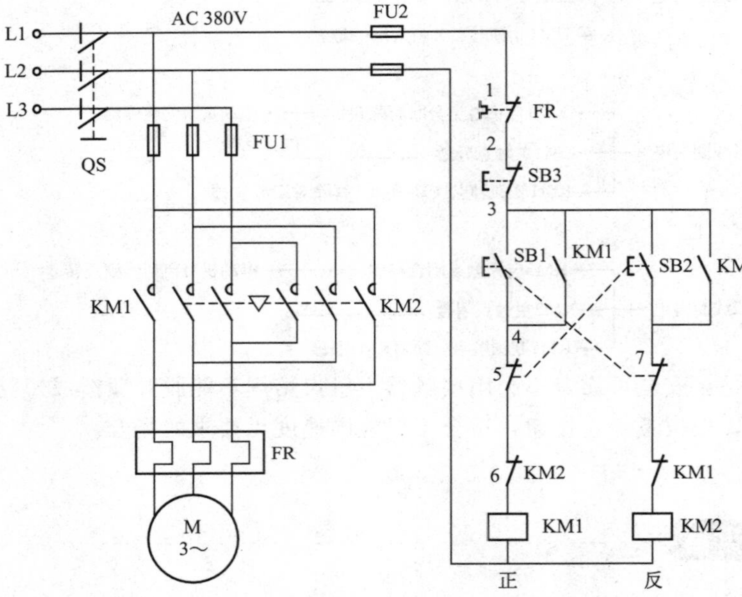

图 8-6 双重联锁的正反转控制线路

将正反转复合按钮的常闭触点与对方电路串联，就构成了接触器和按钮双重联锁的正反转控制线路。在改变电动机转向时不需要按下停止按钮，适用于要求换向迅速的场合。

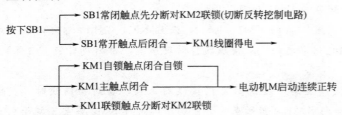

(2) 工作原理

线路的工作原理如下。

正转控制：

按下SB1 → SB1常闭触点先分断对KM2联锁(切断反转控制电路)
按下SB1 → SB1常开触点后闭合 → KM1线圈得电 →

→ KM1自锁触点闭合自锁 → 电动机M启动连续正转
→ KM1主触点闭合 → 电动机M启动连续正转
→ KM1联锁触点分断对KM2联锁

反转控制：

按下SB2 → SB2常闭触点先分断 → KM1线圈失电 → KM1自锁触点分断 → 电动机M失电
按下SB2 → SB2常闭触点先分断 → KM1线圈失电 → KM1主触点分断 → 电动机M失电
按下SB2 → SB2常闭触点先分断 → KM1线圈失电 → KM1联锁触点恢复闭合 →
按下SB2 → SB2常开触点后闭合 →

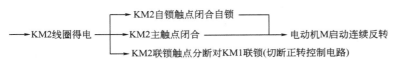

→KM2线圈得电 → KM2自锁触点闭合自锁 → 电动机M启动连续反转
→ KM2主触点闭合 →
→ KM2联锁触点分断对KM1联锁(切断正转控制电路)

若要停止，按下 SB3，整个控制电路失电，主触点分断，电动机 M 失电停转。

想一想

双重联锁的正反转控制线路的优点

接触器联锁的正反转控制线路虽然可以避免接触器故障造成的电源短路事故，但是在需要改变电动机转向时，必须先操作停止按钮。这在某些场合下给操作带来了不便。双重联锁线路就不存在上述问题，既安全又方便，请问，双重联锁线路是如何解决上述问题的呢？

8.3 星形-三角形降压启动控制线路

电动机在正常运行时额定电压等于电源电压，定子绕组为三角形连接方式的三相交流异步电动机，可以采用 Y-△降压启动。它是指启动时，将电动机定子绕组接成星形，等到电动机的转速上升到一定值时，再转换成三角形连接的方式。这样，电动机启动时每相绕组的工作电压为正常时绕组电压的 $1/\sqrt{3}$ 倍，启动电流为三角形直接启动时的 1/3。可见，采用 Y-△降压启动方法可以起到限制启动电流的作用，且该方法简单，价格便宜，因此在轻载或空载情况下，一般应优先采用。我国采用 Y-△启动方法的电动机额定电压都是 380V，绕

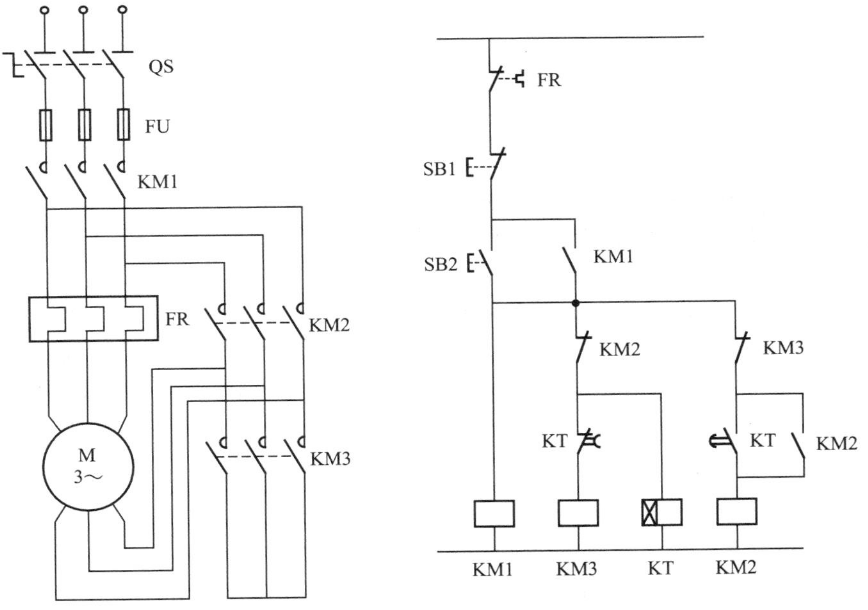

(a) 主电路　　(b) 控制电路

图 8-7　接触器控制 Y-△降压启动控制线路

组是△接法。图 8-7 为接触器控制 Y-△降压启动控制线路。

图 8-7 中使用三个接触器 KM1、KM2、KM3 和一个通电延时继电器 KT，当接触器 KM1、KM3 主触点闭合时，电动机星形连接；当接触器 KM1、KM2 主触点闭合时，电动机三角形连接。线路动作原理如下：

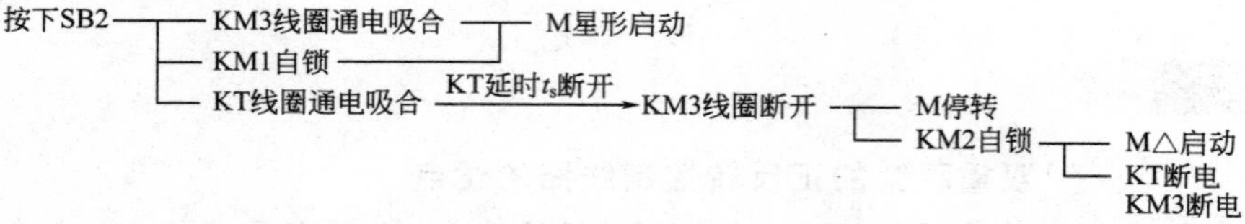

上述线路中在电动机三角形运行时，时间继电器 KT 和接触器 KM3 均断电释放，这样，不仅使已完成星形-三角形降压启动任务的时间继电器 KT 不再通电，而且可以确保接触器 KM2 通电后，KM3 无电，从而避免 KM3 与 KM2 同时通电造成短路事故。

小知识

电动机控制线路中各接点标记

① 三相交流电源引入线采用 L1、L2、L3 标记。

② 电源开关之后的三相交流电源主电路分别按 U、V、W 顺序标记。

③ 各电动机分支电路的各接点标记常采用三相文字代号后面加两位阿拉伯数字来表示，如 U12、V12、W12。

④ 控制电路采用阿拉伯数字编号，标注方法按“等电位”原则进行，标号顺序一般由上而下和由左至右编号，凡被线头、触点、电阻、电容、熔断器等元件所间隔的线段，都应标以不同的符号。

⑤ 阿拉伯数字与电气图形文字符号组合方法：常将阿拉伯数字放在电气设备、元器件文字符号的后面，如 KM1、KA1 等。

8.4 三相异步电动机反接制动控制电路

三相异步电动机的制动可分为机械制动和电气制动两大类。机械制动是利用机械装置使电动机在电源切断之后迅速停止转动的方法；电气制动是指利用改变电动机线路或某些参数数值，使电动机产生一种与实际旋转方向相反的电磁转矩的方法，此时的电磁转矩即为制动转矩。

电动机的制动状态是相对于电动机的电动状态而言的一种运行方式。

在电力拖动系统中，电动机经常工作在制动状态。例如，许多生产机械工作时，需要快速停车或由高速运行快速下降到低速运行，这就要求电动机进行制动。对于像起重机、提升机等位能性负载，为获得稳定的下放速度，电动机也必须工作在制动状态。三相电动机的制动方法有反接制动、能耗制动、回馈制动等。本书介绍常用的反接制动。

反接制动是在电动机切断电源后，将相反相序的三相电源接入电动机，产生一个与转子惯性转动方向相反的启动转矩，从而达到制动的目的。注意，在反接制动中，当电动机转速接近零时，应及时切断反序三相电源，否则电动机将会反向旋转，所以在其控制电路中应采用速度继电器来判断电动机是否接近零转速，从而及时切断反序电源。

图 8-8 所示为电动机单向运行的反接制动控制电路。主电路由运行接触器 KM1 和制动接触器 KM2 两组主触点构成不同相序的接线。由于反接制动时电流很大，所以在制动主电路中串联电阻 R，以限制制动电流。控制电路中，按下 SB2 使 KM1 得电并自锁，电动机正常启动运行，速度继电器 KS 常开触点闭合；停机制动时，按下停止按钮 SB1，KM1 失电，切断电动机电源，另外由于 KS 常开触点在转子惯性下仍然闭合，所以 KM2 得电并自锁，电动机串联电阻 R 接入反序电源，进行反接制动，电动机转速迅速下降。当电动机转速接近零（即电动机转速小于 KS 的释放值）时，KS 常开触点复位断开，使 KM2 失电，切断反序电源，制动结束。

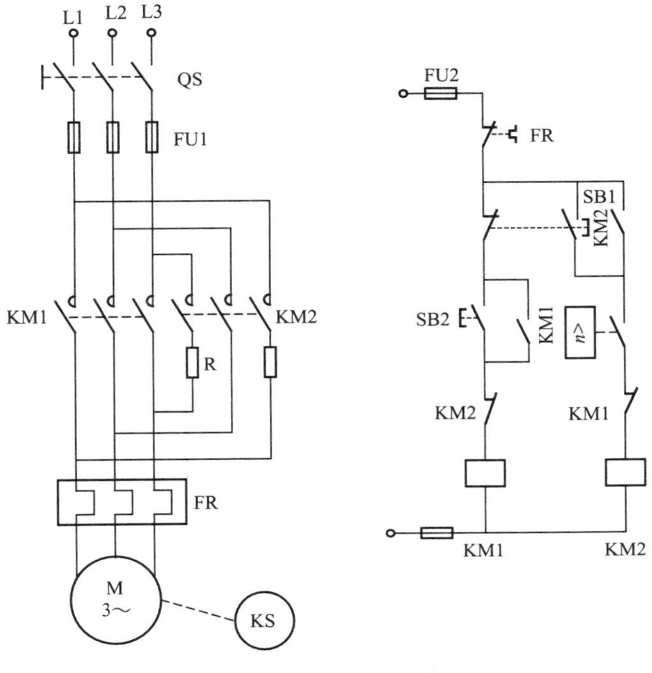

图 8-8　电动机反接制动控制电路

反接制动的制动转矩是反向启动转矩，因此制动力矩大，制动效果显著，但在制动过程中冲击强烈，制动不够平稳，容易损坏传动零件，频繁的反接制动容易使电动机过热而损坏，且能量消耗大。

实践应用篇

三相异步电动机常见故障及排除

三相异步电动机的故障分为机械故障和电气故障两类。机械故障如轴承、铁芯、风叶、机座转轴等的故障，一般比较容易观察和发现。电气故障主要是定子绕组、转子绕组、电刷等导电部分出现的故障。当电动机出现机械故障和电气故障时，都将对电动机的正常运行带来影响。故障处理的关键是通过电动机在运行中出现的种种不正常现象来进行分析，从而找到电动机的故障部位与故障。由于电动机的结构、型号、质量、使用和维护情况的不同，要正确判断故障，必须先进行认真细致的观察和分析，然后进行检查与测量，找到故障所在，并采取相应的措施予以排除。

检查电动机故障的一般步骤是：

① 调查。首先了解电动机的型号、规格、使用条件及年限，以及电动机在发生故障前的运行情况，如所带负荷的大小、温升高低、有无不正常的声音、操作使用情况等，并认真听取操作人员的反映。

② 察看。察看的方法要按电动机故障情况灵活掌握，有时可以把电动机接上电源进行短时运转，直接观察故障情况再进行分析研究。有时电动机不能接电源，可以通过仪表测量或观察来进行分析判断，然后再把电动机拆开，测量并仔细观察其内部情况，找出其故障所在。

8.5 顺序控制线路和多地控制线路的组建与调试

8.5.1 顺序控制线路的组建与调试

一般机床是由多台电动机来实现机床的机械拖动与辅助运动控制的，用于满足机床的特殊控制要求，在启动与停车时需要电动机按一定的顺序来启动与停车。

(1) 先启后停控制电路

某机床要求在加工前先给机床提供液压油，使机床床身导轨进行润滑，或是提供机械运动的液压动力，这就要求先启动液压泵 A 后才能启动机床的工作台拖动电动机 B 或主轴电动机；当机床停止时要求先停止拖动电动机 B 或主轴电动机，才能让液压泵 A 停止。其电气控制原理图如图 8-9 所示。

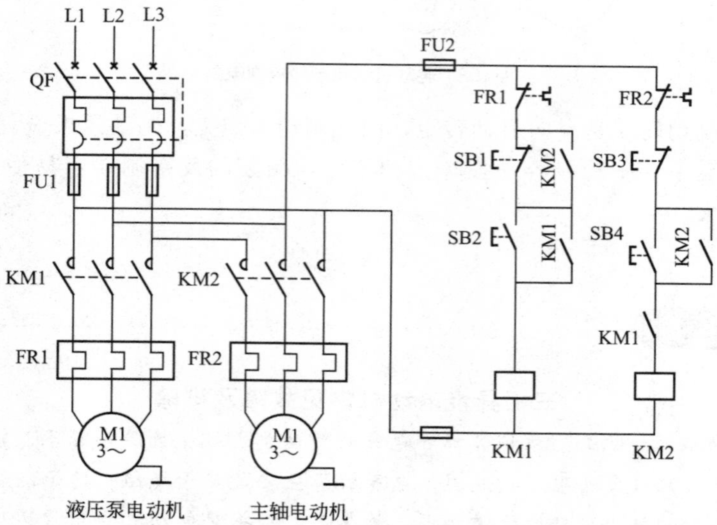

图 8-9 电动机先启后停控制原理图

(2) 先启先停控制电路

在有的特殊控制中，要求A电动机先启动后才能启动B，当A停止后B才能停止。其电气控制原理图如图8-10所示。

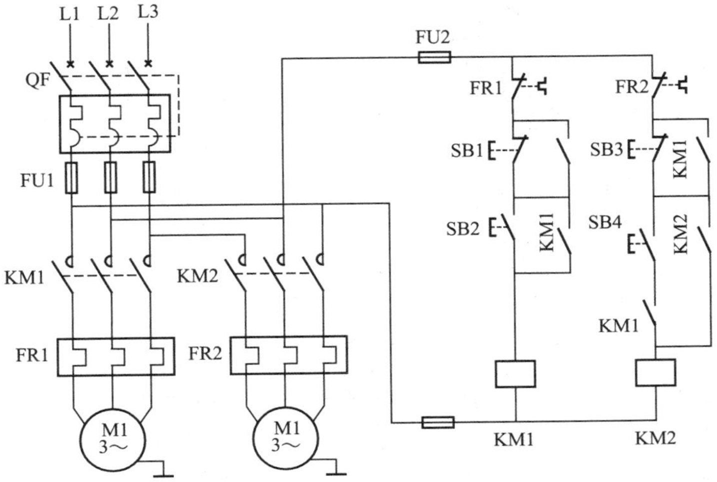

图8-10 电动机先启先停控制原理图

顺序控制的方式：由于电路由主电路和控制电路组成，为了达到顺序控制，可以在主电路中想办法，也可以在控制电路中想办法；如果顺序控制的先后有一定的时间要求，还可以用时间继电器来完成设计。这样顺序控制可以采用主电路联锁、控制电路联锁、用时间继电器完成先后控制三种方式。

8.5.2 多地控制线路的组建与调试

有的生产设备机身很长，启动和停止的操作比较频繁，为了减少操作人员的行走时间，提高设备的运行效率，常在设备机身多处安装控制按钮。通过对多地控制线路的组建与调试，来实现在不同地方来控制同一电机的运行情况。

(1) 两地控制电路

两地控制电路原理图如图8-11所示，其工作原理分析如下。

启动过程：任意按下启动按钮SB1（或SB11），接触器KM线圈通电，与SB1并联的KM的辅助常开触点闭合，以保证松开按钮SB1后KM线圈持续通电，串联在电动机回路中的KM的主触点持续闭合，电动机连续运转，从而实现连续运转控制。

停止过程：任意按下停止按钮SB2（或SB22），接触器KM线圈断电，与SB1并联的KM辅助常开触点断开，以保证松开按钮SB2后KM线圈持续失电，串联在电动机回路中的KM的主触点持续断开，电动机停转。

电路的保护环节有：

① 短路保护：熔断器FU可作主电路的短路保护，当线路发生短路故障时能迅速切断电源。

② 过载保护：FR为过载保护，通常生产机械中需要持续运行的电动机均设过载保护，

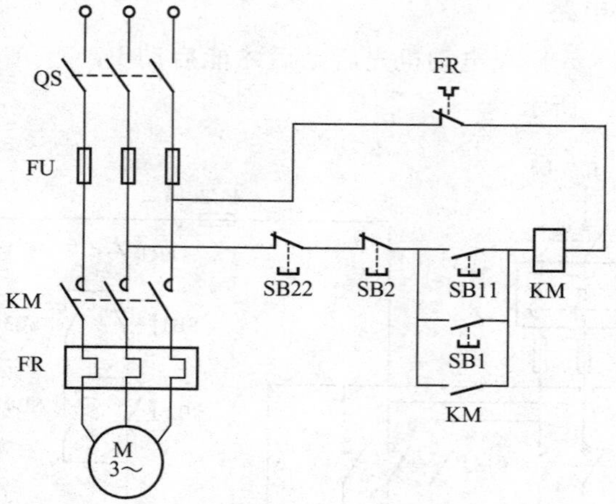

图 8-11　两地控制电路原理图

其特点是过载电流越大，保护动作越快，但不会受电动机启动电流影响而动作。

③ 失压和欠压保护：依靠接触器自身电磁机构实现失压和欠压保护。

可见多地控制的原则是：启动按钮并联，停车按钮串联。

图 8-12 为机床两地控制原理图，SB1、SB2 为机床上正面、侧面两地总停开关；SB3、SB4 实现 M1 电动机的两地正转启动控制，SB5、SB6 实现 M2 电动机的两地反转启动控制。

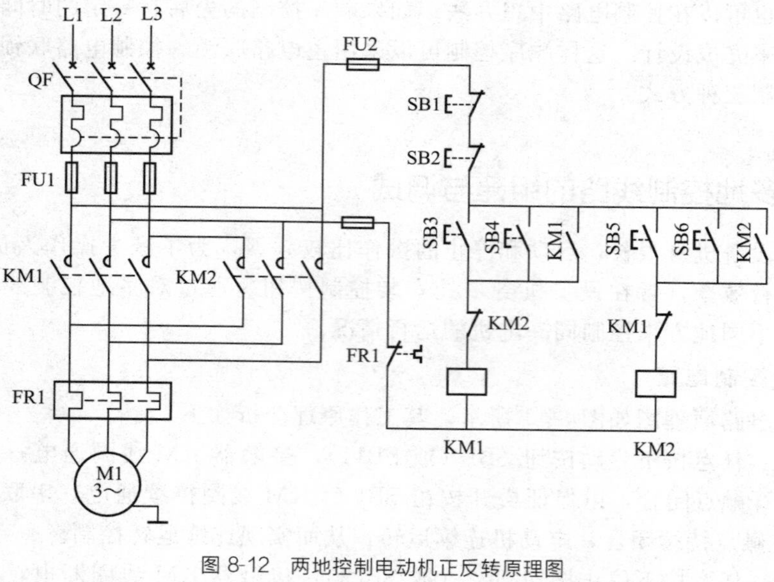

图 8-12　两地控制电动机正反转原理图

(2) 从两地实现一台电动机的连续-点动控制

设计一控制电路，能在 A、B 两地分别控制同一台电动机单方向连续运行与点动控制，其电气原理图如 8-13 所示。

图 8-13 中，SB1、SB2 实现电动机的停车控制，SB3、SB4 实现电动机的点动控制，SB5、SB6 实现电动机的连续控制。在电路设计时，将停止按钮常闭点串联，启动按钮常开点并联。

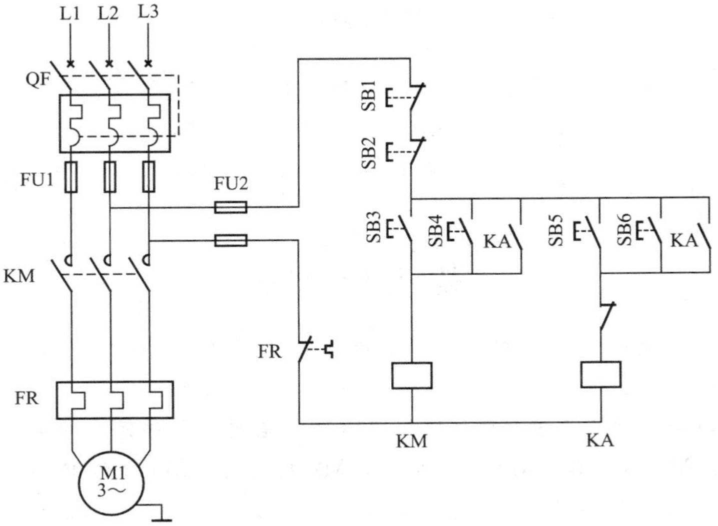

图 8-13　一台电动机两地控制原理图

(3) 两台电动机顺序控制

两台电动机顺序控制电路的电气控制原理图如图 8-14 所示，此电路既可以减少电路元件，也可以使电路可靠、故障率下降，在生产现场也是这样设计的。在电路设计时，将停止按钮常闭点串联 ，将停止按钮常开点并联，启动按钮的常闭点串联在接触器自锁支路中，使电动机在点动控制时自锁支路不起作用。

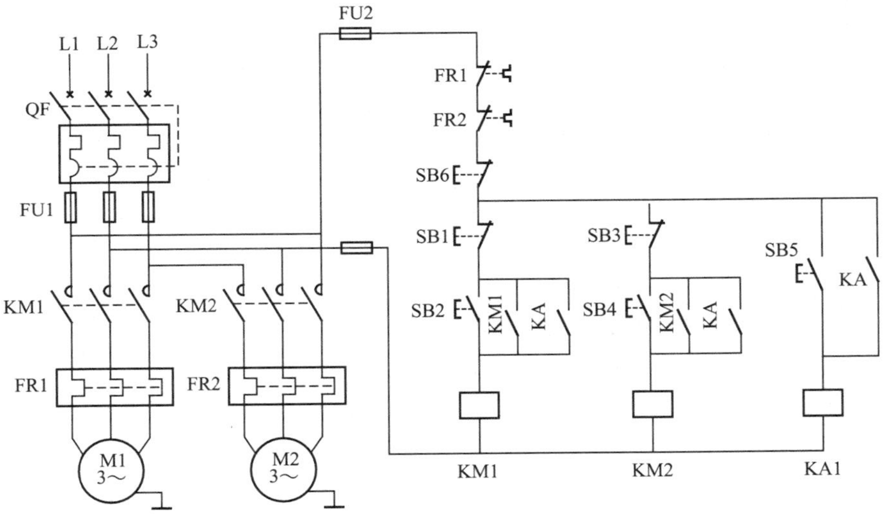

图 8-14　两台电动机顺序控制原理图

这种控制方式有以下两个特点：

① 能同时控制两台电动机同时启动和停止。

② 能分别控制 2 台电动机启动和停止。

本章小结

本章主要介绍了三相笼式异步电动机的典型控制线路，包括：三相笼式异步电动机直接启动控制线路、正反转控制线路、星-三角降压启动控制线路、反接制动控制线路、顺序控制线路和多地控制线路等，重点讲解了各种典型电路的电气控制线路图，分析了各控制线路的工作原理。

思考与练习

1. 试设计一个控制一台电动机的电路，要求：①可正、反转；②正、反向点动；③具有短路和过载保护。

2. 设计一个具有三台电动机 M1、M2、M3 顺序启动、逆序停止的电气控制电路。即启动时按下列顺序：M1 启动后，M2 才能启动；M2 启动后，M3 才能启动。停止时按下列顺序：M3 停止后，M2 才能停止；M2 停止后，M1 才能停止。试画出控制电路。

第9章

常用生产机械电气控制线路故障分析与维护

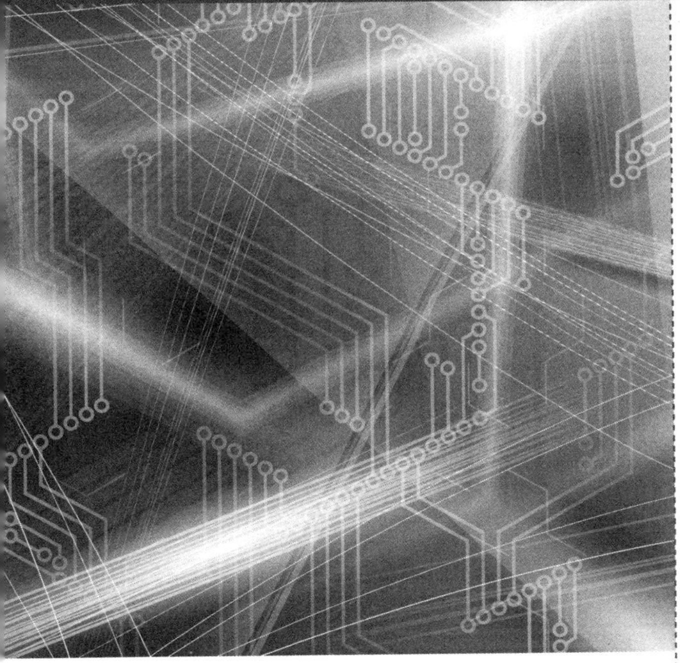

学习指导

在上一章三相笼式异步电动机典型控制线路的基础上，本章以CA6140型车床、Z3050摇臂钻床、X62W型万能铣床、T68卧式镗床、电动葫芦、20/5t桥式起重机为例讲述常用生产机械电气控制线路的分析与维护，并讲述常见电气故障诊断与维护方法。

9.1 电气故障诊断与维护方法

电气设备的维修包括日常维护保养和故障检修两方面的工作。

9.1.1 电气设备的维护与保养

各种电气设备在运行过程中会产生各种各样的故障，致使设备停止运行而影响生产，严重的还会造成人身或设备事故。引起电气设备故障的原因除部分是由于电气元件的自然老化引起的外，还有相当部分的故障是因为忽视了对电气设备的日常维护和保养，以致使小毛病发展成大事故。有些故障则是由于电气维修人员在处理电气故障时的操作方法不当，或因缺少配件凑合行事，或因误判断、误测量而扩大了事故范围所造成的。所以为了保证设备正常运行，减少因电气修理的停机时间，提高劳动生产率，必须十分重视对电气设备的维护和保养。另外，根据各厂设备和生产的具体情况，应储备部分必要的电气元器件和易损配件等。

电力拖动电路和机床电路的日常维护对象有电动机、控制电器、保护电器及电气线路本身。维护内容如下：

① 检查电动机。定期检查电动机相绕组之间、绕组对地之间的绝缘电阻；电动机自身转动是否灵活；空载电流与负载电流是否正常；运行中的温升和响声是否在限度之内；传动装置是否配合恰当；轴承是否磨损、缺油或油质不良；电动机外壳是否清洁。

② 检查控制电器和保护电器。检查触点系统吸合是否良好，触点接触面有无烧蚀、毛刺和穴坑；各种弹簧是否疲劳、卡住；电磁线圈是否过热；灭弧装置是否损坏；电器的有关整定值是否正确。

③ 检查电气线路。检查电气线路接头与端子板、电器的接线柱接触是否牢靠，有无断落、松动、腐蚀、严重氧化；线路绝缘是否良好；线路上是否有油污或脏物。

④ 检查限位开关。检查限位开关是否起限位保护作用，重点是检查滚轮传动机构和触点工作是否正常。

9.1.2 电控线路的故障检修

9.1.2.1 机床电气设备故障的诊断步骤

(1) 故障调查

问：机床发生故障后，首先应向操作者了解故障发生的前后情况，有利于根据电气设备的工作原理来分析发生故障的原因。一般询问的内容有：故障发生在开车前、开车后，还是发生在运行中；是运行中自行停车，还是发现异常情况后由操作者停下来的；发生故障时，机床工作在什么工作顺序，按动了哪个按钮，扳动了哪个开关；故障发生前后，设备有无异常现象（如响声、气味、冒烟或冒火等）；以前是否发生过类似的故障，是怎样处理的等。

看：观察熔断器内熔丝是否熔断，其他电气元件有无烧坏、发热、断线，导线连接螺钉是否松动，电动机的转速是否正常。

听：倾听电动机、变压器和有些电气元件在运行时声音是否正常，可以帮助寻找故障的部位。

摸：电动机、变压器和电气元件的线圈发生故障时，温度是否显著上升，有无局部过热现象，可切断电源后用手去触摸。

（2）电路分析

根据调查结果，参考该电气设备的电气原理图进行分析，初步判断出故障产生的部位，然后逐步缩小故障范围，直至找到故障点并加以消除。分析故障时应有针对性，如接地故障一般先考虑电气柜外的电气装置，后考虑电气柜内的电气元件。断路和短路故障，应先考虑动作频繁的元件，后考虑其余元件。

（3）断电检查

检查前先断开机床总电源，然后根据故障可能产生的部位，逐步找出故障点。检查时应先检查电源线进线处有无碰伤而引起的电源接地、短路等现象，螺旋式熔断器的熔断指示器是否跳出，热继电器是否动作。然后检查电气外部有无损坏，连接导线有无断路、松动，绝缘是否过热或烧焦。

（4）通电检查

作断电检查仍未找到故障时，可对电气设备作通电检查。在通电检查时要尽量使电动机和其所传动的机械部分脱开，将控制器和转换开关置于零位，行程开关还原到正常位置。然后用万用表检查电源电压是否正常，是否缺相或严重不平衡。再进行通电检查，检查的顺序为：先检查控制电路，后检查主电路；先检查辅助系统，后检查主传动系统；先检查交流系统，后检查直流系统。合上开关，观察各电气元件是否按要求动作，是否冒火、冒烟，熔断器是否熔断，直至查到发生故障的部位。

9.1.2.2 机床电气设备故障诊断方法

机床电气故障的检修方法较多，常用的有电压法、电阻法和短接法等。

（1）电压测量法

指利用万用表测量机床电气线路上某两点间的电压值来判断故障点的范围或故障元件的方法。

① 分阶测量法。电压的分阶测量法如图 9-1 所示。检查时，首先用万用表测量 1、7 两点间的电压，若电路正常应为 380V。然后按住启动按钮 SB2 不放，同时将黑色表棒接到点 7 上，红色表棒按 6、5、4、3、2 标号依次向前移动，分别测量 7-6、7-5、7-4、7-3、7-2 各阶之间的电压，电路正常情况下，各阶的电压值均为 380V。如测到 7-6 之间无电压，说明是断路故障，此时可将红色表棒向前移，当移至某点（如 2 点）时电压正常，说明点 2 之后的触点或接线有断路故障。一般是点 2 后第一个触点（即刚跨过的停止按钮 SB1 的触点）或连接线断路。

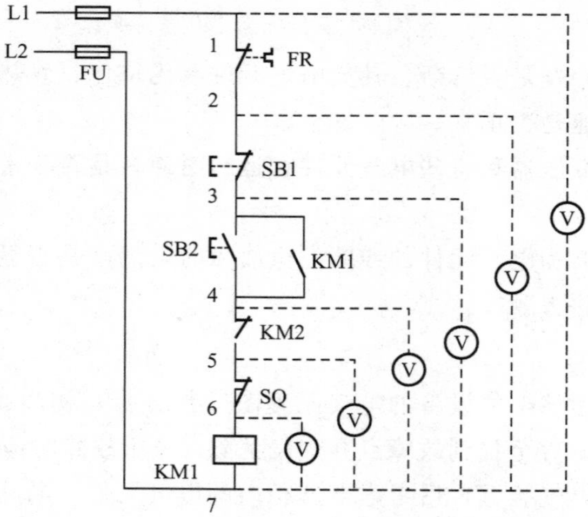

图 9-1 电压的分阶测量法

② 分段测量法。电压的分段测量法如图 9-2 所示。先用万用表测试 1、7 两点，电压值为 380V，说明电源电压正常。

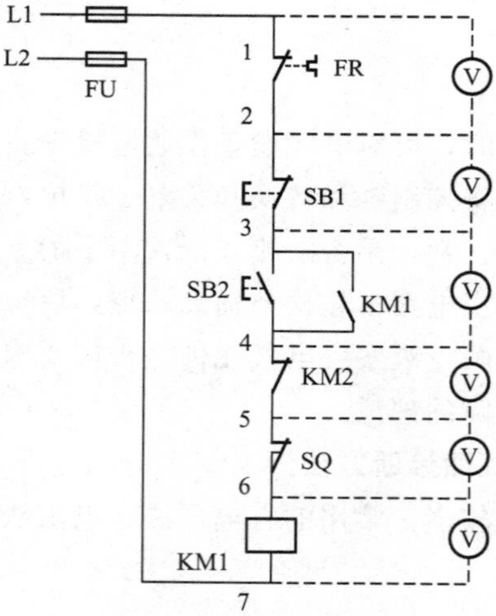

图 9-2 电压的分段测量法

电压的分段测试法是将红、黑两根表棒逐段测量相邻两标号点 1-2、2-3、3-4、4-5、5-6、6-7 间的电压。如电路正常，按 SB2 后，除 6-7 两点间的电压等于 380V 之外，其他任何相邻两点间的电压值均为零。如按下启动按钮 SB2，接触器 KM1 不吸合，说明发生断路故障，此时可用电压表逐段测试各相邻两点间的电压。如测量到某相邻两点间的电压为 380V 时，说明这两点间所包含的触点、连接导线接触不良或有断路故障。例如标号 4-5 两点间的电压为 380V，说明接触器 KM2 的常闭触点接触不良。

（2）电阻测量法

指利用万用表测量机床电气线路上某两点间的电阻值来判断故障点的范围或故障元件的方法。

① 分阶测量法。电阻的分阶测量法如图9-3所示。按下启动按钮SB2，接触器KM1不吸合，说明该电气回路有断路故障。

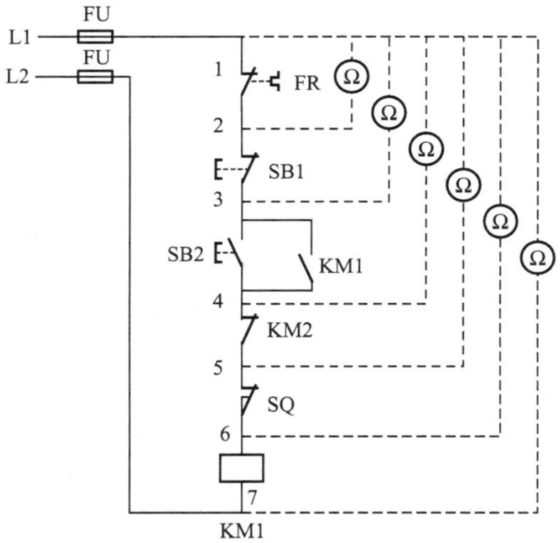

图9-3 分阶电阻测量法

用万用表的电阻挡检测前应先断开电源，然后按下SB2不放松，先测量1-7两点间 的电阻，如电阻值为无穷大，说明1-7之间的电路断路。然后分阶测量1-2、1-3、1-4、1-5、1-6各点间电阻值。若电路正常，则该两点间的电阻值为“0”；当测量到某标号间的电阻值为无穷大，则说明表棒刚跨过的触点或连接导线断路。

② 分段测量法。电阻的分段测量法如图9-4所示。检查时，先切断电源，按下启动按钮

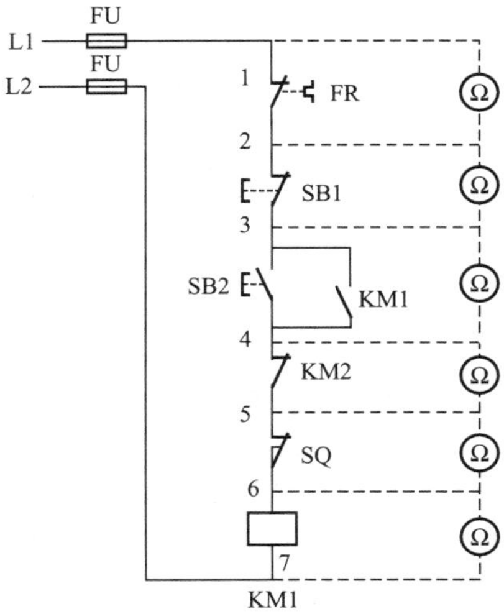

图9-4 分段电阻测量法

SB2，然后依次逐段测量相邻两标号点 1-2、2-3、3-4、4-5、5-6 间的电阻。如测得某两点间的电阻为无穷大，说明这两点间的触点或连接导线断路。例如当测得 2-3 两点间电阻值为无穷大时，说明停止按钮 SB1 或连接 SB1 的导线断路。

注意事项

① 用电阻测量法检查故障时一定要断开电源。

② 如被测的电路与其他电路并联时，必须将该电路与其他电路断开，否则所测得的电阻值是不准确的。

③ 测量高电阻值的电气元件时，把万用表的选择开关旋转至合适的电阻挡。

（3）短接法

指用导线将机床线路中两等电位点短接，以缩小故障范围，从而确定故障范围或故障点。

① 局部短接法。局部短接法如图 9-5 所示。按下启动按钮 SB2 时，接触器 KM1 不吸合，说明该电路有故障。检查前先用万用表测量 1-7 两点间的电压值，若电压正常，可按下启动按钮 SB2 不放松，然后用一根绝缘良好的导线，分别短接标号相邻的两点，如短接1-2、2-3、3-4、4-5、5-6。当短接到某两点时，接触器 KM1 吸合，说明断路故障就在这两点之间。

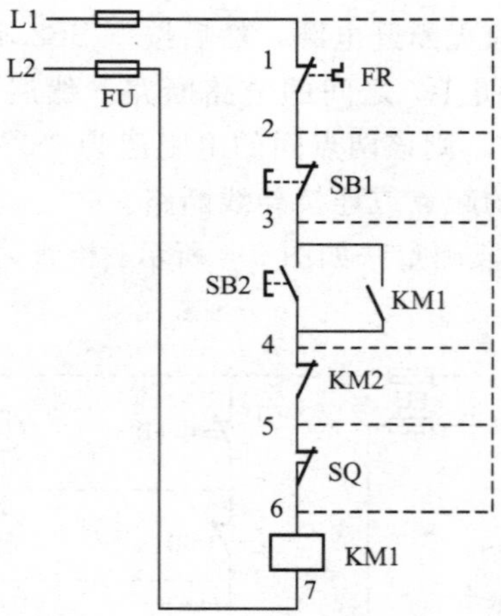

图 9-5　局部短接法

② 长短接法。长短接法检查断路故障如图 9-6 所示。长短接法是指一次短接两个或多个触点，来检查故障的方法。当 FR 的常闭触点和 SB1 的常闭触点同时接触不良，如用上述局部短接法短接 1-2 点，按下启动按钮 SB2，KM1 仍然不会吸合，故可能会造成判断错误。而采用长短接法将 1-6 短接，如 KM1 吸合，说明 1-6 这段电路中有断路故障，然后再短接 1-3和 3-6，若短接 1-3 时 KM1 吸合，则说明故障在 1-3 段范围内。再用局部短接法短接 1-2 和 2-3，能很快地排除电路的断路故障。

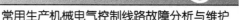

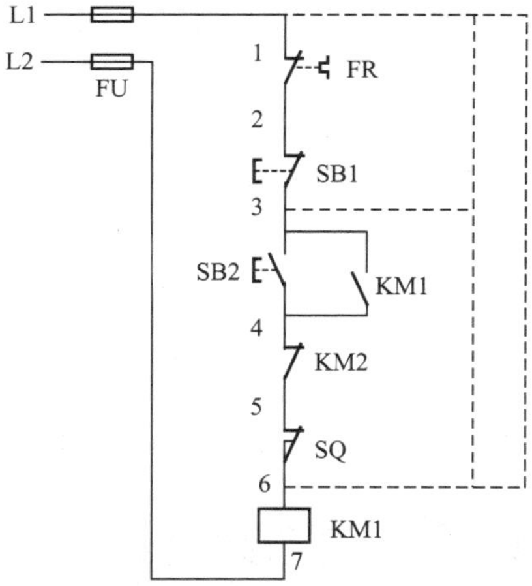

图 9-6 长短接法

注意事项

① 短接法是用手拿绝缘导线带电操作的，所以一定要注意安全，避免触电事故发生。

② 短接法只适用于检查压降极小的导线和触点之类的断路故障。对于压降较大的电器，如电阻、线圈、绕组等断路故障，不能采用短接法，否则会出现短路故障。

③ 对于机床的某些要害部位，必须保障电气设备或机械部位不会出现事故的情况下才能使用短接法。

9.2 CA6140 型车床电气控制线路故障分析与维护

车床是机械加工中应用最广泛的一种机床，约占机床总数的 25%～50%。在各种车床中，应用最多的就是普通车床。普通车床主要用来车削外圆、内圆、端面和螺纹等，还可以安装钻头或铰刀等进行钻孔和铰孔等加工。

车床主要分为卧式车床、立式车床、转塔车床、单轴自动车床、多轴自动和半自动车床、仿形车床及多刀车床和各种专门化车床。其中在普通车床里，卧式车床应用最广泛。

9.2.1 CA6140 型普通车床主要结构及运动特点

CA6140 普通车床型号的含义：

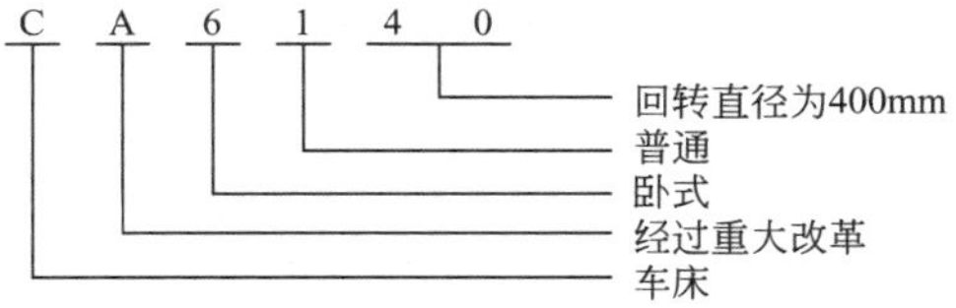

CA6140 型普通车床外观结构如图 9-7 所示。它主要由床身、主轴变速箱、进给箱、溜板箱、刀架、尾架、丝杠和光杠等部件组成。CA6140 有两种主要运动：一种是用卡盘或顶尖将被加工工件固定，用电动机拖动进行旋转运动，称为车床的主轴运动；另一种是溜板箱带动刀架直线移动，称为车床的进给运动。车床工作时绝大部分功率消耗在主轴运动上，并通过丝杠带动溜板箱进行慢速移动，使刀具进行自动切削。溜板箱的运动只消耗很小的功率。

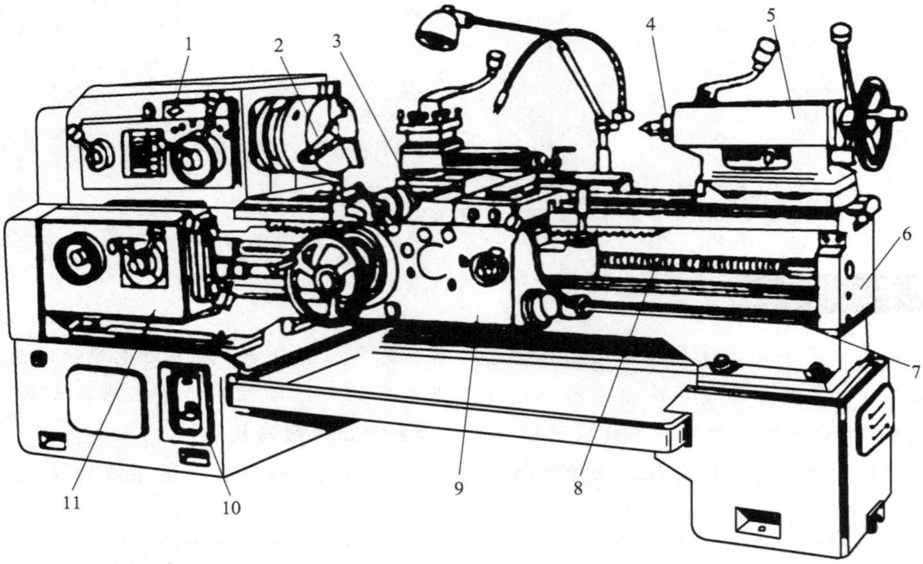

图 9-7　CA6140 型普通车床外观结构

1—主轴箱；2—卡盘；3—刀架；4—后刀架；5—尾座；6—床身；7—光杠；
8—丝杠；9—床鞍；10—底座；11—进给箱

9.2.2　CA6140 型普通车床电气控制要求

车床在加工各种旋转表面时必须具有切削运动和辅助运动。切削运动包括主运动和进给运动；而切削运动以外的其他运动皆为辅助运动。

根据 CA6140 车床的运动情况和工艺要求，对电气控制提出如下要求。

① 主拖动电动机一般选用三相笼式异步电动机，并采用机械变速。

② 为车削螺纹，主轴要求正、反转，小型车床由电动机正、反转来实现，CA6140 型车床则靠摩擦离合器来实现，电动机只作单向旋转。

③ 一般情况，中、小型车床的主轴电动机均采用直接启动。停车时为实现快速停车，一般采用机械制动或电气制动。

④ 车削加工时，需用切削液对刀具和工件进行冷却。为此，设有一台冷却泵电动机，拖动冷却泵输出冷却液。

⑤ 冷却泵电动机与主轴电动机具有联锁关系，即冷却泵电动机应在主轴电动机启动后才可选择启动与否；而当主轴电动机停止时，冷却泵电动机立即停止。

⑥ 为实现溜板箱的快速移动，其应由单独快速电动机拖动，且采用点动控制。

⑦ 电路应有必要的保护环节、安全可靠的照明电路和信号电路。

9.2.3 CA6140 型车床电气控制线路分析

CA6140 型车床的电气原理图如图 9-8 所示，M1 为主轴及进给电动机，拖动主轴和工件旋转，并通过进给机构实现车床进给运动；M2 为冷却泵电动机，拖动冷却泵输出冷却液；M3 为快速移动电动机，拖动溜板实现快速移动。

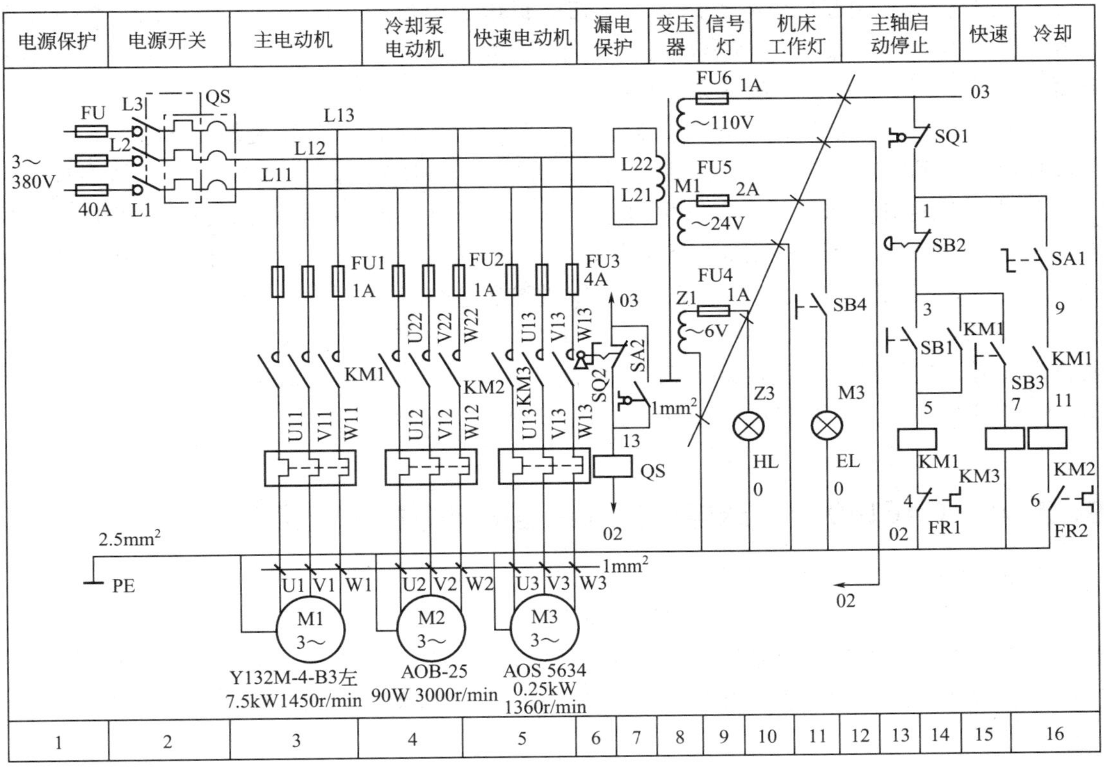

图 9-8 CA6140 型车床的电气原理图

CA6140 型车床的电气原理图分析如下：

① 主轴及进给电动机 M1 的控制。由启动按钮 SB1、停止按钮 SB2 和接触器 KM1 构成电动机单向连续启动-停止电路。

按下 SB1→线圈通电并自锁→M1 单向全压启动，通过摩擦离合器及传动机构拖动主轴正转或反转，以及刀架的直接进给。

停止时，按下 SB2→KM1 断点→M1 自动停车。

② 冷却泵电动机 M2 的控制。M2 的控制由 KM2 电路实现。

主轴电动机启动之后，KM1 辅助触点（9-11）闭合，此时合上开关 SA1，KM2 线圈通电，M2 全压启动。停止时，断开 SA1 或使主轴电动机 M1 停止，则 KM2 断电，使 M2 自由停车。

③ 快速移动电动机 M3 的控制。由按钮 SB3 来控制接触器 KM3，进而实现 M3 的点动。

操作时，先将快、慢速进给手柄扳到所需移动方向，即可接通相关的传动机构，再按下SB3，即可实现该方向的快速移动。

④ 保护环节

a. 电路电源开关是带有开关锁 SA2 的断路器 QS。机床接通电源时需要钥匙开关操作，再合上 QS，增加了安全性。当需合上电源时，先用开关钥匙插入 SA2 开关锁中并右旋，使 QS 线圈断电，再扳动断路器 QS 将其合上，机床电源接通。若将开关锁 SA2 左旋，则触点 SA2（03-13）闭合，QS 线圈通电，断路器跳开，机床断电。

b. 打开机床控制配电盘壁龛门，自动切除机床电源保护。在配电盘壁龛门上装有安全行程开关 SQ，当打开配电盘壁龛门时，安全开关触点 SA2（03-13）闭合，使断路器线圈通电而自动跳闸，断开电源，确保人身安全。

c. 机床床头皮带罩处设有开关 SQ1，当打开皮带罩时，安全开关触点 SQ1（03-1）断开，将接触器 KM1、KM2、KM3 线圈电路切断，电动机将全部停止旋转，确保人身安全。

d. 为满足打开机床控制电盘壁龛门进行带电检修的需要，可将 SQ2 安全开关传动杆拉出，使触点（03-13）断开，此时 QS 线圈断电，QS 开关仍可合上。带电检修完毕，关上壁龛门后，将 SQ2 开关传动复位，SQ2 保护作用照常起作用。

e. 电动机 M1、M2 由热继电器 FR1、FR2 实现电动机长期过载保护；断路器 QS 实现电路的过流、欠压保护；熔断器 FU、FU1～FU6 实现各部分电路的短路保护。此外，还有 EL 机床照明灯和 HL 信号灯进行照明。

9.2.4 CA6140 型车床电气控制线路故障分析与检修

① 故障现象 1：主轴电动机不能启动。

故障分析：主要原因可能是配电箱或总开关的熔丝已熔断。热继电器已动作过，其常闭触点尚未复位。电源开关接通后，按下启动按钮，接触器没有吸合，可能是控制电路中的熔丝熔断、启动按钮或停止按钮内的触点接触不良、交流接触器的线圈烧毁或触点接触不良等或电动机损坏。

故障排除：检查热继电器是否因长期过载已动作。若是，则将热继电器复位，电动机就可以启动了。

② 故障现象 2：按下启动按钮，电动机发出嗡嗡声，不能启动。

故障分析：这是因为电动机缺相运行造成的。可能的原因是熔断器有一相熔丝烧断、接触器有一对主触点没有接触好、电动机接线有一处断线等。

故障排除：立即切断电源，检查接线电动机是否有一处断线。若是，则重新接线后故障即可排除。

③ 故障现象 3：主轴电动机启动后不能自锁。

故障分析：按下启动按钮，电动机不能启动；松开按钮，电动机就自行停止。故障的原因是接触器自锁用的辅助常开触点接触不好或接线松开。

故障排除：检查接触器自锁用的辅助常开触点接线是否松开。重新接好后故障即可排除。

④ 故障现象 4：按下停止按钮，主轴电动机不会停止。

故障分析：出现此类故障的原因，一方面是接触器主触点熔焊、主触点被杂物卡住或有剩磁，使它不能复位；另一方面是停止按钮常闭触点被卡住，不能断开。

故障排除：先断开电源，检查接触器主触点是否熔焊。若是，则更换主触点后故障即可排除。

⑤ 故障现象 5：照明灯不亮。

故障分析：这类故障的原因可能是照明灯泡已坏、照明开关 SB4 已损坏、熔断器 FU5 的熔断丝已烧断、变压原绕组或副绕组已烧毁。

故障排除：检查熔断器 FU5 的熔断丝是否烧毁，如果烧毁，更换熔丝后，故障排除。

9.3 Z3050 型摇臂钻床电气控制线路故障分析与维护

钻床是一种孔加工设备，可以用来钻孔、铰孔、扩孔、攻螺纹、机修刮端面等多种形式的加工。按用途和结构分类，钻床可以分为立式钻床、台式钻床、多孔钻床、摇臂钻床及其他专用钻床等。在各类钻床中，摇臂钻床操作方便、灵活、适用范围广、具有典型性，特备适用于单件或批量生产带有多孔大型零件的孔加工，是一般机械加工车间常见的车床。

Z3050 型摇臂钻床是一种常见的立式钻床，适用于单件和成批量生产加工多孔的大型零件。

Z3050 型摇臂钻床型号的含义：

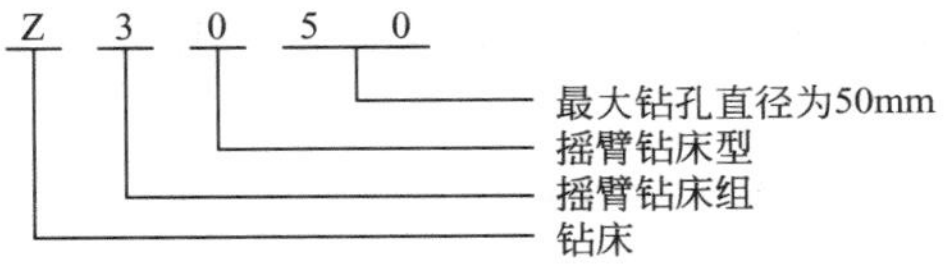

9.3.1 Z3050 型摇臂钻床的主要结构和运动情况

摇臂钻床主要由底座、内外立柱、摇臂、主轴箱、主轴、工作台等组成。外形结构如图 9-9 所示。内立柱固定在底座上，外立柱套在内立柱外面，外立柱可以绕着内立柱回转一周，摇臂的一端套筒部分与外立柱滑动组合，借助于丝杆，摇臂壳沿着外立柱上下移动，但两者不能作相对转动，所以摇臂将与外立柱一起相对内立柱回转。

主轴箱是一个复合的部件，具有主轴及主轴旋转部件、主轴进给的全部变速和操纵机构。主轴箱可沿着摇臂上的水平导轨作径向移动。当进行加工时，可利用特殊的夹紧机构将外立柱紧固在内立柱上，摇臂紧固在外立柱上，主轴箱紧固在摇臂导轨上，然后进行钻削加工。

根据工件高度的不同，摇臂借助于丝杆可以靠着主轴箱沿外立柱上下升降，在升降之前，应自动将摇臂与外立柱松开，再进行升降，当达到升降所需要的位置时，摇臂能自动夹紧在外立柱上。

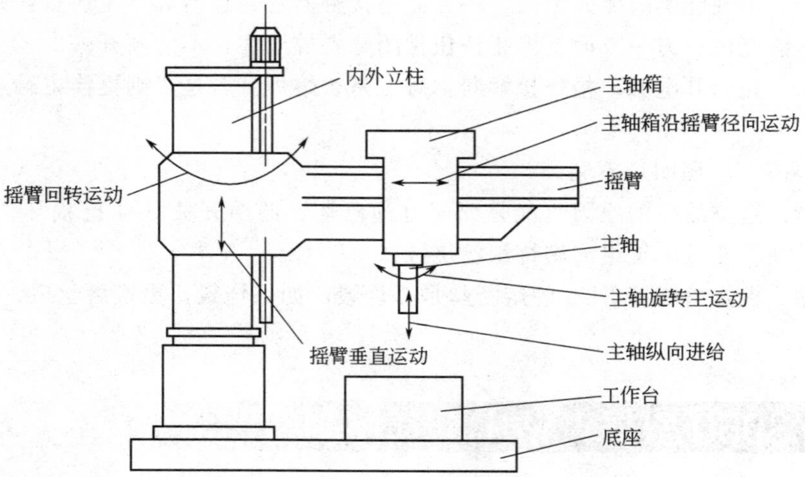

图 9-9 摇臂钻床的结构

9.3.2 摇臂钻床的电力拖动特点及控制要求

① 由于摇臂钻床的运动部件较多，为简化传动装置，使用多电动机拖动，主电机承担主钻削及进给任务，摇臂升降、夹紧放松和冷却泵各用一台电动机拖动。

② 为了适应多种加工方式的要求，主轴及进给运动应在较大的范围内调速。但这些调速都是机械调速，用手柄操作调速，对电动机无任何调速要求。从结构上看主轴变速机构与进给变速机构应该放在一个变速箱内，而且两种运动由一台电动机拖动是合理的。

③ 加工螺纹时，要求主轴能正反转。摇臂钻床的正反转一般用机械方法实现，电动机只需单方向旋转即可。

④ 摇臂升降由单独电动机拖动，要求能实现正反转。

⑤ 摇臂的夹紧与放松以及立柱的夹紧与放松由一台异步电动机配合液压装置来完成，要求这台电动机能正反转。摇臂的回转和主轴箱的径向移动在中小型摇臂钻床上都采用手动。

⑥ 钻削加工时，为对刀具及工件进行冷却，需由一台冷却泵电动机拖动冷却泵输送冷却液。

钻床有时用来攻螺纹，所以要求主轴由可以正反转的摩擦离合器来实现正反转运动控制。Z3050 型摇臂钻床的运动有以下几种。

① 主运动：主轴带动钻头的旋转运动。

② 进给运动：钻头的上下移动。

③ 辅助运动：主轴箱沿摇臂水平移动，摇臂沿外立柱上下移动和摇臂连同外立柱一起相对于内立柱回转。

9.3.3 Z3050 型摇臂钻床的电气控制线路分析

Z3050 型摇臂钻床的电气控制原理图如图 9-10 所示。

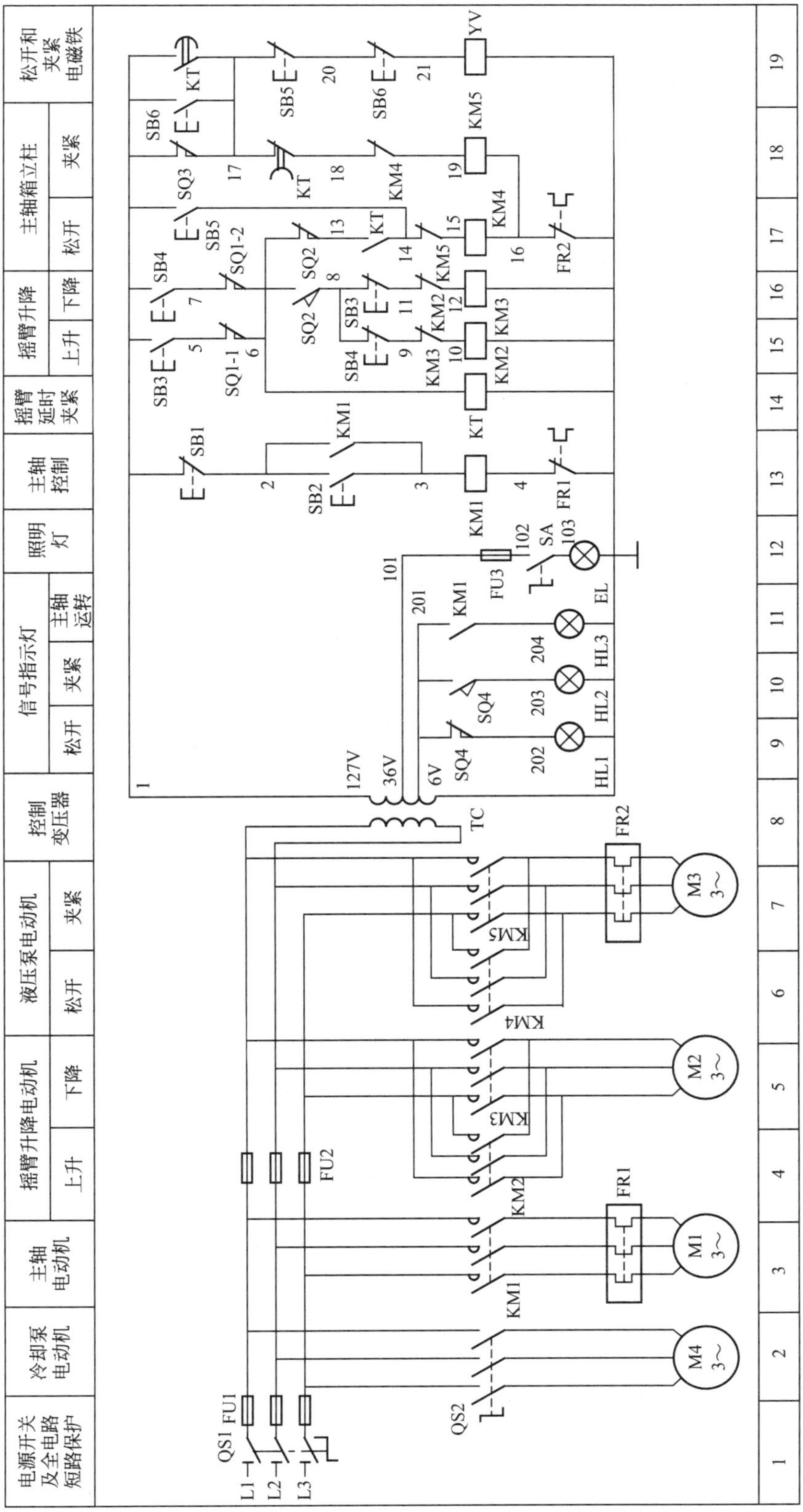

图 9-10 Z3050 型摇臂钻床的电气控制原理图

(1) 主电路分析

Z3050 型摇臂钻床共有 4 台电动机，除冷却泵电动机采用开关直接启动外，其余 3 台异步电动机均采用接触器直接启动。

M1：主轴电动机，由交流接触器 KM1 控制，只要求单方向旋转，主轴的正反转由机械手柄操作。M1 装在主轴箱顶部，带动主轴及进给传动系统，热继电器 FR1 是过载保护元件。

M2：摇臂升降电动机，装于主轴顶部，用接触器 KM2 和 KM3 控制正反转。因为该电动机短时间工作，故不设过载保护电器。

M3：液压油泵电动机，可以做正向转动和反向转动。正向旋转和反向旋转的启动与停止由接触器 KM4 和 KM5 控制。热继电器 FR2 是液压油泵电动机的过载保护电器。该电动机的主要作用是供给夹紧装置压力油、实现摇臂和立柱的夹紧与松开。

M4：冷却泵电动机，功率很小，由开关直接启动和停止。

(2) 控制电路分析

① 主轴电动机 M1 的控制。按下启动按钮 SB2，则接触器 KM1 吸合并自锁，使主轴电动机 M1 启动运行，同时指示灯 HL3 亮。

按停止按钮 SB1，则接触器 KM1 释放，使主电动机 M1 停止旋转，同时指示灯 HL3 熄灭。

② 摇臂升降控制。Z3050 型摇臂钻床摇臂的升降由 M2 拖动，SB3 和 SB4 分别为摇臂升、降的点动按钮，由 SB3、SB4 和 KM2、KM3 组成具有双重互锁的 M2 正反转点动控制电路。因为摇臂平时是夹紧在外立柱上的，所以在摇臂升降之前，先要把摇臂松开，再由 M2 驱动升降；摇臂升降到位后，再重新将其夹紧。

摇臂的松、紧是由液压系统完成的。在电磁阀 YV 线圈通电吸合的条件下，液压泵电动机 M3 正转，正向供出压力油进入摇臂的松开油腔，推动松开机构使摇臂松开，摇臂松开后，行程开关 SQ2 动作、SQ3 复位；若 M3 反转，则反向供出压力油进入摇臂的夹紧油腔，推动夹紧机构使摇臂夹紧，摇臂夹紧后，行程开关 SQ3 动作、SQ2 复位。由此可见，摇臂升降的电气控制是与松紧机构液压与机械系统（M3 与 YV）的控制配合进行的。

③ 主轴箱和立柱的松紧控制。主轴箱和立柱的松、紧控制是同时进行的，SB5 和 SB6 分别为松开与夹紧控制按钮，由它们点动控制 KM4、KM5→控制 M3 的正、反转，由于 SB5、SB6 的动断触点（17-20-21）串联在 YV 线圈支路中。

操作 SB5、SB6 使 M3 点动作的过程中，电磁阀 YV 线圈不吸合，液压泵供出的压力油进入主轴箱和立柱的松开、夹紧油腔，推动松、紧机构实现主轴箱和立柱的松开、夹紧。

(3) 照明电路分析

由行程开关 SQ4 控制指示灯发出信号：主轴箱和立柱夹紧时，SQ4 的动断触点（201-202）断开而动合触点（201-203）闭合，指示灯 HL1 灭，HL2 亮；反之，在松开时 SQ4 复位，HL1 亮而 HL2 灭。

9.3.4 Z3050 型摇臂钻床的电气控制线路故障分析与检修

(1) 摇臂不能升降

由摇臂升降过程可知，升降电动机 M2 旋转，带动摇臂升降，其前提是摇臂完全松开，活塞杆压位置开关SQ2。如果SQ2不动作，常见故障是SQ2安装位置移动。这样，摇臂虽已放松，但活塞杆压不上SQ2，摇臂就不能升降，有时，液压系统发生故障，使摇臂放松不够，也会压不上SQ2，使摇臂不能移动，由此可见，SQ2的位置非常重要，应配合机械、液压调整好后紧固。

（2）摇臂升降后，摇臂夹不紧

由摇臂夹紧的动作过程可知，夹紧动作的结束是由位置开关SQ3来完成的，如果SQ3动作过早，将导致M3尚未充分夹紧就停转。常见的故障原因是SQ3安装位置不合适，固定螺钉松动造成SQ3移位，使SQ3在摇臂夹紧动作未完成时就被压上，切断了KM5回路，使M3停转。

排除故障时，首先判断是液压系统的故障（如活塞杆阀芯卡死或油路堵塞造成的夹紧力不够）还是电气系统故障。对电气方面的故障，应重新调整SQ3的动作距离，固定好螺钉即可。

（3）立柱、主轴箱不能夹紧或松开

立柱、主轴箱不能夹紧或松开的可能原因是油路堵塞、接触器KM4或KM5不能吸合所致。出现故障时，应检查按钮SB6接线情况是否良好，若接触器KM4或KM5能吸合，M3能运转，可排除电气方面的故障，应请液压、机械修理人员检修油路，以确定是否是油路故障。

（4）摇臂上升或下降限位保护开关失灵

组合开关SQ1的失灵分两种情况：一是组合开关SQ1损坏，SQ1触点不能因开关动作而闭合或接触不良使线路断开，由此使摇臂不能上升或下降；二是组合开关SQ1不能动作，触点熔焊，使线路始终处于接通状态，当摇臂上升或下降到极限位置后，摇臂升降电动机M2发生堵转，这时应立即松开SB3或SB4。根据上述情况进行分析，找出故障原因，更换或修理失灵的组合开关SQ1即可。

（5）按下SB6，立柱、主轴箱能夹紧，但释放后就松开

由于立柱、主轴箱的夹紧和松开机构都采用机械菱形块结构，所以这种故障多为机械原因造成。可能是菱形块和承压块的角度方向搞错，或者距离不合适，也可能因夹紧力调得太大或夹紧液压系统压力不够导致。

（6）主轴电动机刚启动运转，熔断器就熔断

可能的原因有：①机械机构卡住或钻头被铁屑卡住；②负荷太重或进给量太大，使电动机堵转造成主轴电动机电流剧增，热继电器来不及动作；③电动机故障或损坏。根据上述情况进行分析，找出故障原因对应检修。

9.4 X62W型万能铣床电气控制线路故障分析与维护

铣床的加工范围较广，运动形式较多，其结构也较为复杂。X62W型万能铣床在加工时是主轴先启动，当铣刀旋转后才允许工作台进给运动，当铣刀离开工作表面后，才允许铣刀停止工作。工作者操作铣床时，在机床的正面与侧身都要有操作的可能，这就涉及上一章讲述的机床电动机的两地或多地控制的问题。

9.4.1 X62W 型万能铣床的主要结构和运动情况

X62W 型万能铣床的主要结构如图 9-11 所示。床身固定于底座上，用于安装和支撑铣床的各部件，在床身内还装有主轴部件、主传动装置、变速操作机构等。床身顶部的导轨上装有悬梁，悬梁上装有刀杆支架。铣刀则装在刀杆上，刀杆的一端装在主轴上，另一端装在刀杆支架上。刀杆支架可以在悬梁上水平移动，悬梁又可以在床身顶部的水平导轨上水平移动，因此可以适应各种不同长度的刀杆。

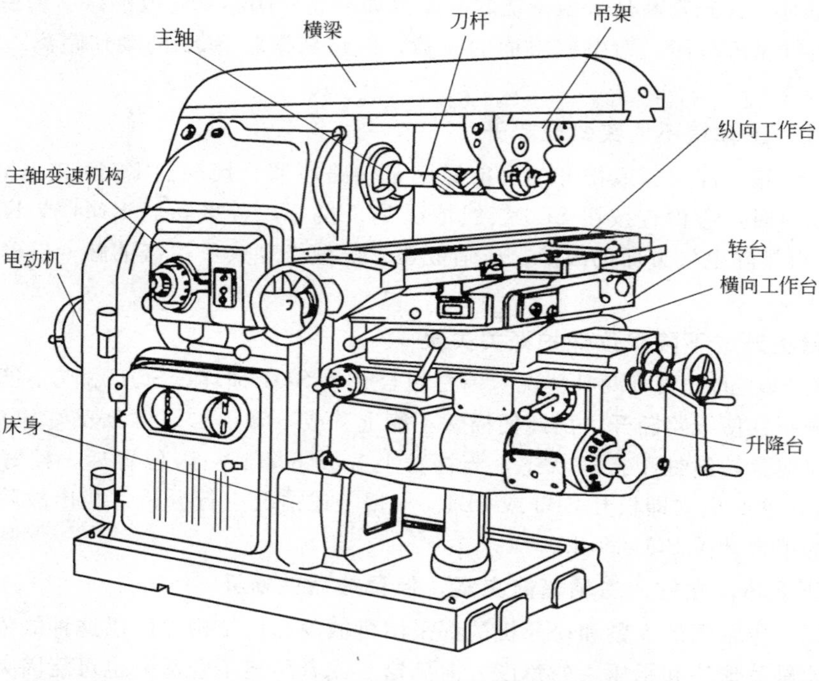

图 9-11 X62W 型万能铣床的主要结构

床身的前部有垂直导轨，升降台可以沿导轨上下移动，升降台内装有进给、运动和快速移动的传动装置及其操作机构等。在升降台的水平导轨上装有滑座，可以沿导轨作平行于主轴轴线方向的横向移动；工作台又经过回转盘装在滑座的水平导轨上，可以沿导轨作垂直于主轴轴线方向的纵向移动。这样，紧固在工作台上的工件，通过工作台、回转盘、滑座和升降台，可以在相互垂直的 3 个方向上实现进给或调整运动。

在工作台与滑座之间的回转盘还可以使工作台左右转动 45°，因此工作台在水平面上除了可以作横向和纵向进给外，还可以实现在不同角度的各个方向上的进给，用以铣削螺旋槽。

由此可见，铣床的主运动是主轴带动刀杆和铣刀的旋转运动；进给运动包括工作台带动工件在水平的纵、横方向及垂直方向 3 个方向的运动；辅助运动则是工作台在 3 个方向的快速移动。

9.4.2 铣床的电力拖动形式和控制要求

铣床的主运动和进给运动各由一台电动机拖动，这样铣床的电力拖动系统一般由 3 台电动机所组成：主轴电动机、进给电动机和冷却泵电动机。主轴电动机通过主轴变速箱驱动主轴旋转，并由齿轮变速箱变速，以适应铣削工艺对转速的要求，电动机则不需要调速。由于铣削分为顺铣和逆铣两种加工方式，分别使用顺铣刀和逆铣刀，所以要求主轴电动机能够正反转，但只要预先选定主轴电动机的转向，在加工过程中则不需要主轴反转。又由于铣削是多刃不连续的切削，负载不稳定，所以主轴上装有飞轮，以提高主轴旋转的均匀性，消除铣削加工时产生的振动，这样主轴传动系统的惯性较大，因此还要求主轴电动机在停机时有电气制动。

进给电动机作为工作台进给及快速移动的动力，也要求能够正反转，以实现 3 个方向的正反向进给运动。通过进给变速箱，可获得不同的进给速度。为了使主轴和进给传动系统在变速时齿轮能够顺利啮合，要求主轴电动机和进给电动机在变速时能够稍微转动一下（称为变速冲动）。

3 台电动机之间还要求有联锁控制，即在主轴电动机启动之后，另外两台电动机才能启动运行。由此，铣床对电力拖动及其控制有以下要求。

① 铣床的主运动由一台笼型异步电动机拖动，直接启动，能够正反转，并设有电气制动环节，能进行变速冲动。

② 工作台的进给运动和快速移动均由同一台笼型异步电动机拖动，直接启动，能够正反转，也要求有变速冲动环节。

③ 冷却泵电动机只要求单向旋转。

④ 3 台电动机直接由联锁控制，即主轴电动机启动之后，才能对另外两台电动机进行控制。

⑤ 主轴电动机启动后才允许另外两台电动机工作。

9.4.3 X62W 型万能铣床的电气控制线路分析

X62W 型万能铣床的电气控制线路有多种，图 9-12 所示的电路是经过改进的电路，为 X62W 型卧式和 X53K 型立式 2 种万能铣床所通用。

（1）主电路分析

三相电源由电源开关 QS1 引入，FU1 作全电路的短路保护。主轴电动机 M1 的运行由接触器 KM1 控制，由开关 SA3 预选其转向。冷却泵电动机 M3 由 QS2 控制其单向旋转，但必须在 M1 启动运行之后才能运行。进给电动机 M2 由 KM3、KM4 实现正反转控制。3 台电动机分别由热继电器 FR1、FR2、FR3 提供过载保护。

（2）控制电路分析

控制电路由控制变压器 TC1 提供 110V 工作电压，FU4 提供变压器二次侧的短路保护。该电路的主轴制动、工作台常速进给和快速进给分别由控制电磁离合器 YC1、YC2、YC3 实现，电磁离合器需要的直流工作电压由整流变压器 TC2 降压后经桥式整流器 VC 提供，FU2、FU3 分别提供交直流侧的短路保护。

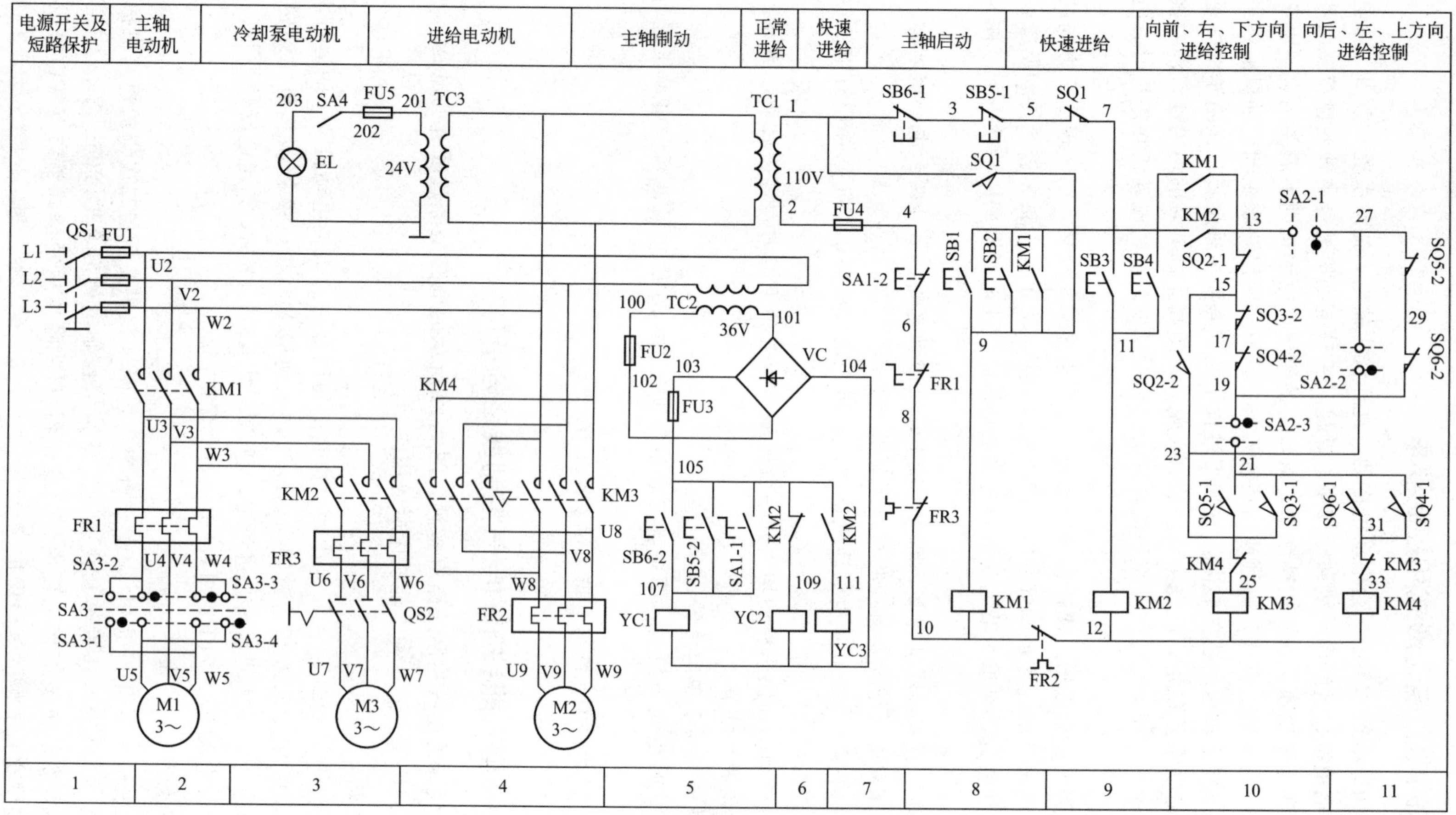

图 9-12 X62W 型万能铣床电气原理图

① 主轴电动机 M1 的控制。M1 由交流接触 KM1 控制，为操作方便，在机床的不同位置各安装了一套启动和停止按钮：SB2 和 SB6 装在床身上，SB1 和 SB5 装在升降台上。对 M1 的控制包括有主轴的启动、停止制动、换刀制动和变速冲动。

a. 启动：在启动前先按照顺铣或逆铣的工艺要求，用组合开关 SA3 预先确定 M1 的转向。按下 SB1 或 SB2→KM1 线圈通电→M1 启动运行，同时 KM1 动合辅助触点（7-13）闭合，为 KM3、KM4 线圈支路连通做好准备。

b. 停车与制动：按下 SB5 或 SB6→SB5 或 SB6 动断触点断开（3-5 或 1-3）→KM1 线圈断电，M1 停车→SB5 或 SB6 动合触点闭合（105-107），制动电磁离合器 YC1 线圈通电→M1 制动。

制动电磁离合器 YC1 装在主轴传动系统与 M1 转轴相连的第一根传动轴上，当 YC1 通电吸合时，将摩擦片压紧，对 M1 进行制动。停转时，应按住 SB5 或 SB6 直至主轴停转才能松开，一般主轴的制动时间不超过 0.5s。

c. 主轴的变速冲动：主轴的变速是通过改变齿轮的传动比实现的。在需要变速时，将变速手柄拉出，转动变速盘至所需的转速，然后将变速手柄复位。在手柄复位的过程中，在瞬间压动了行程开关 SQ1，手柄复位后，SQ1 也随之复位。在 SQ1 动作的瞬间，SQ1 的动断触点（5-7）先断开其他支路，然后动合触点（1-9）闭合，点动控制 KM1，使 M1 产生瞬间的冲动，利于齿轮的啮合，可重复进行上述动作。

d. 主轴换刀控制：在上刀或换刀时，主轴应处于制动状态，以避免发生事故。只要将换刀制动开关 SA1 扳至“连通”位置，其动断触点 SA1-2（4-6）断开控制电路，保证在换刀时机床没有任何动作；其动合触点 SA1-1（105-107）连通 YC1，使主轴处于制动状态。换刀结束后，要记住将 SA1 扳回“断开”位置。

② 进给运动控制。工作台的进给运动分为常速（工作）进给和快速进给，常速进给必须在 M1 启动运行后才能进行，而快速进给属于辅助运动，可以在 M1 不启动的情况下进行。工作台在 6 个方向上的进给运动是由机械操作手柄带动相关的行程开关 SQ3～SQ6，通过控制接触器 KM3、KM4 来控制进给电动机 M2 正反转而实现的。行程开关 SQ5 和 SQ6 分别控制工作台的向右和向左运动，SQ3 和 SQ4 则分别控制工作台的向前、向下和向后、向上运动。

进给拖动系统使用的两个电磁离合器 YC2 和 YC3 都安装在进给传动链中的第四根传动轴上。当 YC2 吸合而 YC3 断开时，为常速进给；当 YC3 吸合而 YC2 断开时，为快速进给。

a. 工作台的纵向进给运动：工作台的纵向（左右）进给运动是由“工作台纵向操纵手柄”来控制的。手柄有 3 个位置：向左、向右、零位（停止）。

将纵向进给操作手柄扳向右边→行程开关 SQ5 动作→其动断触点 SQ5-2（27-29）先断开，动合触点 SQ5-1（21-23）后闭合→KM3 线圈通过 13-15-17-19-21-23-25 路径通电→M2 正转→工作台向右运动。

若将操作手柄扳向左边，则 SQ6 动作→KM4 线圈通电→M2 反转→工作台向左运动。

SA2 为圆工作台控制开关，此时应处于“断开”位置，3 组触点状态为 SA2-1、SA2-3 接通，SA2-2 断开。

b. 工作台的垂直与横向进给运动由一个十字形手柄操纵，十字形手柄有上、下、前、后和中间 5 个位置。将手柄扳至向下或向上位置时，分别压动行程开关 SQ3 或 SQ4，控制

M2 正转或反转，并通过机械传动机构使工作台分别向下和向上运动；而当手柄扳至向前或向后位置时，SQ3 和 SQ4 均不动作。下面就以向上运动的操作为例分析电路的工作情况，其余的可自行分析。

将十字形手柄扳至“向上”位置，SQ4-2 先断开，动合触点 SQ4-1 后闭合→KM4 线圈经 13-27-29-19-21-31-33 路径通电→M2 反转→工作台向上运动。

SQ2-1（13-15）先断开而动合触点 SQ2-2（15-23）后闭合，使 KM3 线圈经 13-27-29-19-17-15-23-25 路径通电，M2 正向点动。由 KM3 的通电路径可见：只有在进给操作手柄均处于零位（即 SQ3～SQ6 均不动作）时，才能进行进给变速冲动。

c. 工作台快速进给的操作：要使工作台在 6 个方向上快速进给，在按常速进给的操作方法操纵进给控制手柄的同时，还要按下快速进给按钮开关 SB3 或 SB4（两地控制），使 KM2 线圈通电，其动断触点（105-109）切断 YC2 线圈支路，动合触点（105-111）接通 YC3 线圈支路，使机械传动机构改变传动比，实现快速进给。因为 KM1 的动合触点（7-13）并联了 KM2 的一个动作触点，所以在 M1 不启动的情况下也可以进行快速进给。

③ 圆工作台的控制。在需要加工弧形槽、弧形面和螺旋槽时，可以在工作台上加装圆工作台。圆工作台的回转运动也是由进给电动机 M2 拖动的。在使用圆工作台时，将控制开关 SA2 扳至“连通”的位置，此时 SA2-2 接通而 SA2-1、SA2-3 断开。在主轴电动机 M1 启动的同时，KM3 线圈经 13-15-17-19-29-27-23-25 的路径通电，使 M2 正转，带动圆工作台旋转运动（圆工作台只需要单向旋转）。由 KM3 线圈的通电路径可见，只要扳动工作台进给操作的任何一个手柄，SQ3～SQ6 其中一个行程开关的动断触点断开，都会切断 KM3 线圈支路，使圆工作台停止运动，这就实现了工作台进给和圆工作台的联锁控制。

（3）照明电路

照明灯 EL 由照明变压器 TC3 提供 24V 的工作电压，SA4 为灯开关，FU5 提供短路保护。

9.4.4 X62W 型万能铣床的电气控制线路故障分析与检修

（1）故障一：主轴停车时没有制动作用

故障分析：

① 电磁离合器 YC1 不工作，工作台能正常进给和快速进给。

② 电磁离合器 YC1 不工作，且工作台无正常进给和快速进给。

故障检修方法：

① 检查电磁离合器 YC1，如 YC1 线圈有无断线、接点有无接触不良等。此外还应检查控制按钮 SB5 和 SB6。

② 重点是检查整流器中的 4 个整流二极管是否损坏或整流电路有无断线。

（2）故障二：主轴换刀时无制动

故障分析：

转换开关 SA1 经常被扳动，其位置发生变动或损坏，导致接触不良或断路。

故障检修方法：

调整转换开关的位置或予以更换。

(3) 故障三：按下主轴停车按钮后主轴电动机不能停车

故障分析：

故障的主要原因可能是 KM1 的主触点熔焊。

故障检修方法：

检查接触器 KM1 主触点是否熔焊，并予以修复或更换。

(4) 故障四：工作台各个方向都不能进给

故障分析：

① 电动机 M2 不能启动，电动机接线脱落或电动机绕组断线。

② 接触器 KM1 不吸合。

③ 接触器 KM1 主触点接触不良或脱落。

④ 经常扳动操作手柄，开关受到冲击，行程开关 SQ3、SQ4、SQ5、SQ6 位置发生变动或损坏。

⑤ 变速冲动开关 SQ2-1 在复位时，不能闭合接通或接触不良。

故障检修方法：

① 检查电动机 M2 是否完好，并予以修复。

② 检查接触器 KM1，控制变压器一、二次绕组，电源电压是否正常，熔断器是否熔断，并予以修复。

③ 检查接触器主触点，并予以修复。

④ 调整行程开关的位置或予以更换。

⑤ 调整变速冲动开关 SQ2-1 的位置，检查触点情况，并予以修复或更换。

(5) 故障五：主轴电动机不能启动

故障分析：

① 电源不足、熔断器熔断、热继电器触点接触不良。

② 启动按钮损坏、接线松脱、接触不良或线圈断路。

③ 变速冲动开关 SQ1 的触点接触不良，开关位置移动或撞坏。

④ 因为 M1 的容量较大，导致接触器 KM1 的主触点、SA3 的触点被熔化或接触不良。

故障检修方法：

① 检查三相电源、熔断器、热继电器的触点的接触情况，并给予相应的处理和更换。

② 更换按钮，紧固接线，检查与修复线圈。

③ 检查冲动开关 SQ1 的触点，调整开关位置，并予以修复或更换。

④ 检查接触器 KM1 和相应开关 SA3，并予以调整或更换。

(6) 故障六：主轴电动机不能冲动（瞬时转动）

故障分析：

行程开关 SQ1 经常受到频繁冲击，使开关位置改变、开关底座被撞碎或接触不良。

故障检修方法：

修理或更换开关，调整开关动作行程。

(7) 故障七：进给电动机不能冲动（瞬时转动）

故障分析：

行程开关 SQ2 经常受到频繁冲击，使开关位置改变、开关底座被撞碎或接触不良。

故障检修方法：

修理或更换开关，调整开关动作行程。

9.5 T68 型卧式镗床电气控制线路故障分析与维护

镗床是一种精密加工机床，主要用于加工精确地孔和各孔间相互位置要求较高的零件。镗床除能完成孔加工外，在万能镗床上还可以进行镗、钻、扩、铰、车及铣等工序。按用途不同，镗床可以分为卧式镗床、坐标镗床、金刚镗床、专用镗床等，以卧式镗床使用为最多。T68 型卧式镗床是应用较广泛的中型卧式镗床。

9.5.1 T68 型卧式镗床主要结构及运动情况的分析

T68 型卧式镗床的型号含义为：

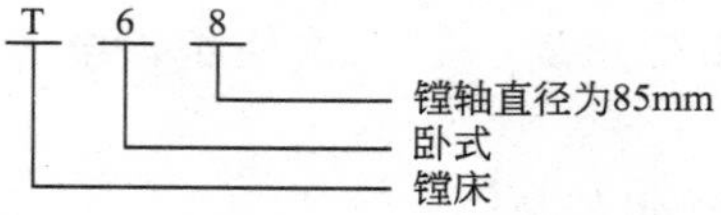

T68 型卧式镗床主要由床身、前立柱、主轴箱、工作台、后立柱、后支撑架等部分组成。其外形结构如图 9-13 所示。

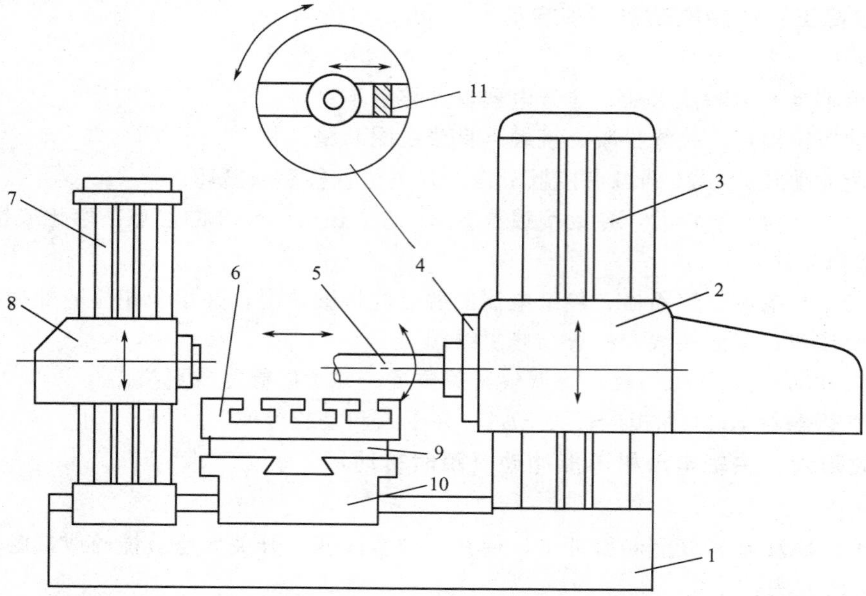

图 9-13 T68 型卧式镗床外形结构图

1—床身；2—镗头架；3—前立柱；4—平旋盘；5—镗轴；6—工作台；7—后立柱；8—尾架；9—上溜板；10—下溜板；11—刀具溜板

T68 型卧式镗床的运动形式如下：

① 主运动：主运动为镗杆（主轴）旋转或平旋盘（花盘）旋转。

② 进给运动：进给运动主要包括镗轴的轴向进给运动、平旋盘上刀具溜板的径向进给运动、主轴箱的垂直进给运动及工作台的纵向和横向进给运动四项。

③ 辅助运动：辅助运动主要包括主轴箱、工作台等的进给运动上的快速调位移动，后立柱的纵向调位移动，后支架与主轴箱的垂直调位移动以及工作台的转位运动。

9.5.2 T68 型卧式镗床的控制要求

① 卧式镗床的主运动和进给运动都用同一台异步电动机拖动。为了适应各种形式和各种工件的加工，要求镗床的主轴有较宽的调速范围，因此多采用由双速或三速笼型异步电动机拖动的滑移齿轮有级调速系统。采用双速或三速电动机拖动，可简化机械变速机构。目前，电力电子器件控制的异步电动机无级调速系统已在镗床上获得广泛应用。

② 卧式镗床的主运动和进给运动都采用机械滑移齿轮变速，为有利于变速后齿轮的啮合，要求有变速冲动。

③ 要求主轴电动机能够正反转，可以点动进行调整，并要求有电气制动，通常采用反接制动。

④ 卧式镗床的各进给运动部件要求能快速运动，一般由单独的快速进给电动机拖动。

9.5.3 T68 型卧式镗床的电气控制线路分析

T68 型卧式镗床电气控制线路如图 9-14 所示，它由两台电动机：一台是主轴电动机 M1，作为主轴旋转及常速进给的动力，同时还带动润滑油泵；另一台是快速进给电动机 M2，作为各进给运动快速移动的动力。

其电气控制原理如下：

(1) 主电路分析

M1 为主轴电动机。是一台 4/2 极的双速电动机，绕组接法为△/YY。电动机 M2 由接触器 KM6、KM7 实现正反转控制，设有短路保护。因快速移动时所需要时间很短，所以 M2 实行点动控制，且无需过载保护。

电动机 M1 由 5 只接触器控制，其中 KM1、KM2 为电动机正反转控制接触器，KM3 为低速启动接触器，接触器 KM4、KM5 用于电动机的高速启动运行。KM3 通电时，将电动机定子绕组接成三角形，电动机为 4 极低速运行；KM4、KM5 通电时，将电动机定子绕组接成双星形，电动机为 2 极高速运行。主轴电动机正反转停车时，均有电磁铁抱闸进行机械制动。FU1 用于电路总的短路保护，FU2 用于电动机 M2 的短路保护。FR 用作电动机 M1 的长期过载保护。

(2) 控制电路分析

合上电源开关 QS 后，变压器 TC 向控制电路供电，控制电路主要用于实现主轴电动机正反转控制、点动控制、制动控制及转速控制，实现快速移动电动机的点动控制。控制电路中行程开关 SQ1 与主轴变速手柄通过机械相连，当手柄打向高速时，通过机械机构压住 SQ1，

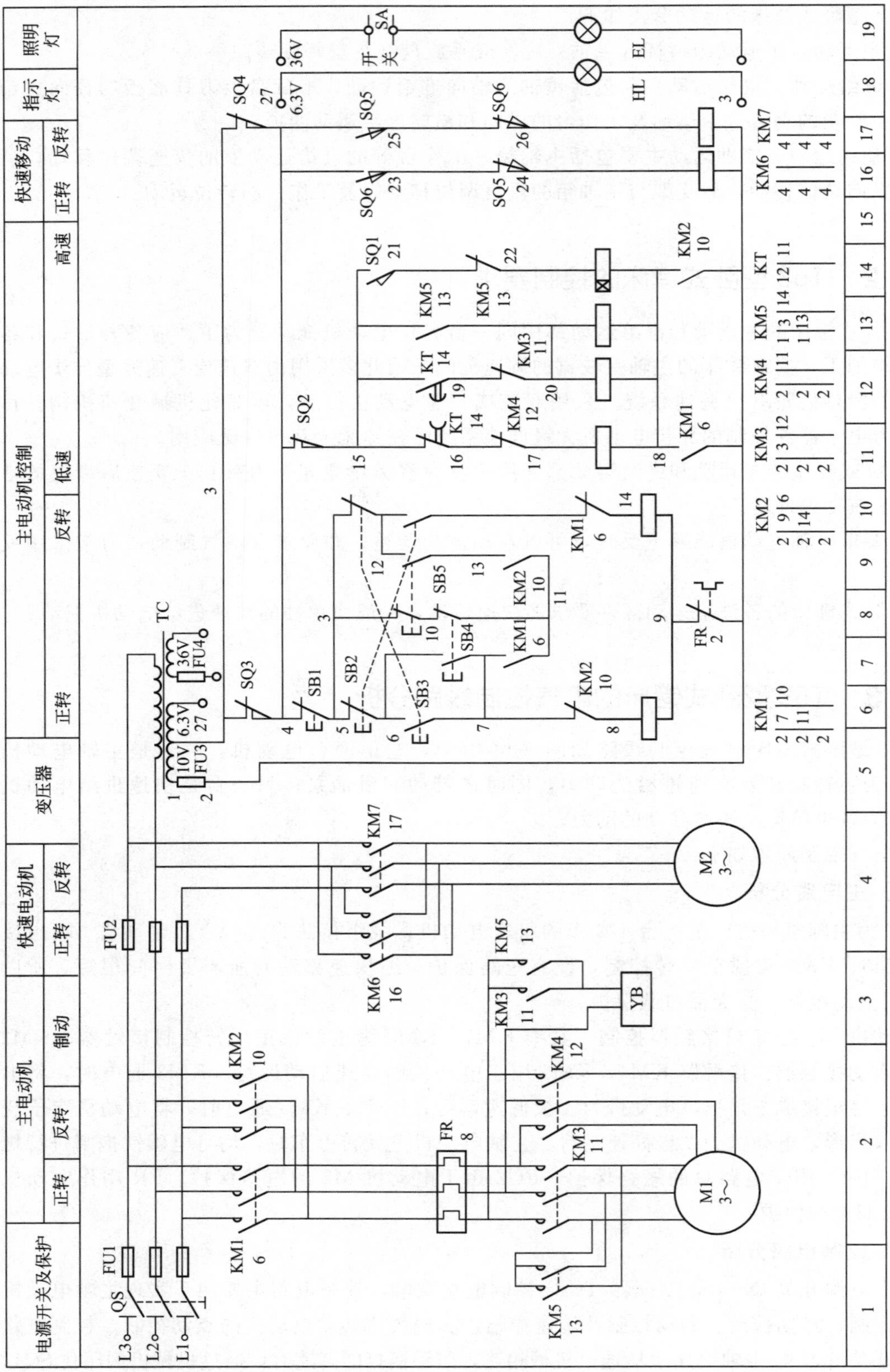

图 9-14 T68 型卧式镗床电气控制线路

SQ1的常开触点闭合，常闭触点断开；行程开关SQ2也与主轴变速手柄相连，当进行变速操作，把主轴变速手柄拉出来时，SQ2被压下，其常开触点闭合，常闭触点断开；行程开关SQ3与主轴及镗头架进给手柄相连，当主轴及镗头架进给时，SQ3被压下，常开触点闭合，常闭触点断开；行程开关SQ4与工作台及主轴箱的进给手柄相连，当工作台及主轴箱进给时，SQ4被压下，常开触点闭合，常闭触点断开；行程开关SQ5、SQ6与快速移动手柄相连，当快速移动时，SQ5或SQ6被压下，常开触点闭合，常闭触点断开。

① 主轴电动机的点动控制。主轴点动时主轴变速手柄位于低速位置，SQ1（15-21）断开。当按下SB4时，KM1、KM3、YB得电，电动机低速正转启动；当松开SB4时，KM1、KM3、YB断电，抱闸制动，电动机很快停止转动。同样当按下SB5时，KM2、KM3、YB得电，电动机低速反转启动；当松开SB5时，KM2、KM3、YB断电，抱闸制动，电动机很快停止转动。

② 主轴电动机的启动控制。

a. 低速启动控制。主轴点动时主轴变速手柄位于低速位置，SQ1（15-21）断开。当按下SB3时，KM1得电，KM1的辅助常开触点7-11闭合，电路经5→10→11→7→8→9→2形成自锁，同时KM1的辅助常开触点18-2闭合，进而KM3、YB得电，电动机正向连续运行。同理当按下SB2时，KM2的辅助常开触点13-11闭合，电路经5→10→11→13→14→9→2形成自锁，同时KM2的辅助常开触点18-2闭合，进而KM3、YB得电，电动机反向连续运行。

b. 高速启动控制。主轴点动时主轴变速手柄位于高速位置，SQ1（15-21）闭合。当按下SB3时，KM1的辅助常开触点7-11闭合自锁，KM1的辅助常开触点18-2闭合，KM3、YB得电，同时时间继电器KT线圈得电，时间继电器计时开始。由于KM1、KM3、YB的闭合，电动机低速正转启动，电动机以低速运行到KT的计时时间到时，KT的常闭延时触点15-16断开，KT的常开延时闭合触点15-19闭合，使得KM3线圈失电，KM3的主触点断开，常闭触点19-20闭合，KM4、KM5得电并自锁，电动机正向高速运行；同理，按下SB2时，电动机反向高速运行。

③ 主轴电动机的停车和制动控制。T68型卧式镗床采用电磁操作的机械制动装置，主电路中的YB为制动电磁铁的线圈，无论M1正转或反转，YB线圈均通电吸合，松开电动机轴上的制动轮，电动机自由启动。当按下SB1时，KM1、KM3、YB断电，在强力弹簧的作用下，将制动带紧紧箍在制动轮上，电动机迅速停车。

④ 主轴变速和进给变速控制。主轴变速和进给变速可以在电动机M1运转时进行。当主轴变速手柄拉出时，限位开关SQ2被压下，其常闭触点4-15断开，KM3、KM4、KM5、KT、YB均断电，电动机M1停车。当主轴速度选择好后，退回原来的位置，限位开关SQ2复位，其常闭触点4-15闭合，电动机M1便自动低速启动运行。同理，需要进给变速时，拉出变速操纵手柄，限位开关SQ2被压下而断开，电动机M1停车，选好合适的进给量后，退回原来的位置，限位开关SQ2复位，电动机M1便自动低速启动运行。

在操作时，可能会碰到变速手柄推不上去的情况，可以来回推动几次，使手柄通过弹簧装置作用于限位开关SQ2，使其反复通断几次，以便电动机M1产生低速冲动，以便齿轮啮合。

⑤ 镗头架、工作台快速移动的控制。为缩短辅助时间、提高生产效率，由快速电动机M2经传动机构拖动镗头架和工作台作快速移动。运动部件及运动方向的预选由装在工作台前方的操作手柄进行，而控制则是由镗头架的快速操作手柄进行操作的。当扳动快速操作手柄时，将压合行程开关SQ5或SQ6，接触器KM6或KM7通电，实现M2的快速正转或快速反转控制。电动机带动相应的传动机构拖动预选的运动部件快速移动。将快速移动手柄扳回原位时，行程开关SQ5或SQ6不再受压，KM6或KM7断电，电动机M2停转，快速移动结束。

(3) 照明电路

控制变压器的一组二次绕组向照明电路提供36V安全电压。照明灯EL由开关SA控制。熔断器FU4作照明电路的短路保护。

(4) 机床的联锁和保护

T68卧式镗床工作台或主轴箱在自动进给时，不允许主轴或平旋盘刀架进行自动进给，否则将发生事故。为此设置了两个行程开关SQ3和SQ4，以实现联锁保护。行程开关SQ3与主轴及镗头架的进给手柄相连，行程开关SQ4与工作台及主轴箱的进给手柄相连，当二者有一个进给时，可以正常进行，如果两个都扳到进给的位置时，SQ3和SQ4的常闭触点3-4均断开，电动机M1和M2无法得电启动运转，这就避免了误操作而造成的事故。同时主电动机M1的正反转控制电路、高低速控制电路、快速进给电动机的控制电路也都设有互锁环节，以防止误操作而造成事故。

9.5.4 T68型卧式镗床的电气控制线路故障分析与检修

(1) 故障一：主轴电动机不能启动

故障分析：主要原因可能是配电箱或总开关的熔丝已熔断。热继电器已动作过，其常闭触点尚未复位。电源开关接通后，按下启动按钮，接触器没有吸合，可能是控制电路中的FU2熔丝熔断、启动按钮或停止按钮内的触点接触不良、交流接触器KM的线圈烧毁或触点接触不良等。电动机损坏。

(2) 故障二：主轴电动机有高速无低速

故障分析：主要原因可能是SQ1没有闭合、KT线圈没有通电、KT动合触点没有闭合及KM3动断触点没有闭合。

(3) 故障三：主轴转速与标牌的指示不符

故障分析：这种故障一般有两种现象。第一种是主轴的实际转速比标牌指示转速增加一倍或减少一半，第二种是M1只有高速或只有低速。前者大多是由于安装调整不当引起的。T68型卧式镗床有18种转速，是由双速电动机和机械滑移齿轮联合调速来实现的。M1的高低转速是靠主轴变速手柄推动微动开关SQ1，由SQ1的动合触点（15-21）通、断来实现的。如果安装调整不当，使SQ1的动作恰好相反，则会发生第一种故障。产生第二种故障的主要原因是SQ1损坏（或安装位置移动），如果SQ1的动合触点（15-21）总是接通，则

M1 只有高速；如果总是断开，则 M1 只有低速。此外，KT 的损坏（如线圈烧断、触点不动作等）也会造成此类故障发生。

(4) 故障四：M1 不能进行正反转点动、制动及变速冲动控制

故障分析：主要原因往往是各接触器控制功能的公共电路部分出现故障，如果伴随着不能低速运行，则故障可能出在控制电路 15-14-20-18-0 支路中有断开点；否则，故障可能出在主电路的引线上有断开点。如果主电路仅断开一相电源，电动机还会伴有断相运行的“嗡嗡”声。

9.6 起重机电气控制线路

9.6.1 电动葫芦电气控制线路

起重运输设备种类很多，电动葫芦是将电动机、减速器、卷筒、制动装置和运行小车等紧凑地合为一体的起重设备。它由两台电动机分别拖动提升和移动机构，具有重量较小、结构简单、成本低廉和使用方便的特点，主要用于厂矿企业的修理与安装工作。

(1) 电动葫芦简介

① 电动葫芦的种类。电动葫芦根据电动机、卷筒、制动器等主要部件位置的不同分为 TV 型、CD 型和 DH 型，其部件相对位置如图 9-15 所示。

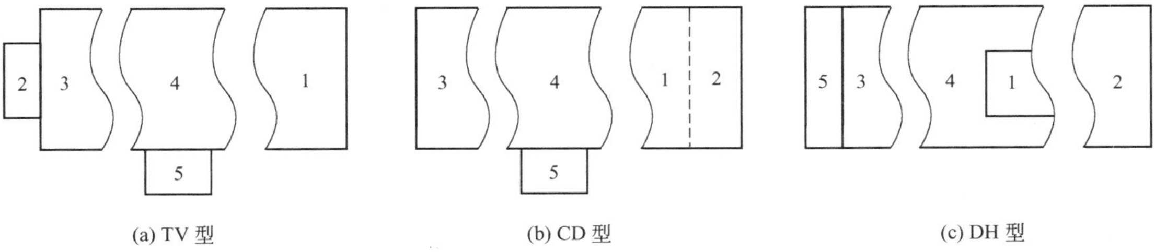

图 9-15 电动葫芦结构形式

1—电动机；2—制动器；3—减速器；4—卷筒；5—电器

② 电动葫芦的基本结构。电动葫芦外形如图 9-16 所示。它由提升机构和移动装置两部分组成，CD 型提升机构用锥形电动机拖动，移动装置用普通笼形电动机拖动。

锥形电动机与普通电动机的结构不同，CD 型电动葫芦的锥形电动机的结构如图 9-17 所示。

当锥形电动机接通电源后，在锥形定子中产生一电磁力，并垂直作用于电动机的锥形转子表面，它的轴向分力使锥形转子克服了弹簧的作用，沿电动机的轴线移动，进入锥形转子内，而与锥形转子同轴的风扇制动轮同时移动并与锥形电动机的后端盖脱离，转子可以自由转动。当切断电源后，在弹簧张力的作用下，转子反向移动，使风扇制动轮压紧电动机的后端盖，实现电动机的停车制动。

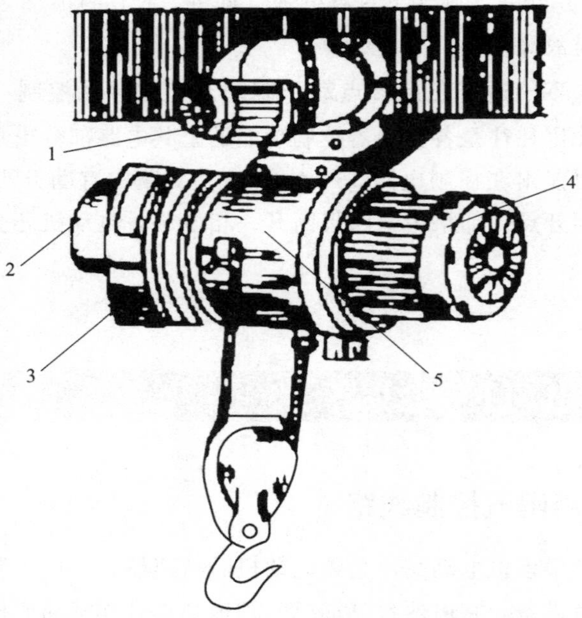

图 9-16　电动葫芦的总体图

1—移动电动机；2—电磁制动器；3—减速箱；4—电动机；5—钢丝卷筒

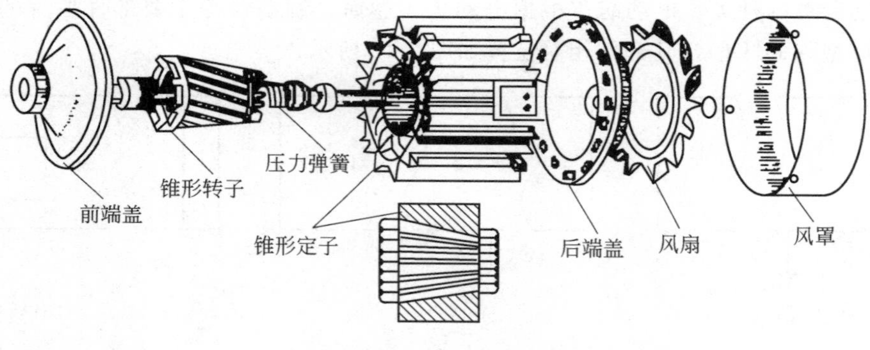

图 9-17　CD型电动葫芦锥形电动机结构

（2）电路检查与模拟操作

① 电路检查。检查电动葫芦控制线路板上所有电气元件是否完好。打开行程开关盖板，观察行程开关的结构；用手拨动行程开关的滚轮或压下顶杆，观察微动开关的动作情况。打开电磁制动器 YB 的盖子，观察其内部结构，了解其工作原理。

根据图 9-18，用万用表或校灯检查电动葫芦控制线路板的连接是否正确、牢固。熟悉操作电器在线路板上的位置。

② 模拟操作。电路检查后，通电进行模拟操作。按下按钮 SB1，观察电动葫芦的工作情况；然后再按下 SB2，观察电动葫芦运转情况的变化；操作按钮 SB3 和 SB4，观察电动葫芦的工作情况。如果按下按钮 SB1 后不松开手，观察电动葫芦的工作情况，通电操作中，发现有异常现象，立即断电检查，并分析故障原因。

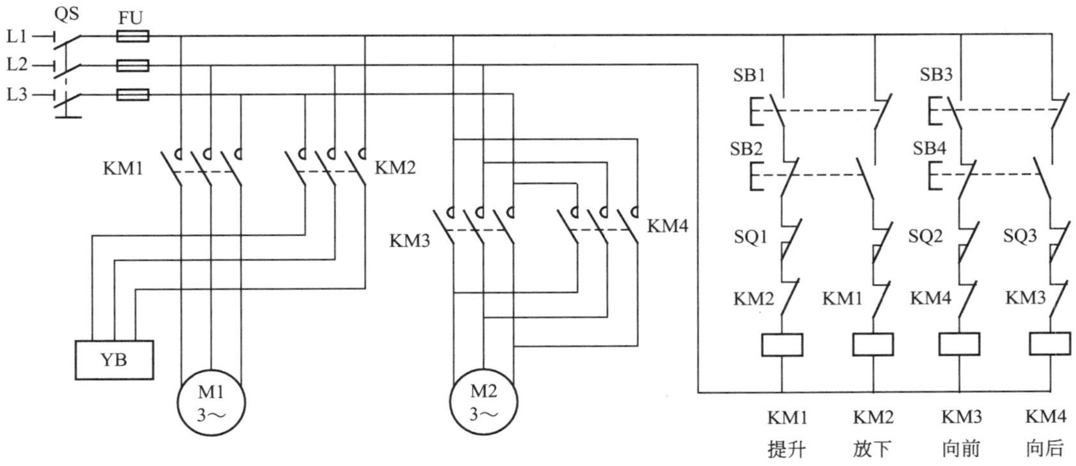

图 9-18　CD 型电动葫芦电气控制线路

(3) 电动葫芦电气控制线路分析

CD 型电动葫芦的电气控制原理图如图 9-18 所示，由主电路和控制电路两部分组成。

① 主电路。主电路有两台电动机 M1、M2。其中 M1 是提升电动机，用接触器 KM1、KM2 控制它的正反转，用于提起和放下重物；M2 是移动电动机，用 KM3、KM4 控制它的正反转，用于使电动葫芦前后移动。

YB 是三相断电型电磁制动器，由制动电磁铁和闸瓦制动器两部分组成。当制动电磁铁线圈通电后，它的闸瓦与闸轮分开，电动机可以转动；当制动电磁铁线圈断电后，在弹簧的作用下，使闸瓦与闸轮压紧，实现电动葫芦的停车制动。

熔断器 FU 用于整个电路的短路保护。

② 控制电路。SB1 是电动葫芦提升重物的点动控制按钮，SB2 是电动葫芦放下重物的点动控制按钮，SB3 是电动葫芦向前移动的点动控制按钮，SB4 是电动葫芦向后移动的点动控制按钮。

SQ1～SQ3 为限位行程开关，当电动葫芦提升物体上升到极限位置时，行程开关 SQ1 被压下，电动葫芦前后移动到极限位置时，对应的行程开关 SQ2 或 SQ3 被压下，用于电动葫芦的安全保护。

工作时，合上电源开关 QS，按下按钮 SB1，接触器 KM1 的得电通路为：L1→QS→FU→SB1 常开触点（已闭合）→SB2 常闭触点→SQ1 常闭触点→KM2 常闭触点→KM1 线圈→FU→QS→L2，电动机 M1 正转，提起重物，松开按钮 SB1，由于没有采用自锁措施，接触器 KM1 失电，M1 制动停车，停止提升；如果按下按钮 SB2，则接触器 KM2 得电，电动机 M1 反转，物体被放下，松开按钮 SB2，KM1 失电，M1 制动停车，物体停止向下运动。

如果在提升物体过程中，物体被提至极限位置而没有及时松开按钮 SB1 时，行程开关 SQ1 被压下，SQ1 常闭触点断开，KM1 失电，物体不再被提升，实现了电动葫芦的上限保护。

如果要使电动葫芦前后移动，则按下按钮 SB3 或 SB4，接触器 KM3 或 KM4 得电，便可以实现电动葫芦的前后移动。SQ2 和 SQ3 为电动葫芦前后移动的限位行程开关。

SB1～SB4 为复合按钮，与接触器 KM1～KM4 的常闭触点共同构成控制电路的机械-电气联锁，用以防止接触器 KM1 和 KM2、KM3 和 KM4 同时通电，从而避免主电路短路事故的发生。

(4) 电动葫芦的故障分析

① 读图训练。电动葫芦的读图过程如下：

分析主电路可以看到：电动机 M1 和 M2 用熔断器 FU 作短路保护，接触器 KM1 的三对主触点控制电动机 M1 的正转（提升物体），另一个接触器 KM2 的三对主触点控制电动机 M1 的反转（放下物体）；接触器 KM3 和 KM4 分别控制电动机 M2 的正转（电动葫芦向前移动）和反转（电动葫芦向后移动）；电动机 M1 用电磁制动器 YB 进行停车制动。

从左到右、自上而下分析控制回路：首先分析 KM1 回路，按下按钮 SB1 时，其串在接触器 KM2 回路中的常闭触点先断开，切断 KM2 线圈回路，然后接通常开触点。由于 SB2、SQ1 和 KM2 都是常闭触点，所以 KM1 线圈得电，接触器 KM1 的三对主触点闭合，提升电动机 M1 正转。此时接触器 KM1 的常闭触点断开，KM2 线圈的回路不能通电，具有按钮和接触器双重联锁保护，提高了电路的安全可靠性。松开按钮 SB1，由于接触器 KM1 没有采取自锁措施，KM1 失电，因而电动机 M1 的正转控制为点动控制。另外，当电动葫芦提升到终端位置时，压下行程开关 SQ1，其常闭触点断开，KM1 失电，电动机 M1 停车，实现终端位置保护。

再分析 KM2 线圈回路，按下按钮 SB2，由于其串在 KM1 回路中的常闭触点先断开，切断 KM1 线圈回路，接触器 KM1 串在 KM2 回路中的常闭触点恢复闭合，SB2 按到底时，KM2 线圈得电，KM2 主触点闭合，提升电动机 M1 反转。此时，KM2 串在 KM1 回路中的常闭触点断开，KM1 线圈回路不能通电，作联锁保护。KM2 也没有采取自锁措施，所以 M1 的反转控制仍然是点动控制。

接触器 KM3 和 KM4 线圈回路的分析过程与上述过程相似，请读者自行分析。

熔断器 FU 同时作为控制电路的短路保护装置。

② 故障分析。如电动葫芦不能正常工作，则应对电路进行分析，排除故障。下面对电动葫芦的一些典型故障进行分析。

a. 电动葫芦提升物体操作正常，但不能将物体放下。从电动葫芦的控制电路中可以看出，提起物体操作正常，说明提升电动机 M1 和电磁制动器 YB 的主电路工作正常，问题应出在放下物体操作的控制线路部分。从主电路中可以看出，接触器 KM2 的主触点如果能正常闭合，则此故障便被排除，而 KM2 的得电通路为：

L1→电源开关 QS→熔断器 FU→SB1 常闭触点→SB2 常开触点（已闭合）→KM1 常闭触点→KM2 线圈→熔断器 FU 电源开关 QS→L2

如果按下按钮 SB2 后，接触器 KM2 得电动作，但提升电动机 M1 不转，说明故障点为接触器 KM2 的主触点接触不良；如果按下 SB2，KM2 不动作，则故障应为在 SB1 常闭触点～KM2 线圈之间的通路中有断点，此时，逐个检查其中的元器件，便可找出故障。

b. 电动葫芦基本动作正常，但向前移动到终端位置不能自动停车。电动葫芦为提高工作的安全性，设置了三个运动方向的终端保护，当电动葫芦移动到终端位置时，不论是否松开按钮，都将自动停车，前移终端保护是由行程开关 SQ2 实现的。当电动葫芦向前移动未到达终端位置时，SQ2 未被压下，它的常闭触点仍处在闭合状态，不影响电动葫芦的向前移动；当电动葫芦向前移动到终端位置时，压下行程开关 SQ2，其常闭触点断开，此时，不管按钮 SB4 是否被按下，接触器 KM3 都将失电，实现自动停车，限位保护。所以该故障应是行程开关 SQ2 损坏，被压下时不能正常断开控制电路造成的。

9.6.2 20/5t 桥式起重机电气控制线路

(1) 桥式起重机结构简介

起重设备按结构分，有桥式、塔式、门式、旋转式和缆索式等多种，不同结构的起重设备分别应用于不同的场合。生产车间内使用的是桥式起重机，常见的有 5t、10t 单钩和 15/3t、20/5t 双钩等，它是一种用来吊起或放下重物并使重物在短距离内水平移动的起重设备，俗称吊车、行车或天车。下面以 20/5t 双钩桥式起重机为例分析一下 20/5t 桥式起重机控制线路。20/5t 桥式起重机主要由主钩（20t）、副钩（5t）、大车和小车等四部分组成。其中，大车和小车组成桥架机构，主钩（20t）和副钩（5t）组成提升机构。图 9-19 所示是 20/5t 桥式起重机的外形结构图。图 9-20 所示是小车机构传动系统图。

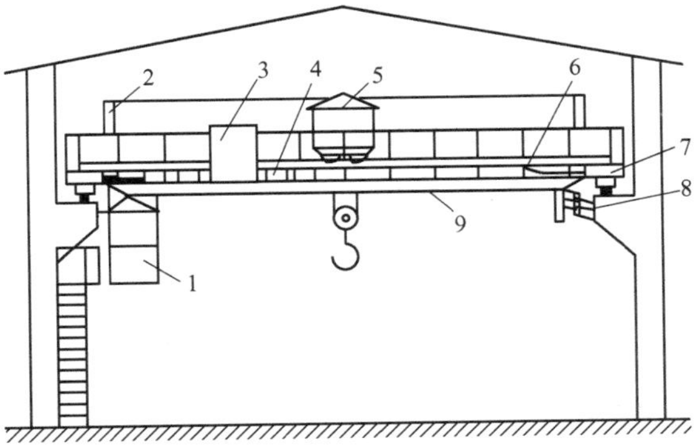

图 9-19 20/5t 桥式起重机外形结构图

1—驾驶室；2—辅助滑线架；3—交流磁力控制器；4—电阻箱；5—起重小车；6—大车拖动电动机与传动机构；7—端梁；8—主滑线；9—主梁

20/5t 桥式起重机由五台电动机组成，其主要运动形式分析如下：大车的轨道设在沿车间两侧的柱子上，大车可在轨道上沿车间纵向移动；大车上有小轨道，供小车横向移动；主钩和副钩都安装在小车上。交流起重机的电源为 380V，三相电源是从沿着平行于大车轨道方向安装的厂房一侧主滑线导管，通过电刷引入到起重机驾驶室内的保护控制盘上的。提升机构、小车上的电动机和交流电磁制动器的电源是由架设在大车上的辅助滑触线（俗称拖令线）来供给的；转子电阻也是通过辅助滑触线与电动机连接的。滑触线通常用圆钢、角钢、V 形钢或工字钢轨制成。

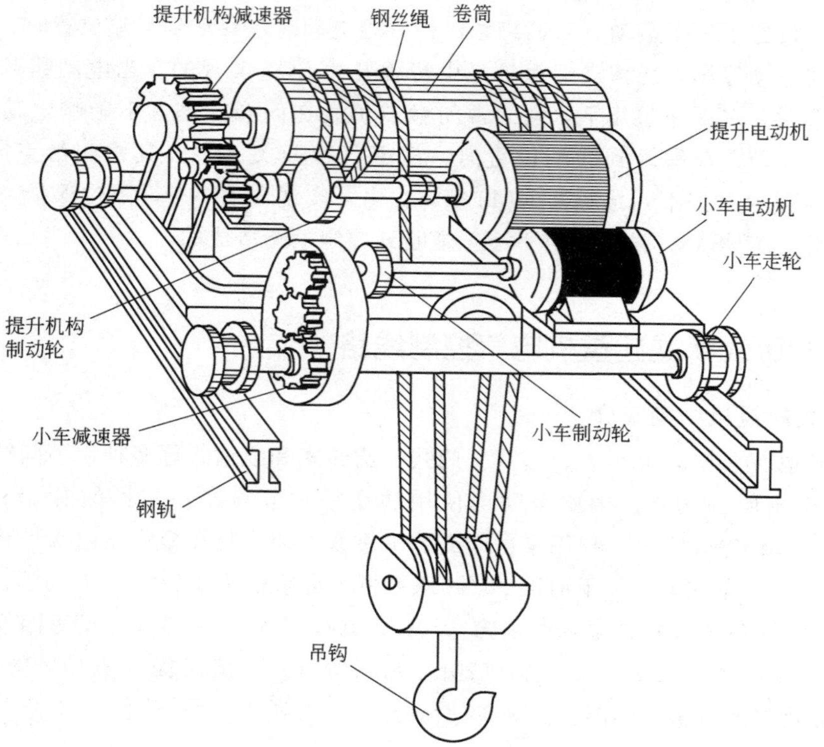

图 9-20　小车机构传动系统图

(2) 20/5t 桥式起重机的控制线路分析

① 主电路分析。桥式起重机的工作原理如图 9-21 所示，XQB1 保护箱主回路原理图如图 9-23 所示。大车由两台规格相同的电动机 M1 和 M2 拖动，用一台凸轮控制器 Q1 控制，电动机的定子绕组并联在同一电源上；YA1 和 YA2 为交流电磁制动器，行程开关 SQR 和 SQL 作为大车前后两个方向的终端保护。小车移动机构由一台电动机 M3 拖动，用一台凸轮控制器 Q2 控制，YA3 为交流电磁制动器，行程开关 SQ_{BW} 和 SQ_{FW} 作为小车前、后两个方向的终端保护。副钩提升由电动机 M4 拖动，由凸轮控制器 Q3 来控制，YA4 为交流电磁制动器，SQ_{U1} 为副钩提升的限位开关。主钩提升由电动机 M5 拖动，由主令控制器 SA 和一台磁力控制屏控制，YA5、YA6 为交流电磁制动器，提升限位开关为 SQ_{U2}，下降限位开关 SQ_{U3}。

总电源由电源隔离开关 QS1 控制，整个起重机电路和各控制电路均用熔断器作为短路保护，起重机的导轨应当可靠地接零。在起重机上，每台电动机均由各自的过电流断路器作为分路过载保护。过电流继电器是双线圈式的，其中任一线圈的电流超过允许值时，都能使继电器动作，分断常闭触点，切断电动机电源；过电流继电器的整定值一般整定在被保护电动机额定电流的 2.25～2.5 倍。总电流过载保护的过电流继电器 KI 串联在公用线的一相中，它的线圈电流将是流过所有电动机定子电流的和，它的整定值不应超过全部电动机额定电流总和的 1.5 倍。

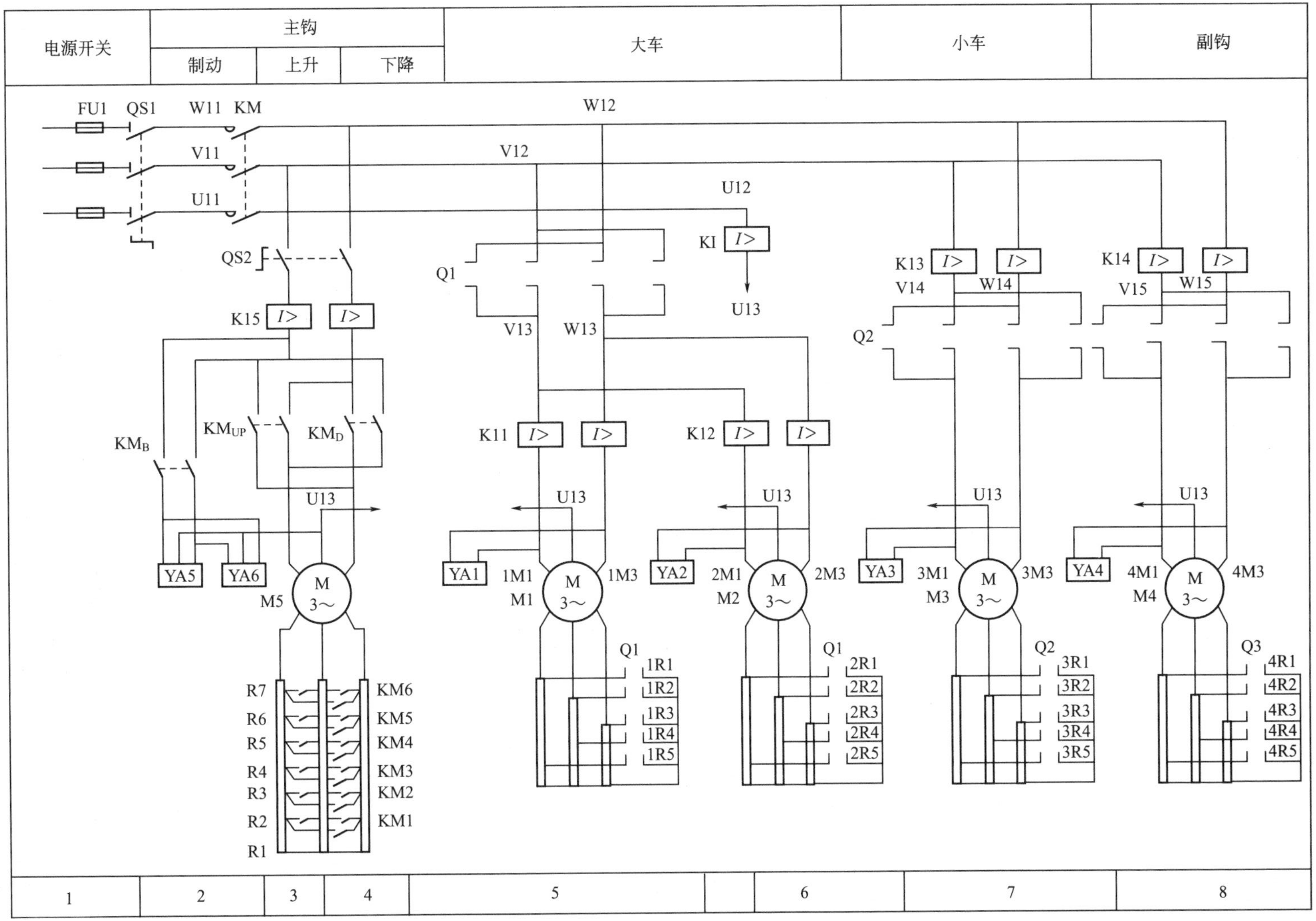

图9-21 20/5t交流桥式起重机的工作原理图

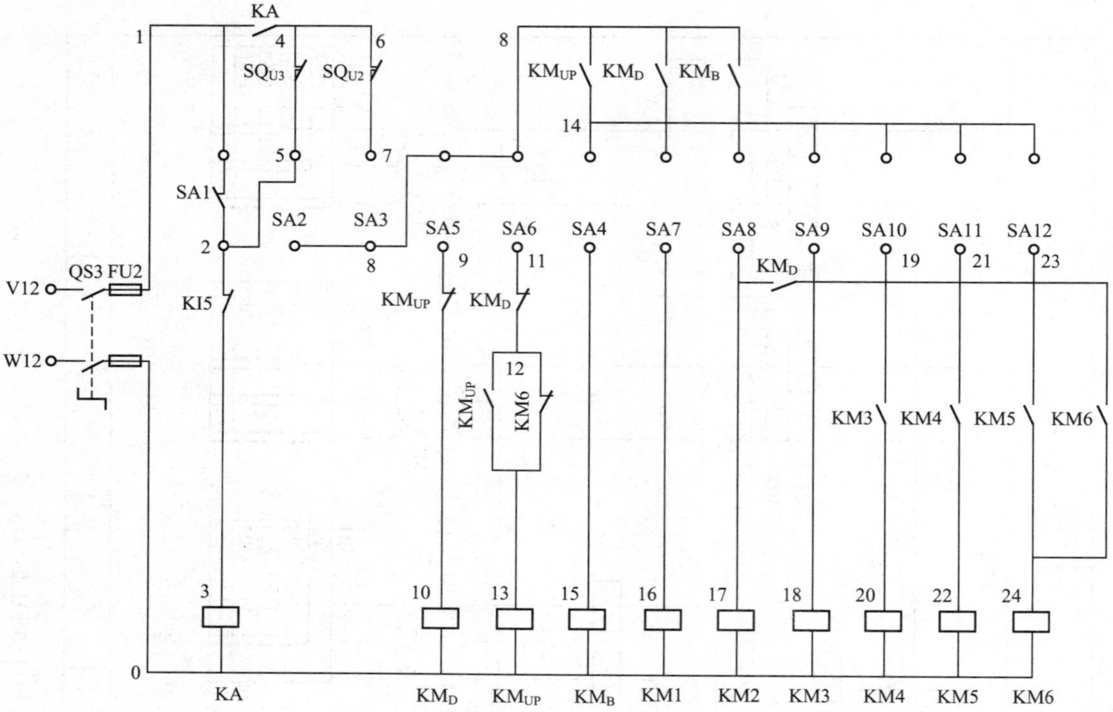

图 9-22　20/5t 交流桥式起重机的主令控制器原理图

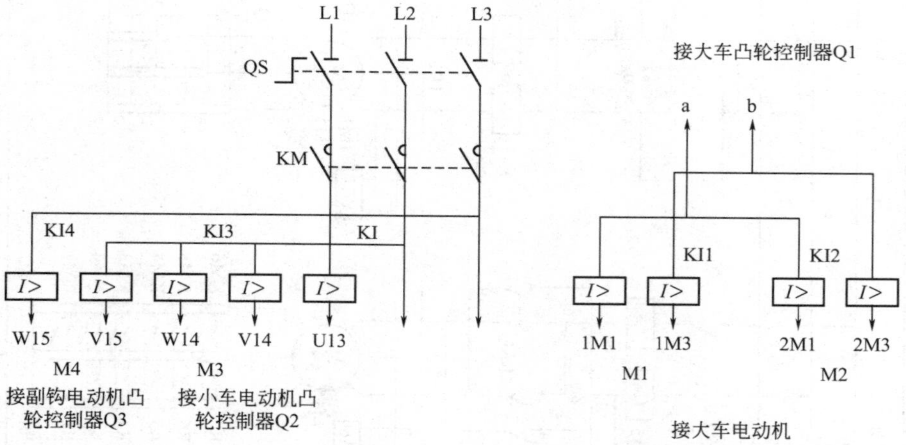

图 9-23　XQB1 保护箱主回路原理图

为了保障维修人员的安全，在驾驶室舱口门及横梁栏杆门上分别装有安全行程开关 SQ1、SQ2 和 SQ3，其常开触点与过电流继电器的切断触点相串联，若有人由驾驶室舱口或从大车轨道跨入桥架时，安全开关将随门的开启而分断触点，使主接触器 KM 因线圈断电而释放，切断电源；同时主钩电路的接触器也因控制电源断电而全部释放，这样起重机的全部电动机都不能启动运行，从而保证了人身的安全。起重机还设置了零位联锁，所有控制器的手柄都必须扳回零位后，按下启动按钮 SB，起重机才能启动运行；联锁的目的是为了防止电动机在电阻切除的情况下直接启动，否则会产生很大的冲击电流而造成事故。在驾驶室的保护控制盘上还装有一个单刀单投的紧急开关SA，串联在主接触器KM的线圈电路中。正常时是闭合的，当发生紧急情况时，驾驶员可立即拉开此开关，切断电源，防止事故发生。

电源总开关、熔断器、主接触器KM以及过电流继电器都安装在保护控制盘上；保护控制盘、凸轮控制器及主令控制器均安装在驾驶室内，便于司机操作；电动机转子的串联电阻及磁力控制屏则安装在大车桥架上。

供给起重机使用的三相交流电流（380V）由集电器从滑触线引接到驾驶室的保护控制盘上，再从保护控制盘引出两组电源送至凸轮控制器、主令控制器、磁力控制屏及各电动机。另一相，称为电源的公用相，则直接从保护控制盘接到各电动机的定子绕组接线端上。所有安装在小车上的电动机、交流电磁制动器和行程开关的电源都是从滑触线上引接的。

② 控制电路分析

a. 主接触器KM的控制。在起重机投入运行前，应当将所有凸轮控制器手柄扳到“零位”，即凸轮控制器Q1、Q2、Q3在主接触器KM控制线路的常闭触点都处于闭合状态，然后按下保护控制盘上的启动按钮SB，KM得电吸合，KM主触点闭合，使各电动机三相电源进线有电；同时，接触器KM的常开辅助触点闭合自锁，主接触器KM线圈便从另一条通路得电。但由于各凸轮控制器的手柄都扳到零位，只有L3相电源送入电动机定子中，而L1和L2两相电源没有送到电动机的定子绕组中，故电动机还不会运转，必须通过凸轮控制器才能使电动机运转。

b. 凸轮控制器的控制。20/5t交流桥式起重机的大车、小车和副钩都是由凸轮控制器来控制的。

表9-1 大车凸轮控制器触点通断表

Q1	向右						向左				
	5	4	3	2	1	0	1	2	3	4	5
V12 W13							+	+	+	+	+
V12 V13	+	+	+	+	+						
W12 V13							+	+	+	+	+
W12 W13	+	+	+	+	+						
1R5	+	+	+	+				+	+	+	+
1R4	+	+	+						+	+	+
1R3	+	+								+	+
1R2	+										+
1R1	+										+
2R5	+	+	+	+				+	+	+	+
2R4	+	+	+						+	+	+
2R3	+	+								+	+
2R2	+										+
2R1	+										+
18 19						+	+	+	+	+	+
18 20	+	+	+	+	+	+					
3 4						+					

现以小车为例来分析凸轮控制器 Q2 的工作情况，小车凸轮控制器触点通断表参见表 9-2。起重机投入运行前，把小车凸轮控制器的手柄扳到“零位”，此时大车和副钩的凸轮控制器也都放在“零位”。然后按下启动按钮 SB，主接触器 KM 得电吸合，KM 主触点闭合，总电源被接通。当手柄扳到向前位置的任一挡时，凸轮控制器 Q2 的主触点闭合。分别将 V14、3M3 和 W14、3M1 接通，电动机 M3 正转，小车向前移动；反之将手柄扳到向后位置时，凸轮控制器 Q2 的主触点闭合，分别将 V14、3M1 和 W14、3M3 接通，电动机 M3 反转，小车向后移动。

表 9-2　小车凸轮控制器触点通断表

Q2	向后						向前				
	5	4	3	2	1	0	1	2	3	4	5
V14 3M3							+	+	+	+	+
V14 3M1	+	+	+	+	+						
W14 3M1							+	+	+	+	+
W14 3M3	+	+	+	+	+						
3R5	+	+	+	+				+	+	+	+
3R4	+	+	+						+	+	+
3R3	+	+								+	+
3R2	+										+
3R1	+										+
24 23						+	+	+	+	+	+
24 22	+	+	+	+	+	+					
4 5						+					

当将凸轮控制器 Q2 的手柄扳到第一挡时，五对常开触点（4 列）全部断开，小车电动机 M3 的转子绕组串入全部电阻器，此时电动机转速较慢；当凸轮控制器 Q2 的手柄扳到第二挡时，最下面一对常开触点闭合，切除一般电阻器，电动机 M3 加速。这样，凸轮控制器手柄从一挡循序转到下一挡的过程中，触点逐个闭合，依次切除转子电路中的启动电阻器，直至电动机在 M3 达到的预定的转速下运转。

大车的凸轮控制器，其工作情况与小车的基本类似。但由于大车的一台凸轮控制器 Q1 要同时控制 M1 和 M2 两台电动机，因此多了五对常开触点，以供切除第二台电动机的转子绕组串联电阻器用，大车凸轮控制器触点通断表参见表 9-1。

副钩的凸轮控制器 Q3 的工作情况与小车相似，副钩凸轮控制器触点通断表参见表 9-4，但副钩带有重负载，并考虑到负载的重力作用，在下降负载时，应把手柄逐级扳到“下降”的最后一挡，然后根据速度要求逐级退回升速，以免引起快速下降而造成事故。

当运转中的电动机需做反方向运转时，应将凸轮控制器的手柄先扳到“零位”，并略为停顿一下再作反向操作，以减少反向时的冲击电流，同时也使传动机构获得较平衡的反向过程。

表 9-3　主令控制器触点通断表

SA		下降						零位	上升					
		强力			制动									
		5	4	3	2	1	C	0	1	2	3	4	5	6
SA1								+						
SA2		+	+	+										
SA3					+	+	+		+	+	+	+	+	+
SA4	KM_B	+	+	+	+	+			+	+	+	+	+	+
SA5	KM_D	+	+	+										
SA6	KM_{UP}				+	+	+		+	+	+	+	+	+
SA7	KM1	+	+	+		+	+		+	+	+	+	+	+
SA8	KM2	+	+	+			+			+	+	+	+	+
SA9	KM3	+	+								+	+	+	+
SA10	KM4	+										+	+	+
SA11	KM5	+											+	+
SA12	KM6	+												+
	KA	+	+	+	+	+	+	+	+	+	+	+	+	+

表 9-4　副钩凸轮控制器触点通断表表

Q3	向下						向上				
	5	4	3	2	1	0	1	2	3	4	5
V15 4M3							+	+	+	+	+
V15 4M1	+	+	+	+	+						
W15 4M1							+	+	+	+	+
W15 4M3	+	+	+	+	+						
4R5	+	+	+	+				+	+	+	+
4R4	+	+	+						+	+	+
4R3	+	+								+	+
4R2	+										+
4R1	+										+
24 25						+	+	+	+	+	+
24 26	+	+	+	+	+	+					
5 6						+					

c. 主令控制器的控制。由于主钩电动机 M5 的容量较大，应使其在转子电阻对称情况下工作，使三相转子电流平衡，采用图 9-22 的主令控制器 SA 来控制。

20/5t 交流桥式起重机控制主钩升降的主令控制器有 12 对触点（1～12），控制 12 条回路。主钩上升时，主令控制器 SA 的控制与凸轮控制器的动作基本相似，但它是通过接触器来控制的。当接触器线圈 KM_{UP} 和 KM_B 得电吸合时，主钩即上升。主钩的下降有 6 挡位置，“C”、“1”、“2”挡为制动下降位置，可使重负载能低速下降，形成反接制动状态；“3”、“4”、“5”挡为强力下降位置，主要用作轻载或空钩快速下降。主令控制器的工作情况如图 9-22 所示，主令控制器触点通断表参见表 9-3。

先合上电源开关 QS3，并将主令控制器 SA 的手柄扳到“0”位置后，触点 SA1 闭合，欠电压继电器 KA 线圈得电而吸合，其常开触点闭合自锁，为主钩电动机 M5 工作做好准备。

（a）提升重物线路工作情况。提升时主令控制器的手柄有 6 个位置。

当主令控制器 SA 的手柄扳到“上 1”位置时，触点 SA3、SA4、SA6、SA7 闭合。

SA3 闭合，将提升限位开关 SQ_{U2} 串联在提升控制电路中，实现提升极限限位保护。

SA4 闭合，制动接触器 KM_B 通电吸合，接触电磁制动器 YA5、YA6，松开电磁抱闸。

SA6 闭合，上升接触器 KM_{UP} 通电吸合，电动机定子接上正向电源，正转提升，线路串入 KM_D 常闭触点为互锁触点，与自锁触点 KM_{UP} 并联的动断触点为互锁触点，与自锁触点 KM_{UP} 并联的常闭联锁触点 KM6 用来防止接触器 KM_{UP} 在转子中完全切除启动电阻时通电。KM6 常闭辅助触点的作用是互锁，防止当 KM_{UP} 通电。转子中启动电阻全部切除时，KM_{UP} 通电，电动机直接启动。

SA7 闭合，反接制动接触器 KM1 通电吸合，切除转子电阻 R1。此时，电动机启动转矩较小，一般吊不起重物，只作为张紧钢丝绳，消除吊钩传动系统齿轮间隙的预备启动级。

当主令控制器手柄扳到“上 2”位置时，除“1”位置已闭合的触点仍然闭合外，SA8 闭合，反接制动接触器 KM2 通电吸合，切除转子电阻 R2，转矩略有增加，电动机加速。

同样，将主令控制器手柄从提升“2”位依次扳到 3、4、5、6 位置时，接触器 KM3、KM4、KM5、KM6 依次通电吸合，逐级短接转子电阻，其通电顺序由上述各接触器线圈电路中的常开触点 KM3、KM4、KM5、KM6 得以保证。由此可知，提升时电动机均工作在电动状态，得 5 种提升速度。

（b）下降过程分析如下。下降重物时，主令控制器也有 6 个位置，但根据重物的重量，可使电动机工作在不同的状态。

• 扳到制动下降“C”时。主令控制器 SA 的 SA3、SA6、SA7、SA8 闭合，行程开关 SQ_{U2} 也闭合，接触器线圈 KM_{UP}、KM1、KM2 得电吸合。由于触点 SA4 分断，故制动接触器 KM_B 不得电，制动器抱闸没松开。尽管上升接触器线圈 KM_{UP} 已得电吸合，并且电动机 M5 产生了提升方向的转矩，但在制动器的抱闸和载重的重力作用下，迫使电动机 M5 不能启动旋转。此时，短接转子电路电阻器中的 R1 和 R2，已为启动做好准备。

• 扳到制动下降“1”时。当主令控制器SA的触点SA3、SA4、SA6、SA7闭合时，制动接触器线圈KM_B得电吸合，电磁制动器YA5、YA6的抱闸松开；同时接触器线圈KM_{UP}、KM1得电吸合。由于触点SA8断开，使接触器线圈KM2失电而释放，转子电路电阻器R2重新串入，同时使电动机M5产生的提升方向的电磁转矩减少；若此时载重足够大，则在负载重力的作用下，电动机开始作反向（重物下降）运转，电磁转矩成为反接制动转矩，重负载低速下降。

• 扳到制动下降“2”时。当主令控制器SA的触点SA3、SA4、SA6闭合时，SA7断开，接触器线圈KM1失电释放，使转子电路电阻器R1也重新串入，此时转子电阻器全部被接入，使电动机向提升方向的转矩进一步减小，重负载下降速度比“1”位置的增大。这样可以根据重负载情况选择位置或第三挡位置，作为重负载适宜的下降速度。

• 扳到强力下降“3”时。主令控制器SA的SA2、SA4、SA5、SA7和SA8闭合。SA2闭合同时，SA3断开，把上升行程开关SQ_{U2}从控制回路中切除，接入下降限位开关SQ_{U3}。SA6断开，上升接触器线圈KM_{UP}失电释放；SA4闭合制动接触器线圈KM_B通电，松开电磁抱闸，允许电动机运行。SA5闭合，下降接触器线圈KM_D得电吸合，电动机接入反向相序，产生下降电磁力矩；SA7、SA8闭合，接触器线圈KM1、KM2得电吸合，使转子电路中切除R1、R2电阻器，制动接触器KM_B通过KM_{UP}的常开触点闭合自锁。若保证在接触器KM_D与KM_{UP}的切换过程中保持通电松闸，就不会产生机械冲击。这时，负载在电动机M5反转矩（下降方向）的作用下开始强力下降。如果负载较重，则下降速度将超过电动机同步转速，从而进入发电制动状态，形成高速下降，这时应将手柄转到下一挡。

• 扳到强力下降“4”时。当主令控制器SA的触点SA2、SA4、SA5、SA7、SA8和SA9闭合时，接触器KM3得电吸合，又切除一段电阻器R3；电动机M5进一步加速运转，使负载进一步加速下降，此时电动机工作在反接电动状态，如果负载较重，则下降速度将超过电动机同步转速，从而进入发电制动状态，形成高速下降，这时应将手柄转到下一挡。

• 扳到强力下降“5”时。当主令控制器SA的触点SA2、SA4、SA5、SA7、SA8、SA9、SA10、SA11和SA12闭合时，接触器线圈KM3得电吸合，KM3常开触点闭合，使得接触器线圈KM4、KM5、KM6依次得电吸合，它们的常开触点闭合，电阻器R4、R5、R6被逐级切除，最后转子上只保留了一段常接电阻R7，从而避免产生过大的冲击电流。电动机M5以较高速运转，负载加速下降，此时电动机又工作在反接电动状态。在这个位置上，如果负载较重时，负载转矩大于电磁转矩，转子转速大于同步转速，电动机又进入发电制动状态。其转子转速会大于同步转速，但是比“3”“4”挡下降速度要小很多。

在磁力控制屏电路中，串联在接触器KM_{UP}线圈电路中的KM6常闭触点与接触器KM_{UP}的常开触点并联，只有在接触器KM6失电的情况下，接触器KM_{UP}才能得电自锁，这就保证了只有在转子电路中保持一定的附加电阻器的前提下才能进行反接制动，以防止反接制动时造成过大的冲击电流。

由此知道主令控制器手柄位于下降“C”位置时为提起重物后稳定地停在空中或吊着移

行，或用于重载时准确停车；下降“1”位与“2”位为重载时做低速下降用；下降“3”位与“4”位、“5”位为轻载或空钩低速强迫下降用。

(3) 20/5t 桥式起重机常见电气故障的分析与检修

① 合上电源总开关 QS1 并按下启动按钮 SB 后，主接触器 KM 不吸合。产生这种故障的原因可能是：线路无电压；熔断器 FU1 熔断；紧急开关 QS4 或安全开关 SQ7、SQ8、SQ9 未合上；主接触器 KM 线圈烧断；凸轮控制器手柄没在零位，AC1-7、AC2-7、AC3-7 触点分断；过电流继电器 KA0～KA4 动作后未复位。

② 主接触器 KM 吸合后，过流继电器 KA0～KA4 立即动作，故障原因是：凸轮控制器 AC1～AC3 电路接地，电动机 M1～M4 绕组接地，电磁抱闸 YA1～YA4 线圈接地。

③ 当电源接通转动凸轮控制器手轮后，电动机不启动，故障原因是：凸轮控制器主触点接触不良，滑触线与集电环接触不良，电动机定子绕组或转子绕组断路，电磁抱闸线路断路或制动器未放松。

④ 转动凸轮控制器后，电动机启动运转，但不能输出额定功率且转速明显减慢，故障原因是：线路压降太大，供电质量差；制动器未全部松开；转子电路中的附加电阻未完全切除；机构卡住。

⑤ 制动电磁铁线圈过热，故障原因是：电磁铁线圈的电压与线路电压不符；电磁铁工作时，动、静铁芯间的间隙过大；制动器的工作条件与线圈特性不符；电磁铁的牵引力过载。

⑥ 制动电磁铁噪声大，故障原因是：交流电磁铁断路环开路，动、静铁芯端面有油污，铁芯松动，铁芯极面不平及变形，电磁铁过载。

⑦ 凸轮控制器在工作过程中卡住或转不到位，故障原因是：凸轮控制器动触点卡在静触点下面，定位机构松动。

⑧ 主钩既不能上升，又不能下降，故障原因是：如欠压继电器 KV 不吸合，可能是 KV 线圈断路，过流继电器 KA5 未复位，主令控制器 AC4 零位联锁触点未闭合，FU2 熔断；如欠压继电器 KV 吸合，则可能是自锁触点未接通，主令控制器的触点 S2、S3、S4、S5 或 S6 接触不良，电磁抱闸制动线圈开路未松闸。

⑨ 凸轮控制器在转动过程中火花过大，故障原因是：动、静触点接触不良，控制容量过大。

检修桥式起重机时，根据以上故障现象和产生故障的原因，采取相应的措施即可。

本章小结

本章讲述了常用生产机械电气控制线路的分析与维护，包括：CA6140 型车床、Z3050 型摇臂钻床、X62W 型万能铣床、T68 型卧式镗床、电动葫芦、20/5t 桥式起重机，重点分析了各种电气控制线路的工作原理，并针对各种电路的常见故障进行了分析，提出了故障诊断与检修方法。

思考与练习

1. 试分析 CA6140 型普通车床的工作原理，找出 CA6140 型普通车床电路原理图中的电动机单向连续启动环节，分析 CA6140 型普通车床电气控制原理图的保护环节。

2. Z3050 型摇臂钻床主电路的 4 台电动机的运动形式有哪些？摇臂升降控制与摇臂夹紧和放松的关系是什么？

3. 试分析 T68 型卧式镗床的工作原理，找出电路原理图中的双速电动机变速环节，分析 T68 型卧式镗床普通车床电气控制原理图的保护环节。

4. 分析 X62W 型铣床电气控制原理图的保护环节。

附录

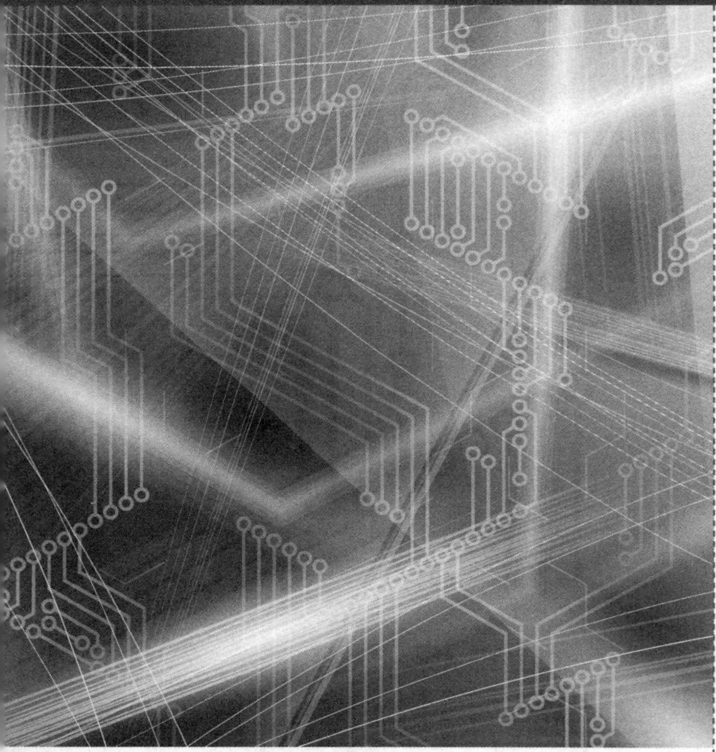

附录 1　绝缘安全工器具试验项目、周期和要求

序号	器具	项目	周期	要求				说明
1	电容型验电器	启动电压试验	1 年	启动电压值不高于额定电压的 40%，不低于额定电压的 15%				试验时接触电极应与试验电极相接触
		工频耐压试验	1 年	额定电压/kV	试验长度/m	工频耐压/kV		
						持续时间 1min	持续时间 5min	
				10	0.7	45	—	
				35	0.9	95	—	
				66	1.0	175	—	
				110	1.3	220	—	
				220	2.1	440	—	
				330	3.2	—	380	
				500	4.1	—	580	
2	携带型短路接地线	成组直流电阻试验	≤5 年	在各接线鼻之间测量直流电阻，对于 $25mm^2$、$35mm^2$、$50mm^2$、$70mm^2$、$95mm^2$、$120mm^2$ 的各种截面，平均每米的电阻值应分别小于 0.79mΩ、0.56mΩ、0.40mΩ、0.28mΩ、0.21mΩ、0.16mΩ				同一批次抽测，不少于两条，接线鼻与软导线压接的应做该试验
		操作棒的工频耐压试验	5 年	额定电压/kV	试验长度/m	工频耐压/kV		试验电压加在护环与紧固头之间
						持续时间 1min	持续时间 5min	
				10	—	45	—	
				35	—	95	—	
				66	—	175	—	
				110	—	220	—	
				220	—	440	—	
				330	—	—	380	
				500	—	—	580	
3	个人保安线	成组直流电阻试验	≤5 年	在各接线鼻之间测量直流电阻，对于 $10mm^2$、$16mm^2$、$25mm^2$ 各种截面，平均每米的电阻值应小于 1.98mΩ、1.24mΩ、0.79mΩ				同一批次抽测，不少于两条
4	绝缘杆	工频耐压试验	1 年	额定电压/kV	试验长度/m	工频耐压/kV		
						持续时间 1min	持续时间 5min	
				10	0.7	45	—	
				35	0.9	95	—	
				66	1.0	175	—	
				110	1.3	220	—	

续表

序号	器具	项目	周期	要求				说明
4	绝缘杆	工频耐压试验	1年	额定电压/kV	试验长度/m	工频耐压/kV		
						持续时间1min	持续时间5min	
				220	2.1	440	—	
				330	3.2	—	380	
				500	4.1	—	580	
5	核相器	连接导线绝缘强度试验	必要时	额定电压/kV	工频耐压/kV		持续时间/min	浸在电阻率小于100Ω·m水中
				10	8		5	
				35	28		5	
		绝缘部分工频耐压试验	1年	额定电压/kV	试验长度/m	工频耐压/kV	持续时间/min	
				10	0.7	45	1	
				35	0.9	95	1	
		电阻管泄漏电流试验	半年	额定电压/kV	工频耐压/kV	持续时间/min	泄漏电流/mA	
				10	10	1	≤2	
				35	35	1	≤2	
		动作电压试验	1年	最低动作电压应达0.25倍额定电压				
6	绝缘罩	工频耐压试验	1年	额定电压/kV	工频耐压/kV	持续时间/min		
				6～10	30	1		
				35	80	1		
7	绝缘隔板	表面工频耐压试验	1年	额定电压/kV	工频耐压/kV	持续时间/min		电极间距离300mm
				6～35	60	1		
		工频耐压试验	1年	额定电压/kV	工频耐压/kV		持续时间/min	
				6～10	30		1	
				35	80		1	
8	绝缘胶垫	工频耐压试验	1年	电压等级	工频耐压/kV		持续时间/min	使用于带电设备区域
				高压	15		1	
				低压	3.5		1	
9	绝缘靴	工频耐压试验	半年	工频耐压/kV	持续时间/min		泄漏电流/mA	
				15	1		≤7.5	
10	绝缘手套	工频耐压试验	半年	电压等级	工频耐压/kV	持续时间/min	泄漏电流/mA	
				高压	8	1	≤9	
				低压	2.5	1	≤2.5	

续表

序号	器具	项目	周期	要求				说明
11	导电鞋	直流电阻试验	穿用≤200h	电阻值小于100kΩ				
12	绝缘夹钳	工频耐压试验	1年	额定电压/kV	试验长度/m	工频耐压/kV	持续时间/min	
				10	0.7	45	1	
				35	0.9	95	1	
13	绝缘绳	工频耐压试验	半年	105kV/0.5m，持续时间5min				

附录2　电工作业人员安全技术考核标准LD 28—92

1. 主题内容与适应范围

本标准规定了电工作业人员的从业条件和安全技术基本要求。

本标准适用于在中华人民共和国境内的一切企业、事业单位和机关团体中从事电工作业的人员。

2. 引用标准

GB 5306特种作业人员安全技术考核管理规则。

3. 术语

3.1　电工作业

发电、输电、变电、配电和用电装置的安装、运行、检修、试验等电工工作。

3.2　电工作业人员

直接从事电工作业的技术工人、工程技术人员及生产管理人员。

4. 电工作业人员的基本条件

4.1　年满十八周岁。

4.2　身体健康、无妨碍从事本职工作的病症和生理缺陷。

4.3　具有不低于初中毕业的文化程度和本标准所相应的电工作业安全技术、电工基础理论和专业技术知识，并有一定的实践经验。

5. 培训、考核、发证、复审

5.1　培训

5.1.1　电工作业人员安全技术培训，必须根据其工作岗位的要求，按本标准相应的内容进行。培训时间不得少于100学时。

5.1.2　培训由地、市及以上劳动部门或其指定的单位进行。电业系统的电工作业人员，由电业部门培训。

5.2　考核

5.2.1　培训期满后，由地、市及以上劳动部门或指定的单位，按电工作业人员安全技术培训考核大纲和本标准内容命题考核。电业系统的电工作业人员由电业部门考核。

5.2.2 考核分为安全技术理论和实际操作两部分。理论考核和实际操作都必须达到合格要求。考核不合格者，须重新培训。

5.3 发证

5.3.1 考核合格后，由地、市及以上劳动部门或其指定的单位审核发证。电业系统的电工作业人员，由电业部门发证。

5.3.2 取得合格证后方准定岗作业。

5.4 复审

5.4.1 定期复审期限为两年一次。对脱离本岗位工作连续超过六个月者亦需进行复审。

5.4.2 复审不合格者，可在两个月内进行一次复审，仍不合格者，收缴合格证。到期而未经复审者不得继续定岗作业。

5.4.3 复审内容

a. 体格检查。

b. 电工作业安全理论知识和实际操作。

c. 检查违章作业和事故责任。

5.4.4 复审由考核发证部门或其指定的单位进行。

6. 考核内容

6.1 了解电气事故的种类、危害，电气安全的特点、重点性。掌握电气事故的处理方法。

6.2 了解电伤害的类型、构成原因和触电方式及电流对人体的作用、触电事故发生的规律、掌握现场触电急救方法。

6.3 了解我国安全电压等级。掌握安全电压的选用和使用条件。

6.4 了解绝缘、屏护、安全限距等防止直接电击的措施和绝缘破坏的原因、绝缘指标。掌握防止绝缘损坏的技术要求和基本的绝缘测试方法。

6.5 了解保护接地（TT 系统）、保护接零（IN 系统）、中性点不接地或经过阻抗接地（IT 系统）等防止间接电击的原理及措施。掌握应用范围，基本技术要求和安装、测试方法。

6.6 了解漏电保护装置的类型、原理和特性参数。掌握漏电保护装置的合理选择、正确接线和使用、维护方法。

6.7 了解雷电的形成及其对电气设备、设施及人身的危害。掌握防雷保护的要求及预防措施。

6.8 了解电气火灾的形成原因及预防措施。掌握电气火灾的扑救程序及灭火器材的使用、保管方法。

6.9 了解静电的特点、危害和产生原因。掌握静电防护的基本方法。

6.10 了解电气安全用具的种类、性能及用途。掌握其使用、保管方法和试验周期、试验标准。

6.11 根据本岗位的环境特点，了解潮湿、高温、易燃、导电性粉尘、腐蚀性气体或蒸气、强电磁场、多导电性物体、金属容器、地沟、隧道、井下等环境条件对电气设备和安全作业的影响。掌握相应环境条件下设备选型、运行、维修的安全技术要求。

6.12 了解周围环境对电气设备安全运行的影响（如建筑物、施工塔架、烟囱、树木、挖掘、爆破作业等)。掌握相应的防止事故措施。

6.13　了解电气设备的过载、断路、欠压、断相等保护的原理。掌握本岗位中电气设备保护方式的选择和保护装置及二次回路的安装、调试技术。

6.14　掌握照明装置、日用电器、移动式电器、手持式电动工具及临时供电线路的安装、运行、检修、维护的安全技术的要求。

6.15　掌握与电工作业有关的登高、机械、起重、搬运、挖掘、焊接、爆破等作业的安全技术。

6.16　掌握本岗位中电气设备的性能、主要技术参数及其安装、运行、检修、维护、测试等项工作的技术标准和安全技术要求。

6.17　了解静电感应原理。掌握在邻近带电设备或有可能产生感应电压的设备上工作时的安全技术。

6.18　了解带电作业的理论知识。掌握相应的带电作业的操作技术和安全要求。

6.19　掌握本岗位电气系统接线图、设备编号、运行方式、操作步骤和事故处理程序。

6.20　掌握调度管理要求和用电管理规定。

6.21　掌握本岗位的现场运行规程和操作票制度、操作监护制度、巡回检查制度、交接班制度。

6.22　掌握电工作业中保证安全的下列组织和技术措施。

6.22.1　组织措施

a. 工作制度。

b. 工作许可制度。

c. 工作监护制度。

d. 工作间断制度。

e. 工作转移制度。

f. 工作终结和恢复送电制度。

6.22.2　技术措施

a. 停电。

b. 验电。

c. 装接接地线。

d. 悬挂标示牌，装设遮栏和开关加锁等。

参 考 文 献

[1] 林训超，梁颖．电工技术与应用［M］. 北京：高等教育出版社，2013.

[2] 王建．维修电工（高级）［M］. 北京：中国电力出版社，2013.

[3] 国家电力监管委员会．电工进网作业许可考试参考教材（高压类理论部分）［M］. 北京：中国财政经济出版社，2013.

[4] 张玲．电工技术与应用实践［M］. 北京：化学工业出版社，2013.

[5] 陈学平．维修电工技能与实训［M］. 北京：北京大学出版社，2010.

[6] 饶蜀华．电工电子技术基础［M］. 北京：北京理工大学出版社，2008.

[7] 白乃平．电工基础［M］. 西安：西安电子科技大学大学出版社，2006.

[8] 顾永杰．电工电子技术基础［M］. 北京：高等教育出版社，2005.

[9] 林平勇．电工电子技术［M］. 北京：高等教育出版社，2005.

[10] 余建群．电路分析［M］. 北京：科学出版社，2010.

[11] 王荣海．电工技能与实训［M］. 第 2 版．北京：电子工业出版社，2013.

[12] 国家电网公司安监部．国家电网公司电力安全工作规程（变电部分）［M］. 北京：中国电力出版社，2013.